W0256481

Springer-Verlag Berlin Heidelberg GmbH

Bibliothek von Coler-Schjerning.

1. **Kübler,** Geschichte der Pocken und der Impfung. Mit 12 Abb. und 1 Taf. 1901. 8 M.
2. **E. von Behring,** Diphtherie. (Begriffsbestimmung, Zustandekommen, Erkennung und Verhütung.) Mit 2 Abbildungen im Text. 1901. 5 M.
3. **Buttersack,** Nichtarzneiliche Therapie innerer Krankheiten. Skizzen für physiologisch-denkende Aerzte. Mit 8 Abbildungen im Text. Zweite Aufl. 1903. 4 M. 50 Pf.
4. **Trautmann,** Leitfaden für Operationen am Gehörorgan. Mit 27 Abbildungen im Text. 1901. 4 M.
5. **Hermann Fischer,** Leitfaden der kriegschirurgischen Operations- und Verbandstechnik. 2. Aufl. Mit 55 Abbildungen. 1905. 4 M.
6. **N. Zuntz** u. **Schumburg,** Studien zu einer Physiologie des Marsches. Mit Abbildungen, Kurven im Text und 1 Tafel. 8 M.
7. **Alb. Köhler,** Grundriss einer Geschichte der Kriegschirurgie. Mit 21 Abbildungen. 1901. 4 M.
8. **P. Musehold,** Die Pest und ihre Bekämpfung. Mit 4 Lichtdrucktafeln. 1901. 7 M.
9. **H. Jaeger,** Die Cerebrospinalmeningitis als Heeresseuche. In ätiologischer, epidemiologischer, diagnostischer und prophylaktischer Beziehung. Mit 33 Texttaf. 1901. 7 M.
10. **Gerhardt,** Die Therapie der Infektionskrankheiten. In Verbindung mit Stabsarzt Dr. Dorendorf, Oberstabsarzt Prof. Dr. Grawitz, Oberstabsarzt Dr. Hertel, Oberstabsarzt Dr. Ilberg, Oberstabsarzt Dr. Landgraf, Generaloberarzt Prof. Dr. Martius, Stabsarzt Dr. Schulz, Oberstabsarzt Dr. Schultzen, Stabsarzt Dr. Stuertz und Stabsarzt Dr. Widenmann. Mit Kurven im Text. 1902. 8 M.
11. **E. Marx,** Die experimentelle Diagnostik, Serumtherapie und Prophylaxe der Infektionskrankheiten. Mit 1 Texfig. u. 2 Taf. 1902. 8 M.
12. **Martens,** Die Verletzungen und Verengerungen der Harnröhre und ihre Behandlung. Auf Grund des König'schen Materials (1875—1900). 8. Mit einem Vorwort von Geh. Rat Prof. Dr. König. 1902. 4 M.
13. **A. Menzer,** Die Aetiologie des akuten Gelenkrheumatismus nebst kritischen Bemerkungen zu seiner Therapie. Mit Vorwort von Geh. Rat Prof. Dr. Senator. Mit 5 Tafeln. 1902. 5 M.
14. **A. Hiller,** Der Hitzschlag auf Märschen. Mit Benutzung der Akten der Medizinal-Abteilung des Preussischen Kriegsministeriums. Mit 6 Holzschn. und 3 Kurven. 1902. 7 M.

15/16. **Sonnenburg** und **Mühsam,** Kompendium der Operations- und Verbandstechnik. I. Teil. Mit 150 Textfiguren. 1903. 4 M. — II. Teil. Mit 194 Textabbildungen. 1903. 6 M.

17. **Niedner,** Die Kriegsepidemien des 19. Jahrhunderts. 1903. 5 M.
18. **Stechow,** Das Röntgen-Verfahren mit besonderer Berücksichtigung der militärischen Verhältnisse. Mit 91 Abb. im Text. 1903. 6 M.
19. **J. Boldt,** Das Trachom als Volks- und Heereskrankheit. 1903. 5 M.
20. **Thel,** Grundsätze über den Bau von Krankenhäusern. Mit 11 Tafeln und 66 Abbildungen im Text. 1905. 6 M.

21 u. 22. **Hildebrandt,** Die Verwundungen durch die modernen Kriegsfeuerwaffen, ihre Prognose und Therapie im Felde. I. Band: Allgemeiner Teil. Mit 2 Tafeln und 109 Abb. im Text. 1905. 8 M.

23. **Fr. Stricker,** Die Blinddarmentzündung (Perityphlitis) in der Armee von 1880—1900. Mit 10 Tafeln. 1906. 4 M.

Veröffentlichungen

aus dem Gebiete des

Militär-Sanitätswesens.

Herausgegeben

von der

Medizinal-Abteilung

des

Königlich Preussischen Kriegsministeriums.

Heft 33.

Der Bacillus pyocyaneus im Ohr.

Klinisch-experimenteller Beitrag
zur Frage der Pathogenität des Bacillus pyocyaneus.

Von

Dr. Otto Voss,

Stabsarzt und Bataillonsarzt des Pionier-Bataillons Fürst Radziwill (Ostpreussischen) No. 1,
Privatdozent an der Universität Königsberg i. Pr.

Mit 5 Tafeln.

1906
Springer-Verlag Berlin Heidelberg GmbH

Der

Bacillus pyocyaneus im Ohr.

Klinisch-experimenteller Beitrag
zur Frage der Pathogenität des Bacillus pyocyaneus.

Von

Dr. **Otto Voss,**
Stabsarzt und Bataillonsarzt des Pionier-Bataillons Fürst Radziwill (Ostpreussischen) No. 1,
Privatdozent an der Universität Königsberg i. Pr.

Mit 5 Tafeln.

1906
Springer-Verlag Berlin Heidelberg GmbH

ISBN 978-3-662-34377-7 ISBN 978-3-662-34648-8 (eBook)
DOI 10.1007/978-3-662-34648-8

Inhaltsverzeichnis.

Bekanntlich ist es die durch ihn hervorgerufene Grün- oder Blaufärbung der Verbandstoffe oder des Wundsekrets, die schon frühzeitig die Aufmerksamkeit der Ärztewelt, insbesondere der Chirurgen, auf den von uns jetzt als Bacillus pyocyaneus bezeichneten Mikroorganismus gelenkt hat. Die ersten darüber vorliegenden Veröffentlichungen stammen aus dem Anfang des 19. Jahrhunderts und zwar aus der Feder von Cadet de Gassicourt [1813 (17)]. Er sowohl wie seine Nachfolger auf diesem Gebiete sind sich über die organische Natur dieses Farbstoffes einig gewesen, indem er selbst einen chromogenen Pilz als Ursache, Mery (100) einen vegetabilischen Ursprung und Krembs (78) Vibrionen als Veranlassung der geschilderten Verfärbung annahmen [Schimmelbusch (131)]. Auch Lücke (93), der nächste, der dieser Frage seine Aufmerksamkeit widmete, spricht noch von „Vibrionen" als Erreger der Affektion, doch muß es nach seiner Beschreibung als zweifellos gelten, daß er die von ihm als stäbchen- und kugelförmig geschilderten Mikroorganismen wirklich gesehen hat, so daß er mit Recht als der Entdecker des Pyocyaneus auf mikroskopischem Wege gelten kann. Aber erst von dem Moment an, in dem 20 Jahre später Gessard (33) die erstmalige Züchtung des Pyocyaneus in Reinkultur gelang, begann sich ein allmählicher Umschwung in den Anschauungen über den „grünen Eiter" anzubahnen.

Während ihm nämlich früher ein prognostisch günstiger Einfluß auf den Wundverlauf vindiziert und sein Erscheinen auf der Wunde dementsprechend mit Freude begrüßt wurde [Longuet (90)], kam man zwar von dieser Anschauung zurück, hielt ihn aber, ähnlich wie dies Lücke (a. a. O.) getan, noch lange Zeit für eine harmlose Wundkomplikation, die zwar dem betreffenden Sekret seine charakteristische Farbe verleihe, den Wundverlauf aber nicht ungünstig zu beeinflussen vermöge. Noch im Jahre 1886 gab Birch-Hirschfeld (11) dieser letzteren Ansicht mit den Worten Ausdruck: „es kommen ihm (dem Bacillus pyocyaneus) keine toxischen oder für den Organismus infektiösen Eigenschaften zu“.

Eine Errungenschaft der aseptischen Aera war es, wenn Schimmelbusch (l. c.) auf die durch den Pyocyaneus hervorgerufenen lokalen Schädigungen, vor allem die stärkere Absonderung der Wunde und die durch den Pyocyaneus hervorgerufenen diphtherischen Beläge hinwies und daraus den Schluß zog, daß seine Anwesenheit als eine den Wundverlauf störende Komplikation zu bekämpfen sei. Andererseits aber schienen diesem Autor die durch das Tierexperiment [v. Bergmann (6), Charrin (20), Ledderhose (83)] erwiesenen lokalen entzündlichen Veränderungen und allgemeinen Vergiftungserscheinungen, wie sie durch subkutane Einverleibung von Pyocyaneusproteïnen ähnlich auch an zwei Ärzten (Schimmelbusch, S. 319) hatten hervorgerufen werden können, noch nicht beweiskräftig genug, um dem Pyocyaneus die Eigenschaften eines invasiven pathogenen Organismus zuzuerkennen. Zu einer derartigen Annahme hielt er sich auf Grund der chirurgischerseits gemachten Beobachtung berechtigt, daß eine Einwanderung des in Rede stehenden Mikroorganismus in den Körper von eiternden Wunden der äußeren Haut aus und eine dadurch hervorgerufene Allgemeininfektion einwandfrei noch nicht hatte nachgewiesen werden können. Den bis dahin bekannten Fällen von angeblicher Lokal- oder Allgemeininfektion [Gruber (38), Rohrer (122), Maggiora (94), Neumann (108), Ehlers (26), Karlinski (62), Oettinger (112), Jadkewitsch (57)] hielt er entgegen, daß der Befund des Bacillus pyocyaneus, selbst in Reinkultur, an den betreffenden Stellen (im Ohreiter, Hautblasen, Lungenkavernen oder Lungenabszessen) noch keinen Schluß auf ursächliche Beziehungen gestatte, da die eigentlichen Krankheitserreger bei den gewöhnlichen Züchtungs- und Färbungsmethoden (z. B. die Tuberkelbazillen in den Lungenkavernen) entweder der Beobachtung entgangen oder im Eiter überwuchert worden sein könnten. Die übrigen Krankheitsfälle aber hatten nach seiner Ansicht so wenig Einheitliches und Klares, daß man aus ihnen sich schwer eine Vorstellung über eine pathogene Rolle des Bacillus pyocyaneus machen könne.

Dieser Standpunkt aber blieb nicht lange unwidersprochen. Krannhals (77) konnte einschließlich zweier eigener Beobachtungen alsbald 9 Fälle zusammenstellen, in denen eine solche Allgemeininfektion durch Pyocyaneus im höchsten Grade wahrscheinlich war. Das Krankheitsbild, klinisch durch die Symptome der Septikämie:

Fieber, typhöse Erscheinungen, Hautblutungen, Pustelbildungen, Durchfälle, Milztumor gekennzeichnet, erhielt dadurch sein einheitliches Gepräge, daß teils in vivo aus den bestehenden Hauteffloreszenzen, teils post mortem aus dem Blut und den verschiedensten Organen der Bacillus pyocyaneus in Reinkultur nachgewiesen werden konnte. Während aber gegen die erstere Art des Nachweises von Tangl (143) der Einwand erhoben wurde, daß die Bazillen als Saprophyten von der umgebenden Haut aus, auf der sie nachweislich sehr häufig zu finden sind, in die Hautblasen hineingelangt sein könnten, sprach sich Schimmelbusch (l. c.) gegen die Zuverlässigkeit der postmortalen Befunde und die Verwertbarkeit derselben für die aetiologische Rolle des Bazillus in den betreffenden Fällen deshalb aus, weil saprophytische Bakterien von Haut und Darm sehr leicht in kurzer Zeit die inneren Organe von Leichen durchwüchsen. Während die Gültigkeit der letzteren Behauptung für gewisse Bakterien, z. B. Bacterium coli, das bekanntermaßen häufig schon in der Agone in die übrigen Organe überwandert, unbestritten sein dürfte, ist Schimmelbusch den gleichen Beweis für den Pyocyaneus schuldig geblieben. Gefunden worden ist wenigstens der betreffende Organismus post mortem in Blut oder Organen in größerer Menge bisher nur dann, wenn schon während des Lebens Erscheinungen einer Allgemeininfektion vorhanden waren, die entweder schon in vivo durch den Nachweis der Bazillen in den erwähnten Hautpusteln oder nachträglich durch den gleichen Nachweis in den betreffenden Leichenteilen ihre Deutung als solche durch Pyocyaneus fanden. Speziell hat Krannhals bei diesbezüglichen zahlreichen bakteriologischen Untersuchungen an Leichen nur in dem einen von ihm beobachteten Fall einer Pyocyaneusallgemeininfektion den betreffenden Bazillus in den inneren Organen und Exsudaten nachweisen können.

Inzwischen sind die Mitteilungen über die infektiöse Rolle des Pyocyaneus sowohl bei Allgemein- wie Lokalerkrankungen immer zahlreicher geworden. Es fanden ihn bei der Septikämie im Kindesalter Kossel (76), Czerny (23), Williams und Kenneth-Cammeron (154), Manicatide (96), Baginsky (4), Blum (13), Escherich (29), Soltmann (137), bei hämorrhagischer Diathese von Säuglingen Finkelstein (31), bei Erwachsenen Monnier (102), Kühn (80), bei puerperaler Septikämie, Peritonitis, Orchitis Perkins (114), Brill und Libmann (15), bei Meningitis Berka (7), bei Omphalitis M. Wassermann (151), bei Strumitis Lanz und Luscher (81), bei Appendicitis Coyne und Hobbs (22), bei Infektionen der Cornea Mac Nab (106), verschiedene Untersucher bei Panophthalmie, Bronchopneumonie,

Nephritis, Leberabszeß und Pericarditis (150), endlich Neumann (109), Nicholson (111) u. a. bei der Melaena neonatorum. Die von Charrin (20) veranstaltete große experimentelle Tierstudie: la maladie pyocyanique brachte wertvolle Aufklärungen über den Infektionsmodus, speziell die Bedeutung der Eintrittspforte für die Entstehung einer Allgemeininfektion.

Durch eine neuerdings auf der Berliner II. medizinischen Klinik gemachte Beobachtung, die de la Camp (18) vor kurzem veröffentlichte, ist die Kasuistik dieser Fälle um einen weiteren bereichert worden. Da ich durch die bei der betr. Patientin auftretende Ohraffektion in die Lage kam, an der Beobachtung und Behandlung dieses Falles teilzunehmen, werde ich in einem späteren Abschnitt meiner Arbeit Gelegenheit nehmen, darauf zurückzukommen. Nur soviel sei schon hier daraus hervorgehoben, daß der Pyocyaneus diesfalls in vivo nicht nur in den auftretenden hämorrhagischen Hautpusteln und dem Gewebe eines exzidierten Unterschenkelgeschwürs, sondern auch in hämorrhagischen Blasen des äußeren Gehörganges, im Mittelohreiter (hier allerdings neben Kapseldiplokokken, Diplostreptokokken und Staphylokokken), im Warzenfortsatz, bei der Obduktion in Reinkultur im Herzblut und — neben vereinzelten Staphylokokken — auf frischen verrukösen Auflagerungen der Mitralklappen und in der Milz gefunden wurde.

Während Fälle wie der letztmitgeteilte in der Tat geeignet erscheinen, die unter gewissen Umständen eintretende Pathogenität des Pyocyaneus für den menschlichen Organismus belegen zu helfen, die eine Anzahl Autoren, u. a. auch der zuletzt genannte, auf Grund ihrer Beobachtungen bereits als erwiesen betrachten, blieb die Entscheidung der Frage, ob dem Bazillus, namentlich dann, wenn er sich teils allein, teils neben anderen Kleinwesen im Sekret äußerer Wunden oder im Ohreiter vorfindet, die Rolle eines aktiven invasiven Organismus oder die eines harmlosen Saprophyten zu vindizieren sei, bis vor kurzem in suspenso.

An dieser Lücke haben nun Untersuchungen der jüngsten Vergangenheit mit dem Erfolge eingesetzt, daß die aktive Rolle des Pyocyaneus unter den beregten Umständen in gewissen Fällen außer Frage steht. Der zu diesem Nachweis gewählte Weg war der der neueren biologischen Reaktionen, speziell der Agglutination. Dieses durch die Gruber-Widalschen Beobachtungen an Typhusbazillen allgemeiner bekannt gewordene Phänomen besteht bekanntlich darin, daß das Blutserum des betr. Individuums imstande ist, Reinkulturen des die Infektion verursachenden Erregers zu agglutinieren, d. h. eine Häufchenbildung an den ihm im hängenden Tropfen künstlich zugesetzten Bakterien hervorzubringen. Die eintretende Agglutination, der sichtbare Ausdruck für die Abwehrreaktion des Organismus gegen den eingedrungenen Schädling, ist ein um so sicherer Beweis für die stattgehabte Infektion des betr. Individuums, je höher die Verdünnungsgrade des Serums sind, bei denen sie noch in typischer Weise zu beobachten ist.

Mit Versuchen in dieser Richtung bei vermeintlicher Pyocyaneusallgemeininfektion beschäftigte sich im Jahre 1899 zum ersten Male Escherich (l. c.), allerdings in zwei Fällen, in denen, wie dies schon Eisenberg (27) hervorhebt, weder durch die klinischen Symptome noch durch den Ausfall der bakteriologischen Untersuchung das Vorhandensein einer Pyocyaneusinfektion einwandfrei zu erweisen war. Positiv hingegen war der Ausfall der Reaktion in drei Fällen von Achard, Loeper und Grénet (2) und zwar in einem Fall von Infektion nach Hämothorax (Agglutination $^1/_{40}$), einer Mischinfektion nach einer Pneumokokkenpleuritis (Agglutination $^1/_{100}$) und einer Wundinfektion einer Quetschwunde (Agglutination $^1/_{100}$). Der letzte Fall ist somit der erste bisher bekannte, sicher erwiesene, bei dem die Infektion von einer Wunde der äußeren Haut aus ihren Ausgang nahm. In drei anderen daraufhin untersuchten Fällen, in denen sich der Pyocyaneus im Wundsekret vorfand, blieb die Reaktion negativ — wohl ein Beweis dafür, daß er hier nur die Rolle eines Saprophyten spielte, die ihm früher grundsätzlich zugewiesen wurde. Der nächste Autor, der sich mit der gleichen Frage befaßte, war Eisenberg (l. c.). In seinem Falle handelte es sich um eine Wundmischinfektion von weißen Eiterkokken und Pyocyaneus an einer Hiebwunde des rechten Unterschenkels bei einem 43jährigen Manne, die die Exartikulation der betr. Extremität im Hüftgelenk nötig machte, ohne daß dadurch aber der tödliche Ausgang aufgehalten werden konnte. Bei diesem Patienten nun konnte Eisenberg nachweisen, daß dessen Serum in spezifischer Weise Pyocyaneus agglutinierte, eine Beobachtung, durch die der pathogene Charakter des genannten Bazillus im vorliegenden Falle authentisch erwiesen ist.

Mit dieser Feststellung ist die Beweiskette dafür, daß der Pyocyaneus in der Tat unter Umständen die Eigenschaften eines pathogenen invasiven Organismus entfalten kann, geschlossen. Sache künftiger Untersucher wird es sein, das Beweismaterial nach dieser Richtung hin zu vervollständigen. Einen Versuch dieser Art stellt die vorliegende Arbeit dar, die sich mit der Frage des Vorkommens und der Wirkung des Bacillus pyocyaneus bei Ohrerkrankungen beschäftigen soll.

Trotz der großen Verbreitung des Bacillus pyocyaneus in der Natur, besonders in Jauche, Dünger, Wasser, wohin er hauptsächlich durch Dejektionen von Tier und Mensch gelangen dürfte [Wassermann (150)], muß sein Vorkommen in der Luft, besonders in der der Kranken- und Operationssäle nach Symmes' (142) diesbezüglichen Untersuchungen als entschieden seltenes bezeichnet werden. Diese Tatsache, die mit der Häufigkeit der grünen Eiterung in schroffem Widerspruch steht, macht eine Übertragung des Pyocyaneus, wie dies schon Schimmelbusch (a. a. O. S. 311) betont, durch Vermittlung der Luft höchst unwahrscheinlich. Ebensowenig kommen Instrumente und Verbandmaterial bei den modernerweise mit diesen vorgenommenen Sterilisationsprozeduren für eine Verbreitung der Infektion ernstlich in Betracht. Auch eine Übertragung durch die Hände bei Operationen oder beim Verbandwechsel gilt als entschieden seltenes Vorkommnis [Lexer (89), S. 155].

Hingegen ist er anerkanntermaßen ein sehr regelmäßiger Bewohner der äußeren Haut und als solcher von Mühsam (104) namentlich an gewissen Prädilektionsstellen, wie Achselhöhle, Crena ani und Inguinalfalte nachgewiesen worden. Seine Vorliebe für diese Stellen macht es erklärlich, daß Wunden in den genannten Gegenden fast regelmäßig grün werden. Als vierte und uns im folgenden hauptsächlich interessierende Stelle, auf der der Bazillus normalerweise häufig als Saprophyt vorkommt, gesellt sich zu den genannten der äußere Gehörgang [Levy-Klemperer (88), Preysing (120)]. So erklärt es sich wenigstens größtenteils, daß es an Gelegenheiten zur lokalen Ansiedelung bei Ohrenkrankheiten für ihn nicht fehlt. Inwieweit ein ursächlicher Zusammenhang zwischen seiner Anwesenheit und einer gleichzeitigen Erkrankung des Gehörorgans besteht, soll der Gegenstand der nachfolgenden Erörterungen sein.

Die erste Mitteilung über das Auftreten blauen Eiters bei Ohrenerkrankungen stammt von Zaufal (156). Bei einem Kranken mit rechtsseitiger akuter Mittelohreiterung zeigte sich nach 14 Tagen der im äußeren Gehörgang befindliche Charpiepfropf exquisit blau gefärbt. Vier Tage später gesellte sich unter Zunahme der blauen Verfärbung und unter Auftritt von Schmerzen im Ohr eine Otitis externa hinzu. Wenige Tage später entwickelte sich auch bei dem Nachbarpatienten eine blaue Eiterung seiner bis dahin unkomplizierten Otorrhoe, gleichfalls unter Hinzutritt einer Otitis externa. Durch Einführen einiger Fäden des blaugefärbten Charpiepfropfes in den äußeren Gehörgang einiger anderer mit Otorrhoe behafteter Patienten gelang es, auch bei diesen das Bild der blauen Eiterung hervorzurufen. Zaufal zog aus diesen Beobachtungen den Schluß, daß es durch Ansteckung und Übertragung zur Entwicklung von blauem Eiter kommen könne, und daß die in 3 von 5 Fällen bei Beginn der blauen Eiterung beobachtete Otitis externa in ursächlichem Zusammenhang mit der Infektion stehe. Die von Professor Stein vorgenommene mikroskopische Untersuchung des blauen Eiters ergab dem Bacterium termo gleichende Spaltpilze, die nach Gestalt und Eigenbewegung von den aus einer anderen fauligen Infektion stammenden nicht zu unterscheiden waren. Da die Beschreibung des Bacillus pyocyaneus durch Gessard erst nach der Publikation dieser Arbeit erfolgte, so fehlt hier ein einwandfreies Untersuchungsresultat über den Erreger der blauen Otorrhoe, wenn man auch ein gewisses Recht hat, gleich Gruber (38) mit größter Wahrscheinlichkeit dafür den Bacillus pyocyaneus verantwortlich zu machen.

In einem ähnlichen, ebenfalls durch Otitis externa komplizierten Fall mit grünem Eiter von Gruber (l. c.) wies Weichselbaum zum erstenmal den Bacillus pyocyaneus nach. Im weiteren Verfolg der Zaufalschen Versuche nahm der genannte Autor gleichfalls Impfversuche mit dem Resultat vor, daß er ebenfalls bei dem betreffenden Patienten eine Otitis externa hervorrief. Von weiteren derartigen Impfungen aber stand er im Hinblick auf den Umstand ab, daß eine mit grünem Eiter in seine Behandlung kommende Patientin eine hochgradige, sehr lange dauernde Otitis externa zu überstehen hatte.

Durch diese Beobachtungen und Versuche schien somit im Wege des experimentum ad hominem bis zu einem gewissen Grade erwiesen, daß der Bacillus pyocyaneus als Erreger von Entzündungen des äußeren Gehörgangs, wenigstens bei gleichzeitig bestehender Mittelohrentzündung, in Frage kommen und demnach also für das Ohr — im Gegensatz zu der damals herrschenden Anschauung — pathogene Eigenschaften entwickeln könne.

Eine unfreiwillige Bestätigung dieser Angaben lieferten späterhin die von Brieger (14) mehrmals beobachteten poliklinischen Epidemien diffuser Gehörgangsentzündungen unter gleichzeitigem Auftreten grüner Eiterung, deren Entstehung dieser Autor auf eine Infektion der zum Austupfen des Gehörgangs benutzten Wattetampons durch die Hände der behandelnden Ärzte zurückführt.

Einen weiteren Beweis für die Pathogenität des Pyocyaneus schienen die Mitteilungen von Maggiora und Gradenigo (94) erbringen zu sollen, die ihn in Reinkultur bei Furunkeln des äußeren Gehörgangs fanden.

Betreffs der Fähigkeit des Bacillus pyocyaneus, eine Otitis media hervorzurufen, herrschen unter den verschiedenen Autoren noch die größten Differenzen. Noch jüngst resümierte sich Preysing (120) auf Grund der bisherigen Veröffentlichungen dahin, „daß es eine durch den Bacillus pyocyaneus veranlaßte Otitis media (besonders der Säuglinge) nicht gäbe, wolle man die Möglichkeit einer solchen Infektion nicht überhaupt bestreiten, so müsse man doch erst noch Beweise dafür verlangen, da die vorliegenden nicht genügten.“

Grubers (l. c.) oben zitierter Fall, bei dem 3 Tage nach der Parazentese aus dem Eiter des entzündlich veränderten Gehörgangs der Pyocyaneus gezüchtet wurde, muß nach Preysing deshalb aus den Belägen für die vorliegende Frage ausscheiden, weil der genannte Autor selbst in seiner Arbeit den Nachdruck nur auf die Aufimpfung blauen Eiters auf eine schon bestehende Ohreiterung und die hierdurch hervorgerufene Otitis externa legt, die Frage nach einem aetiologischen Zusammenhang zwischen dem vorgefundenen Bacillus pyocyaneus und der bestehenden Mittelohrenentzündung aber völlig unberührt läßt.

Auch gegen den zum Beweise der Infektiosität des Pyocyaneus oft zitierten Fall von Rohrer (l. c.) macht Preysing Bedenken geltend, insofern als Rohrer ohne alle Kautelen gegen eine Verunreinigung durch den Gehörgang und ohne Anlegen eines Eiteroriginalausstrichs sofort Kulturen von dem Gehörgangseiter einer akuten Otitis media anlegte und in seiner Arbeit lediglich der Pigmentbildung, nicht der Virulenz des Bacillus pyocyaneus sein Augenmerk schenkte.

An dritter Stelle steht Martha (97). Unter 53 Fällen akuter und chronischer Mittelohrentzündungen fand dieser Autor den Pyocyaneus 2 mal sowohl mikroskopisch als kulturell in Reinkultur und sprach ihn als Erreger der betr. Affektionen an. Aber auch diese Fälle haben hinsichtlich ihres akuten Charakters wegen der langen Dauer der Eiterung mehrfach berechtigte Kritik erfahren [Leutert (87), Hasslauer (47), Preysing (l. c.)]. Im ersten Fall nämlich bestand die Eiterung 4 Monate, im zweiten 3 Monate, beide Male handelte es sich um Totalperforationen. Bei der bekannten Neigung der Saprophyten, vom äußeren Gehörgang aus bei lange bestehenden Mittelohreiterungen die ursprünglichen Erreger zu überwuchern, entfällt der Wert der mitgeteilten Befunde wenigstens für die vorliegende Frage nach der aetiologischen Rolle des Pyocyaneus bei akuten Mittelohrentzündungen.

Den Schlüssen von Kossel (74, 75, 76), der auf Grund zahlreicher Untersuchungen zu dem Resultat kam, daß der Bacillus pyocyaneus beim Erwachsenen als unschuldig anzusehen sei, für den jugendlichen Körper aber, speziell im Säuglingsalter, im höchsten Grade pathogen wirke, setzt Preysing gleichfalls mehrfache Bedenken entgegen. Dieselben stützen sich einmal auf Mängel in der Technik der Untersuchungen, insofern als einige Male nur eine kulturelle, keine mikroskopische Untersuchung stattfand, und mithin die Möglichkeit nicht von der Hand zu weisen ist, daß andere vorhanden gewesene Erreger in der Kultur nicht mitgewachsen sind, die erhaltene Reinkultur von Pyocyaneus also kein zuverlässiges Bild der ursprünglichen Bakterienflora des Mittelohreiters ist. In einem anderen Teil der Fälle ist für ihn das gefundene Nebeneinander Fränkelscher Diplokokken und des Pyocyaneus im Mittelohreiter Beweis, daß erstere die primären Erreger, letztere nur sekundäre Saprophyten der Eiterung sind, obwohl sich diese nicht nur im Mittelohreiter in bedeutender Überzahl, sondern auch in anderen Organen und Gewebssäften vorfanden. Dabei vertritt Preysing den Standpunkt, daß der Diplokokkus Fränkel als notorischer gefährlicher Infektionserreger bekannt sei, und damit der gleichzeitige Befund des von ihm lediglich als Saprophyt eingeschätzten Pyocyaneus jeden Wert verliere.

Wenn man sich nun auch nicht in jedem Detail diesen Ausstellungen Preysings anzuschließen vermag, so ist doch einem wesentlichen Teil derselben die Berechtigung nicht abzustreiten. Nur wegen der von ihm — an sich mit gutem Recht — erhobenen Forderung einer mikroskopischen Untersuchung des Originaleiters verdient die von Gessard und Charrin bis zu den jüngsten Untersuchern dieser Frage fast einhellig gemachte Beobachtung Berücksichtigung, daß der Bacillus pyocyaneus sich durch einen auffallenden Polymorphismus auszeichnet, der unter gewissen Bedingungen und auf verschiedenen Nährböden in zahlreichen Variationen sowohl der vorherrschenden Stäbchenformen wie im Auftreten von Kokken- (Diplokokken-) und Spirillenformen zum Ausdruck kommt. Hierdurch muß notwendigerweise die mikroskopische Untersuchung etwas von der ihr sonst zukommenden Bedeutung einbüßen, ja die Frage, ob es sich um Reinkulturen in dem betr. Falle handelt, ist meist nur unter Zuhilfenahme des Kulturverfahrens zu lösen.

Auch gegen den letzten der von ihm ins Feld geführten Gründe, „daß der Bacillus pyocyaneus sich — im Gegensatz zum Diplokokkus Fränkel — nach dem Tode in allen Gewebssäften verbreite“, erheben sich Bedenken.

Für diese von Schimmelbusch s. Z. zum ersten Mal aufgestellte Behauptung bleibt er den Beweis ebenso schuldig wie dieser. Da außerdem die auf diesen Punkt gerichteten Untersuchungen

Krannhals' an einem großen Leichenmaterial, wie oben erwähnt, in einem dieser Annahme direkt entgegengesetzten Sinne ausfielen, muß auch diejenige seiner Anforderungen an die Kosselschen Fälle an Wert verlieren, die die Angabe verlangt, „wie lange post mortem in einzelnen Fällen der Befund an Pyocyaneus in den Geweben und Organen erhoben wurde."

Kanthack (61) fand unter 8 Fällen von Otitis media acuta durch Parazentese 2 Mal den Pyocyaneus, beide Male aber in Verbindung mit dem Fränkelschen Diplokokkus und dem Bacillus saprogenes I (Rosenbach), so daß ihm, wie in den ähnlichen Kosselschen Fällen, eine aetiologische Rolle für die vorgefundene Mittelohreiterung einwandfrei nicht vindiziert werden kann. Noch weniger natürlich ist das möglich in denjenigen seiner akuten Fälle, in denen die Untersuchung nach dem Spontandurchbruch des Trommelfells, oder, wie bei den von ihm untersuchten chronischen Fällen, nach bereits länger bestehender Trommelfellperforation vorgenommen wurde. Auch wurde bei beiden Arten von Affektionen der Pyocyaneus nie in Reinkultur, sondern stets in Verbindung mit anderartigen Kokken oder Bakterien aufgefunden.

In einem Referat über bakteriologische Untersuchungen von Mittelohr- und Warzenfortsatz durch Lionel de Crévoisier (24) findet sich die Angabe, daß Streptokokken, Pneumokokkus Friedländer, Staphylokokkus und Bacillus pyocyaneus gefunden wurden. Das Fehlen näherer Angaben über Art und Zeitpunkt der Untersuchungen macht diese Befunde zur Beantwortung der vorliegenden Frage ungeeignet.

Die nächsten Untersucher, die sich mit der Pyocyaneusotitis beschäftigen, waren Gradenigo und Pes (115 und 34). Im ersten der von ihnen mitgeteilten Fälle wurde der Pyocyaneus in Reinkultur, aber erst 20 Tage nach erfolgter Spontanperforation nachgewiesen. Hierdurch fällt er für die vorliegende Frage nach der aetiologischen Rolle des Bazillus bei Mittelohreiterungen aus. Der zweite Fall findet sich an den beiden zitierten Stellen verschieden mitgeteilt. Während an dem erstgenannten Ort (S. 140) bei der betreffenden Mittelohrentzündung, angeblich sofort nach einer Parazentese am 30. Januar, isolierte Kulturen des direkt aus dem Mittelohr erhaltenen Eiters angelegt und mikroskopische Untersuchungen angestellt wurden, ist nach der anderen Lesart (Archiv S. 79) der Vorgang der gewesen, daß am 28. Januar 1894 die Parazentese und erst am 30. Januar „zum ersten Male" die mikroskopische Prüfung des Eiters vorgenommen wurde, die wenige Formen von in verschiedener Weise angeordneten Mikrokokken ergab, welche sich bei weiterer kultureller Prüfung als Bacillus pyocyaneus erwiesen. Diese nicht geklärten Widersprüche in der Mitteilung desselben Falles lassen seine Verwertung für die Lösung der vorliegenden Frage nicht einwandfrei erscheinen.

Die Forderung sofortiger Untersuchung des Eiters nach der Parazentese finden wir erfüllt bei Greene (37), bei ihm auch die ersten Mitteilungen über solchergestalt 3 mal gefundene Reinkulturen von Bacillus pyocyaneus bei 101 untersuchten Fällen akuter Mittelohreiterung. In dem mir hierüber zugänglichen Referat fehlt eine Angabe, ob auch ein Originaleiterausstrichpräparat angelegt wurde. Eine Unterlassung dieser Maßnahme würde aus den oben angeführten Gründen auch diesen Untersuchungen nur einen bedingten Wert verleihen.

Auffallend hoch ist der Prozentsatz von Pyocyaneusreinkulturen bei Chambers (19), der solche 6 mal bei 58 teils mikroskopisch, teils auch kulturell untersuchten Fällen von akuter Mittelohrentzündung und Mastoiditis fand.

Aus dem mir zugänglichen Referat über seine Arbeit ist jedoch nicht zu ersehen, ob es sich um Untersuchung von parazentesierten oder spontan durchgebrochenen Fällen handelt, und zu welcher Zeit bzw. in welcher Weise die Untersuchung vorgenommen wurde. Also auch hier wieder zahlreiche Lücken, die die Bewertung für unseren Zweck erschweren.

Hasslauer (l. c.), der dabei einen der Kosselschen Fälle, den oben erwähnten Gruberschen und die 3 Beobachtungen von Greene als voll- und gleichwertig ansieht, während er die Fälle von Chambers unter seine sog. 2. Gruppe (Untersuchungen nach erfolgter Spontanperforation) einreiht, rechnet demnach mit 5 Fällen von Pyocyaneusreinkultur auf 175 direkt nach der Parazentese bakteriologisch untersuchte Mittelohreiterungen. In einer neueren Arbeit Hasslauers (48) über den gleichen Gegenstand finde ich noch einen Fall von Gerber zitiert, in dem einen Tag nach der Parazentese der Bacillus pyocyaneus nachgewiesen wurde. Da aber Angaben darüber, ob es sich um eine Reinkultur gehandelt hat, sowie über die Art der angestellten Untersuchungen fehlen, besitzt auch diese Mitteilung nur zweifelhaften Wert. An einer späteren Stelle seines oben zitierten Buches hält der gleiche Autor auf Grund des erwähnten Kosselschen Falls und der oben zitierten Beobachtung von Pes-Gradenigo den Beweis für die pathogene Natur des Bacillus pyocyaneus für das

Mittelohr für erbracht. In Übereinstimmung mit Preysing erscheint uns eine solche Bewertung der mitgeteilten Fälle nicht genügend gerechtfertigt.

Der Vollständigkeit halber seien — soweit sie nicht schon vorher aus anderen Ursachen erwähnt sind — hier noch diejenigen Fälle registriert, bei denen der Bacillus pyocyaneus nach vorausgegangener spontaner Perforation des Trommelfells teils in Reinkultur, teils in Verbindung mit anderen Bakterien im Mittelohreiter vorgefunden wurde. Ausdrücklich aber möchte ich bemerken, daß es sich dabei lediglich um die Konstatierung seiner Anwesenheit im Eiter derartiger Fälle, nicht um die Frage nach seiner aetiologischen Rolle für die betreffende Otitis handelt. Zur Lösung dieses Problems sind die Fälle in der Form, in der sie vorliegen, aus bekannten Gründen ungeeignet. Hierher gehören zwei der schon berührten Kanthackschen Beobachtungen (l. c.), bei denen er einmal in Verbindung mit dem Diplococcus Fränkel, ein zweites Mal mit dem Staphylococcus cereus albus, Staphylococcus cereus flavus und dem Staphylococcus pyogenes aureus zusammen vorgefunden wurde. Einen dritten von ihm mitgeteilten Fall (No. 19 seiner Gruppierung), bei dem er sich neben Staphylococcus pyogenes aureus und albus vorfand, schließe ich aus, weil es sich dabei augenscheinlich um eine akute Exazerbation einer mit Cholesteatom verbundenen Eiterung handelte.

Des weiteren erinnere ich an den oben mitgeteilten Fall von Gruber, an Pes und Gradenigo (l. c., Reinkultur von Pyocyaneus am 20. Tage nach Spontanperforation), an Chambers (l. c.), der außer in den mitgeteilten Fällen ihn noch 2 mal neben Streptococcus pyogenes und 2 mal neben diesem und Staphylococcus vorfand.

Im Sanitätsbericht der Preußischen Armee usw. 1898/99 (127) finde ich die Angabe, daß das Vorkommen des Bacillus pyocyaneus im Eiter akuter Mittelohrentzündungen in den Garnisonen Karlsruhe und Ulm festgestellt wurde, doch „sei dieser nicht als Erreger der eitrigen Entzündung, sondern als eine zufällige Verunreinigung aufzufassen“.

Hasslauer (47, S. 241) sah ihn in Reinkultur bei einer 8 Tage und bei einer 2 Tage bestehenden Spontanperforation, während ein dritter Fall deshalb nicht beweiskräftig ist, weil der angelegte Agarausstrich steril blieb, und nur mikroskopisch kurze, ziemlich plumpe und dünne schlanke Stäbchen nachgewiesen wurden.

In seiner Arbeit über „Bakterienbefunde im Mittelohreiter“ berichtet R. Müller (103), daß der Bacillus pyocyaneus wiederholt gleich bei der Aufnahmeuntersuchung akuter Mittelohreiterungen, „als von draußen mit eingeschleppt“, festgestellt wurde. Diese Angabe gestattet wohl den Schluß, daß es sich dabei um Fälle mit Spontanperforationen gehandelt hat, und daß der Autor selbst eine aetiologische Beziehung zwischen diesem Befund und der bestehenden Mittelohrinfektion nicht anzunehmen scheint.

Mit Ausnahme der beiden Beobachtungen von Pes und Gradenigo (a. a. O.), bei denen eine Influenza, und dem einen Fall von Kossel (Zeitschr. f. Hyg. Bd. 16) eines 2jährigen Kindes mit hochfieberhaften Erscheinungen, bei dem Masern voraufgegangen waren, gehören sämtliche bisher angeführten Fälle unter die Kategorie der sog. genuinen, d. h. nicht im Anschluß an Infektionskrankheiten entstandenen Mittelohrentzündungen.

Bei der sekundären Form der Mittelohrentzündung wurde der Pyocyaneus rein nur 5 mal und zwar stets bei Influenzaotitis nachgewiesen. Die beiden hierher gehörigen Fälle von Pes-Gradenigo sind bereits oben ausführlicher abgehandelt, die 3 weiteren entstammen den Untersuchungen von Kossel (75) an 38 Säuglingsleichen. Außerdem fand ihn letzterer Autor neben feinsten kurzen, nur auf Blutagar wachsenden Stäbchen, die er als identisch mit den Pseudoinfluenzabazillen Pfeiffers ansprach.

Bei den übrigen Infektionskrankheiten war der Bacillus pyocyaneus im Mittelohreiter nur noch bei Scharlach und Masern, aber stets in Verbindung mit anderen Mikroorganismen vorhanden. Nachgewiesen haben ihn bei Scarlatina Blaxall (12) neben Streptokokken, Wolf (155) in einem Falle neben Streptokokken im Mittelohr, im Milzausstrich, in den Highmorshöhlen, in letzteren auch noch den Staphyloc. pyogenes aureus, im Nierenausstrich nur den Pyocyaneus.

In einem Falle von Scharlachdiphtherie fand ihn Wolf mit Streptokokken und Diplococcus lanceolatus im Paukenhöhleneiter.

Bei der Untersuchung der Paukenhöhle von 22 an Diphtherie Gestorbenen konnte Wolf (l. c.) 1 mal den Diplococcus lanceolatus, Streptococcus und Bacillus pyocyaneus, ein zweitesmal die genannten Mikroorganismen und den Staphylococcus pyogenes flavus nachweisen.

Für die Entscheidung der Frage nach der Rolle, die der Bacillus pyocyaneus in der Aetiologie der sekundären Mittelohreiterungen spielt, kämen also höchstens die bei Influenza erhobenen Befunde in Betracht, bei denen der Pyocyaneus in Reinkultur nachgewiesen wurde. Aber auch diese Fälle halten den oben diskutierten Einwänden Preysings nicht stand.

Im Gegensatz zu Preysing sieht es Körner (72) für erwiesen an, daß der Pyocyaneus eine akute Otitis media hervorrufen kann, und schildert diese als meist charakterisiert durch ein blutig-seröses

Exsudat in der Paukenhöhle und in gleichzeitig auftretenden subepidermoidalen Blasen im äußeren Gehörgang.

Für das Vorkommen des Bacillus pyocyaneus bei chronischen Eiterungen sprechen die Fälle von Martha (s. o.), der oben erwähnte Cholesteatomfall von Kanthack und 2 weitere Beobachtungen desselben Autors (l. c. S. 49), in denen er sich beidemale in Gesellschaft von Staphylococcus pyogenes albus, aureus und des Proteus vulgaris (Hauser) vorfand.

Einer Angabe bei Haßlauer (l. c. S. 51 bzw. 225) entnehme ich, daß er 9 mal bei Mastoidititen (in Reinkultur?) nachgewiesen wurde, ohne daß aus der vorliegenden Literatur festzustellen war, ob es sich dabei um Komplikationen im Anschluß an primäre oder sekundäre akute Mittelohrentzündungen gehandelt hat.

Kossel (74) fand ihn in Verbindung mit Tuberkelbazillen und Staphylokokken im Mittelohreiter, einem Thrombus des Sinus sigmoideus und im Blut eines Mannes, bei dem ein tuberkulöser Herd im Felsenbein in den Sinus transversus durchgebrochen war und eine Miliartuberkulose hervorgerufen hatte. Alice Wakefield (148) wies den Pyocyaneus kulturell im Eiter eines Schläfenlappenabszesses nach.

Im Wundsekret von Radikaloperationswunden, an die sich eine Perichondritis anschloß, sah Körner (154) 6 mal den Pyocyaneus, wenigstens wurde sein Vorhandensein aus der Farbe und dem Geruch des Eiters geschlossen.

Der Eiter der bisweilen auftretenden postoperativen Perichondritiden wurde zum erstenmal von Leutert (87) bakteriologisch untersucht.[1]) In sämtlichen 4 Fällen konnte er den Pyocyaneus in Reinkultur nachweisen. Allerdings wurden nur in einem Falle Ausstrichpräparate angefertigt und in diesen neben den Bazillen spärliche, jedoch deutliche Kokken gesehen. Leutert nimmt jedoch an, daß es sich dabei vermutlich nur um die oben erwähnten bekannten morphologischen Varianten des Bazillus gehandelt hat.

Einen weiteren Fall postoperativer Perichondritis aus der Rostocker Klinik beschrieb vor kurzem Tatsusaburo Sarai (l. c.), bei dem der dem perichondritischen Abszeß entnommene Eiter Pyocyaneus in Reinkultur aufwies. Er gehörte zu der Reihe der oben erwähnten Erkrankungen, bei denen vor der Entstehung der Perichondritis im

---

1) Die Angabe von Tatsusaburo Sarai (144), daß Pes und Gradenigo als erste den Bac. pyocyaneus im perichondritischen Eiter fanden, ist irrtümlich. Wenigstens habe ich keine diesbezüglichen Angaben in der Litteratur gefunden.

Wundsekret der Radikaloperationswunde Pyocyaneus festgestellt worden war.

In jüngster Zeit wurde durch eine Veröffentlichung von Helman (54) die Aufmerksamkeit wieder auf ein Krankheitsbild gelenkt, dessen erste Fälle seinerzeit Bezold (8) beschrieben hat. Es handelt sich um eine kruppöse Entzündung des äußeren Gehörgangs, die der letztgenannte Forscher auf Grund der charakteristischen Eigenschaften der kruppösen Membranen wie wegen des besonderen klinischen Verlaufs streng von der Diphtherie getrennt wissen will. Die Seltenheit des Vorkommens dieser Affektion geht daraus hervor, daß unter 5600 Ohrenkranken der Bezoldschen Klientel dieses Leiden nur 35 mal (= 0,63 %) beobachtet [Steinhoff (141)], und daß die Kasuistik der Erkrankung sich seit der betreffenden Publikation (1886) nur um 7 Fälle und zwar solche von Guranowski (41), Davidsohn (25), Helman (l. c.) und Ruprecht (125) vermehrt hat. Während aber Bezold und mit ihm Schweninger, der auf Bezolds Veranlassung die mikroskopische Untersuchung der Membranen vornahm, die in diesen vorgefundenen Mikroorganismen für etwas Zufälliges und für den Prozeß. Unwesentliches hielten, in zwei später von ihm mitgeteilten Fällen aber einmal Staphylococcus (aureus), ein zweitesmal Pyocyaneus gefunden wurden, erhielt Guranowski durch Überimpfung von Kruppmembranstückchen auf verschiedene Nährböden stets Reinkulturen von Bacillus pyocyaneus. Ganz den gleichen Befund erhoben diejenigen beiden Untersucher, die außer den Genannten eine genaue bakteriologische Untersuchung ihrer betreffenden Fälle vornahmen, nämlich Helman und Ruprecht. Sie fanden in den aus einem Netz von Fibrinfasern bestehenden Membranen neben Epithelzellen und Leukozyten zahlreiche Bazillen und kokkenähnliche Mikroorganismen, die sich bei der bakteriologischen Untersuchung stets als die polymorphen Individuen derselben Gattung, nämlich des Pyocyaneus, erwiesen. Die Entstehung der gallertigen, meist etwas blutig tingierten Membranen, die vielfach einen vollständigen Ausguß des äußeren Gehörgangs darstellten, wird von Gruber und Steinhoff dahin erklärt, daß sie, analog den trachealen Kruppmembranen, ein Ausschwitzungsprodukt der Blut- und Lymphgefäße darstellten, während Davidsohn und Helman in ihnen den geronnenen Inhalt einer bei dieser Affektion stets vorhanden gewesenen geplatzten Blutblase erblicken. Die Gerinnung schreibt Helman der Anwesenheit spezifischer Mikroorganismen, wahrscheinlich dem Pyocyaneus zu, der die Rolle eines Fibrinfermentes dabei spiele. Ruprecht schließt sich auf Grund seiner Beobachtung wieder der Gruberschen Erklärung an. Wir kommen später auf diesen Punkt ausführlicher zurück, und begnügen uns zunächst mit der Tatsache der Konstatierung der anscheinend alleinigen Anwesenheit des Pyocyaneus in einer Reihe dieser Fälle, die den Gedanken an aetiologische Beziehungen zwischen ihm und der vorgefundenen Erkrankung in der Tat nahe zu legen scheint. Gegen die von Helman vorgeschlagene Bezeichnung dieser Erkrankung als Otitis externa pyocyanica bliebe jedoch einmal zu erinnern, daß in dem erwähnten Bezoldschen Falle ein andersartiger Mikroorganismus gefunden wurde, und zweitens, daß, wie das schon aus den Zaufal-Gruberschen und Briegerschen Fällen hervorgeht, es infolge einer Pyocyaneusinfektion auch zu Entzündungen des äußeren Gehörgangs ohne Bildung solcher Membranen kommen kann. Somit könnte leicht eine unerwünschte Verwirrung hinsichtlich der Aetiologie und Diagnose dieser beiden Erkrankungen entstehen, Grund genug, um die vorgeschlagene Bezeichnung als irreführend abzulehnen.

Zum Schluß sei noch einer der oben angeführten Kosselschen ähnlichen Mitteilung von Lenhartz (84) gedacht, nach der der Pyocyaneus vom Ohr aus durch Vermittelung einer Sinusthrombose seinen Eintritt in das Körperinnere gefunden haben soll. Sie betrifft einen 11jährigen Knaben, der seit 7 Jahren an doppelseitigem Ohrenlaufen litt. Anfang Juli 1902 Klagen über Kopfschmerzen, die vom 17. August an heftiger wurden und von Erbrechen begleitet waren. Das rechtsseitige Ohrenlaufen sistierte, es folgte 8 Tage dauernder Durchfall mit heftigen Leibschmerzen. Am 31. August-Schüttelfrost, Erbrechen und rechtsseitige Kopfschmerzen. Am 2. September Aufnahme ins Eppendorfer Krankenhaus. Bei der Aufnahme Klagen über heftige Kopf- und Nackenschmerzen. Es bestand stinkender Ausfluß aus dem linken Ohr, deutliche Nackensteifigkeit und Druckempfindlichkeit im linken vorderen Halsdreieck. Vom 2. bis 8. September Reizerscheinungen im rechten Fazialisgebiet, am 8. September ziemlich starker Ikterus und starke Druckempfindlichkeit im rechten vorderen Halsdreieck mit Schwellung der vorderen Halshälfte. Am 12. September Euphorie, später Benommenheit, Zunahme des Ikterus. Am 13. September Unruhe, Aufschreien. Am 14. September morgens Exitus. Eine am 2. September vorgenommene Lumbalpunktion ergab mikroskopisch reichliche Leukozyten, keine Bakterien. Kultur (verunreinigt?): Gemisch von Stäbchen und Kokken. Am 6. September war die Punktionsflüssigkeit trübe, Kultur blieb steril. Am 9. September war die Punktionsflüssigkeit gleichfalls trübe, mikroskopisch fanden sich viele Leukozyten, Kultur blieb steril. Das gleiche Ergebnis hatte eine am 13. September vorgenommene Punktion. Eine intra vitam 3 Mal entnommene Blutprobe blieb am 4. und 13. September auf den betr. Kulturen steril, am 10. September entwickelten sich vier Kolonien Pyocyaneus. Der Sektionsbefund ergab: perforierte Otitis media purulenta dextra, kleiner Abszeß im rechten Schläfenlappen. Eitrige Thrombophlebitis des rechten Sinus transversus und der rechten Vena jugularis interna in ihrer ganzen Länge. Eitrige Meningitis mäßigen Grades. Viele kleine Lungenabszesse. Ein vereiterter Milzinfarkt. Bakteriologisch fanden sich in den Lungenabszessen und im Meningeneiter massenhaft Pyocyaneuskolonien in Reinkultur. Das Leichenblut enthielt anaerobe, nicht gasbildende Stäbchen in mäßig großer Zahl.

Lenhartz nimmt an, daß hier offenbar dem Pyocyaneus vom Ohr her der Eintritt in die Blutbahn in Gesellschaft der (anaeroben) Stäbchen geöffnet worden, und daß die Schwere der Infektion besonders dem Pyocyaneus zu danken ist. Wenn diese Annahme auch nach dem ganzen Verlauf und dem Obduktionsergebnis eine große Wahrscheinlichkeit für sich hat, so muß andererseits jedoch hervorgehoben werden, daß weder eine bakteriologische Untersuchung des Mittelohrsekrets noch des Thrombeninhalts stattgefunden hat oder wenigstens nicht mitgeteilt wird. Ohne eine solche aber fehlt es an dem strikten Beweis für die von dem Autor gemachte Annahme, daß das Mittelohr als die Eintrittspforte der Infektion zu betrachten ist.

Aus den mitgeteilten Beobachtungen und den Einwendungen, zu denen der größte Teil derselben mehr oder minder berechtigten Anlaß gibt, scheint soviel wenigstens mit Sicherheit hervorzugehen, daß die pathogene Rolle des Bacillus pyocyaneus fürs Ohr keineswegs unbestritten ist. Im großen ganzen lassen sich die von Preysing gegen die angeblich durch Pyocyaneus verursachten Mittelohrentzündungen erhobenen Ausstellungen den übrigen auf den gleichen Bazillus zurückgeführten Ohraffektionen gegenüber, namentlich was gewisse Mängel in der Untersuchungstechnik anlangt, wiederholen.

Ich habe deshalb geglaubt, zunächst einmal das in den letzten 3 Jahren auf unserer Klinik beobachtete einschlägige Material etwa in der Reihenfolge, wie es zur Beobachtung kam, beibringen zu sollen und den Versuch zu machen, mit dessen Hilfe die beregten Fragen der Lösung näher zu führen.

1. Furunkel im rechten äußeren Gehörgang. Doppelseitige chronische Mittelohreiterung.

Else F., Maurerstochter, 4 Jahre alt. Aufgenommen am 18. Juni 1903.

Anamnese: Seit August 1902 im Anschluß an Masern doppelseitiges Ohrenlaufen. Allmähliche Ausbildung einer Fistel hinterm linken Ohr. Behufs Operation in die Charité geschickt.

Status praesens: Übelriechende eitrige grüngelbe Sekretion aus beiden äußeren Gehörgängen, Senkung der hinteren oberen Gehörgangswand und eiternde Fistel auf dem linken Warzenfortsatz. Beiderseits diffuse Rötung und Schwellung der Trommelfelle, Vorwölbung des hinteren Abschnitts, rechts Perforation in der Mitte des hinteren Abschnitts.

Verlauf: Radikaloperation links am 22. Juni 1903. Kariöse Zerstörung im Mittelohr und Warzenfortsatz. Rechts Erweiterung der Perforation durch Parazentese. Am 22. August 1903 linksseitige Wunde völlig epidermisiert. An der hinteren Wand des rechten äußeren Gehörgangs Entstehung einer sich allmählich vergrößernden halbkugeligen, elastischen, sehr druckschmerzhaften Vorwölbung unter gleichzeitiger ödematöser druckempfindlicher Schwellung der Weichteile des Warzenfortsatzes. Am 1. September 1903 Inzision der Geschwulst in Bromäthylnarkose. Es entleerte sich reichlich ziemlich dünnflüssiger Eiter. Allmählicher Rückgang von Schwellung und Schmerzhaftigkeit. Am 23. September als gebessert entlassen. Unter andauernder poliklinischer Weiterbehandlung kam die Sekretion aus dem rechten Mittelohr und dem Furunkel Mitte Februar 1904 zum Stillstand.

Mikroskopischer und bakteriologischer Befund: Wegen zunehmender grünlicher Verfärbung des Gazestreifens im rechten äußeren Gehörgang wird vom Gehörgangseiter am 13. Juli 1903 angelegt:

a) eine Bouillonkultur. Sie ist nach 24 Stunden stark diffus getrübt, enthält weißlichen Bodensatz und Kahmhäutchen. Mikroskopisch: Reinkultur sehr lebhaft beweglicher schlanker gramnegativer Stäbchen. Nach weiteren 48 Stunden tritt eine deutliche Grünfärbung der Kolonie, am stärksten an der Oberfläche auf.

b) eine Agar-Agarplatte. Dieselbe zeigte nach 24 Stunden einen intensiv grünen Rasen, an dessen Rändern einzelne graue runde Kolonien lagen. Sowohl von ersterem wie letzteren sind mikroskopisch die oben beschriebenen Stäbchen nachweisbar.

Ferner wurde das Messer, mit dem der Furunkel eröffnet worden war, direkt in Bouillon verimpft (1. September 1903). Es entwickelten sich Reinkulturen von Pyocyaneus. Die am nächsten Tage vorgenommene direkte mikroskopische Untersuchung des Furunkeleiters ergab lediglich kurze schlanke, an den Enden etwas abgerundete Stäbchen. Das gleiche Resultat ergaben im Laufe der Behandlung wiederholt mit dem Furunkeleiter angelegte Kulturen.

Epikrise: Aus dem Befund des Pyocyaneus im Mittelohreiter möchte ich mit Rücksicht auf die bereits lange Dauer des Prozesses am Tage der ersten bakteriologischen Untersuchung keinerlei aetiologische Beziehungen herleiten. Anders aber bei dem Furunkel. Sowohl die Art der Vornahme der ersten, wie das übereinstimmende Resultat aller folgenden Untersuchungen bieten die Gewähr, daß es sich hierbei um eine durch den Pyocyaneus verursachte Lokalaffektion des Gehörgangs handelte. Auch der klinische, eigentümlich langsame Verlauf der Affektion deutet an, daß es sich jedenfalls nicht um eine Infektion mit den gewöhnlichen Eitererregern gehandelt haben kann.

2. Diffuse Entzündung des rechten äußeren Gehörgangs und der Ohrmuschel.

Luise W., 16 Jahre alt, Arbeiterin. Aufgenommen am 24. Juni 1903.

Anamnese: Will 14 Tage vor ihrer Aufnahme von einer Mitarbeiterin mit einem Besenstiel gegen das rechte Ohr gestoßen worden sein und 2 Tage später Schmerzen und Ohrenlaufen auf dieser Seite bekommen haben. Spezialärztliche Behandlung mit trockenem Austupfen und Hafergrützumschlägen. Wegen Mitbeteiligung des Warzenfortsatzes Überweisung an die Charité am 25. Juni 1903. Behandlung und Verlauf: Eröffnung des Antrums und zwar, mit Rücksicht auf die traumatische Entstehung der Affektion mittels Fraise. Mittelohr sehr schnell trocken, Trommelfell vernarbt, die Heilung der Antrumswunde jedoch sehr langsam infolge sich immer wieder abstoßender Sequester und schlaffer Granulationsbildung. Verbandstoffe eine zeitlang grün verfärbt. Am 21. November nach vorübergehender Scheinheilung Auskratzung. Am 28. November unter leichter Temperatursteigerung (38,1) Klagen über heftige Schmerzen im rechten Ohr und der rechten Kopfseite. Gehörgang verquollen, die Wände des Meatus auditor. externus gerötet und druckempfindlich. Ohrmuschel im ganzen etwas geschwollen, gerötet und druckempfindlich, Lobulus frei. Mit Hilfe des Paukenröhrchens werden täglich aus der Tiefe des Gehörganges große Epidermisfetzen ausgespült. Nach wenigen Tagen war die Entzündung von Ohrmuschel und äußerem Gehörgang abgeklungen, die Antrumswunde war Mitte Januar vernarbt, Hörfähigkeit für Flüstersprache 6 m.

Mikroskopischer und bakteriologischer Befund: Die von den ausgespülten Epidermisfetzen angelegten Bouillon- und Agarkulturen ließen Pyocyaneus in Reinkultur zur Entwickelung kommen.

Epikrise: Augenscheinlich hatte in diesem Falle die schlechte Heilung der Antrumswunde, wie auch aus der Grünfärbung der Verbandstoffe hervorging, die sekundäre Ansiedelung des Pyocyaneus in der Wunde begünstigt. Für diese ungünstige Wundheilung war zweifellos die Art der Eröffnung mittels Fraise verantwortlich zu machen. Dafür sprach besonders die andauernde Abstoßung zahlreicher kleiner Sequester aus der Wunde, eine bei der Aufmeißelung von uns in diesem Maße nie beobachtete Erscheinung, außerdem die Tatsache, daß vom Moment der Auskratzung ab die Wundheilung völlig ungestört verlief. Die Infektion des äußeren Gehörganges von der genannten Stelle aus ist also ohne weiteres erklärlich.

3. Linksseitige akute Mittelohrentzündung, Gehörgangsentzündung, Mastoiditis.

Arthur K., Bildhauerlehrling, 15 Jahre alt. Aufgenommen 1. August 1902. Antrumseröffnung 2. August 1902. Geheilt entlassen 29. September 1902.

Anamnese: Will vor Jahresfrist wegen linksseitiger Mittelohrentzündung ärztlicherseits mit Jodpinselungen behandelt worden sein. Nach 6 Monaten angeblich völlige Heilung. Seine jetzige Erkrankung begann 4 Wochen vor seiner Aufnahme mit Schmerzen und Ausfluß aus dem linken Ohr im Anschluß an Baden. Seit 3 Wochen in spezialärztlicher Behandlung. Wegen Auftritts von Schmerzen in der linken Ohrmuschel und im Gehörgang seit dem 31. Juli 1902 Überweisung an die Charité.

Status praesens: Druckempfindlichkeit vorm linken Tragus und entlang der vorderen Peripherie des linken Warzenfortsatzes. Über der Spitze Rötung und mäßige Infiltration der Weichteile. Entzündliche Rötung und Schwellung der unteren und vorderen, starkes Herabhängen der hinteren oberen Gehörgangswand. Gehörgang hierdurch spaltförmig verengt, Blick aufs Trommelfell nicht zu gewinnen. In der Tiefe seröses, nicht übelriechendes Sekret. Temperatur 38,2. Flüstersprache links 10 cm, We nach links lateralisiert, Ri links —, Knochenleitung deutlich verlängert.

Verlauf: Bei der Operation fanden sich im Warzenfortsatz teils eitrig zerfallene, teils schlaffe, glasige Granulationen, zwischen ihnen etwas fadenziehendes Sekret. Wundheilung normal. Am 29. September mit vernarbter Wunde, normalem Trommelfellbefund und Hörfähigkeit für Flüstersprache auf 6 m als geheilt entlassen.

Mikroskopischer und bakteriologischer Befund: Aus dem serösen Inhalt des äußeren Gehörganges wurden bei der Aufnahme angelegt

1. eine Bouillonkultur. Dieselbe war nach 24 Stunden diffus getrübt und zeigte ein grüngraues Kahmhäutchen. Mikroskopisch Reinkultur sehr lebhaft beweglicher, kurzer, schlanker Stäbchen.

2. Eine Agarkultur. Nach 24 Stunden hatte sich im Brutschrank ein schöner grüner Rasen entwickelt, der mikroskopisch die gleichen Stäbchen aufwies, wie die Bouillonkultur.

3. Eine Glyzerinagarplatte. Sie zeigte nach 24 Stunden (auch mikroskopisch) die gleichen Kolonien wie die Agarplatte, nur war die Grünfärbung auf ihr weniger ausgesprochen.

Die bei der Operation in Bouillonröhrchen übertragenen Granulationen aus dem Warzenfortsatz ließen weder Stäbchen noch Kokken zur Entwickelung kommen. Auch eine Abimpfung aus dem Sekret des Warzenfortsatzes auf Bouillon beim ersten Verbandwechsel blieb steril.

Epikrise: Es handelte sich hier um die Verbindung einer Mittelohrentzündung mit einer solchen des äußeren Gehörganges und des Warzenfortsatzes. Die Gehörgangsentzündung ist vermutlich sekundärer Natur und verdankt ihre Entstehung mit großer Wahrscheinlichkeit dem im Gehörgangssekret vorgefundenen Pyocyaneus. Ob die Mittelohrentzündung durch den Pyocyaneus hervorgerufen ist, muß dahingestellt bleiben, da der Prozeß zur Zeit der bakteriologischen Untersuchung schon 4 Wochen bestand. Ebenso bleibt wegen des wiederholt negativen Befundes die bakteriologische Aetiologie der Mastoiditis unaufgeklärt. Die Unterlassung einer Untersuchung des Sekrets mittels Ausstrichpräparates ist ein Mangel, der aber dadurch viel von seiner sonst giltigen Bedeutung verliert, daß der Pyocyaneus, wie oben erwähnt, sich durch seinen Polymorphismus auszeichnet und ein scheinbar multipler mikroskopischer Befund von Stäbchen und Kokken kein Beweis gegen die Einheitlichkeit der vorgefundenen Erreger ist. Außerdem aber muß diese Unterlassung durch den Umstand als einigermaßen ausgeglichen gelten, daß auf 3 verschiedenen Nährböden nur Reinkulturen des gleichen Erregers erzielt wurden.

4. Akute linksseitige Mittelohrentzündung, Mastoiditis.

Walter A., Realgymnasiast, 17 Jahre alt. Aufgenommen 7. Oktober 1903, Antrumseröffnung 14. Oktober 1903, Heilung.

Anamnese: Infolge einer heftigen Erkältung am 26. September 1903 Stiche, Sausen im linken Ohr. Am 28. September Aufnahme in die Ohrenpoliklinik der Charité. Parazentese. Wegen Zunahme der Beschwerden Aufnahme in die Klinik.

Status praesens: Linke Ohrmuschel gegenüber der rechten gerötet, am Ohrläppchen angetrocknetes Sekret. Druckempfindlichkeit der Spitze des linken Warzenfortsatzes, periostale Verdickung entlang dem Ohrmuschelansatz. Im linken äußeren Gehörgang reichlich eitriges, nicht übelriechendes Sekret. Tiefe des Gehörgangs gerötet, hinten und oben ohne scharfe Grenze in das gleichfalls gerötete und geschwollene Trommelfell übergehend, dessen hinterer Abschnitt wurstförmig vorgewölbt ist. Im hinteren unteren Quadranten hirsekorngroße Perforation mit pulsierendem Lichtreflex. Flüstersprache ad concham. We nach links lateralisiert Ri links —, Knochenleitung normal (24''/24''), c, durch Luftleitung links 17'', rechts 55'', c^4 bei Nagelanschlag links nicht gehört.

Behandlung: Wiederholung der Parazentese, Trockenbehandlung, Eisblase.

Verlauf: Da auch nochmalige Parazentese keinen Rückgang der Erscheinungen brachte, die Druckempfindlichkeit des Warzenfortsatzes zunahm und das Allgemeinbefinden sich verschlechterte, Antrumseröffnung (14. Oktober), die freien Eiter und Granulationen im Warzenfortsatz aufdeckte. Erst in den nächsten Tagen allmählicher Temperaturabfall, langsame Wundheilung. Am 22. Oktober wurde otoskopisch das Vorhandensein einer mit dem Trichter verschieblichen, den ganzen

Gehörgang auskleidenden weißlichen Membran festgestellt. Nach der Herausnahme erschien sie als ein röhrenförmiges, augenscheinlich die ganze Gehörgangsauskleidung darstellendes membranöses Gebilde. Die nunmehr freiliegende Gehörgangswand zeigte eine lebhafte Rötung, doch hatte man nirgends den Eindruck einer Wundfläche. Mikroskopisch bestand die Membran aus Epithelien mit eingestreuten zahlreichen Leukozyten, bei Färbung der davon angelegten Schnitte mit Löfflers Methylenblau ließ sich die Anwesenheit von Stäbchen und Kokken in mäßiger Menge feststellen. Am 19. Oktober konnte Patient mit fest verheilter Wunde, vernarbtem Trommelfell und einer Hörfähigkeit für Flüstersprache von 6 m gebessert entlassen werden. Während der weiteren Nachbehandlung kam es zu einer Reïnfektion des Mittelohrs, die nochmalige Parazentese erforderlich machte. Hiernach ungestörter Verlauf. Heilung Mitte Dezember.

Mikroskopische und bakteriologische Untersuchung: Die Parazentesennadel der ersten (28. September) und der dritten (14. Oktober) Parazentese wurde direkt in Bouillon verimpft. Von letzterer wurden beide Male Agarplatten angelegt, die Bouillon zeigte beide Male nach 24 Stunden eine starke diffuse Trübung mit Kahmhäutchenbildung. Unterm Mikroskop Reinkultur sehr lebhaft beweglicher, im Zickzack durchs Gesichtsfeld schießender schlanker Stäbchen. Nach weiteren 24 Stunden Grünfärbung in den oberen Schichten der Kultur, die sich allmählich dem ganzen Nährboden mitteilte.

Auf Agar entwickelten sich sehr stark Pyocyanin bildende Kulturen aus den gleichen Stäbchen wie in Bouillon.

Der am 29. September vom Mittelohreiter angelegte Originalausstrich ergab nur kurze schlanke Stäbchen.

Der auf Bouillon verimpfte Warzenfortsatzeiter blieb steril.

Epikrise: Es handelte sich also im vorliegenden Falle um eine akute, durch Pyocyaneus hervorgerufene Mittelohreiterung bei einem außerordentlich anämischen jungen Menschen.

Ob letzterer Umstand eine gewisse Erklärung dafür gibt, daß der Pyocyaneus pathogene Eigenschaften entfalten konnte, sei dahingestellt.

Das übereinstimmende Resultat der bakteriologischen und mikroskopischen Untersuchung nach der ersten Parazentese sichern die Diagnose. Außerdem gibt die Übereinstimmung der bakteriologischen Befunde an zwei verschiedenen Untersuchungstagen eine erhöhtere Gewähr für deren Richtigkeit.

Wie im vorigen Falle blieb auch hier der Warzenfortsatzeiter steril. Ob das mehr wie ein bloßer Zufall ist, dürfte vorläufig nicht zu entscheiden sein. Die anfänglich beobachtete entzündliche Rötung der linken Ohrmuschel gewinnt durch den Nachweis von Pyocyaneus im Mittelohrsekret insofern eine gewisse Bedeutung, als nach unseren diesbezüglichen Erfahrungen (s. u.) Ohrmuschelentzündungen bei Pyocyaneusinfektionen nichts allzu Seltenes sind.

Die Abstoßung der Gehörgangsauskleidung in toto soll als ungewöhnlicher Nebenbefund einer gleichzeitig erheblichen Gehörgangsentzündung wenigstens registriert sein. Ausdrücklich erwähnen möchte ich, daß es, wie die mikroskopische Untersuchung ergab, sich nicht um fibrinöse Produkte dabei handelte. Das Corium lag nach der Abstoßung, wie sich aus der Rötung ergab, vollständig frei.

5. Hans Ki., Schlosserssohn, 1 Jahr 5 Monate alt. Aufgenommen 13. November 1903 auf chirurgische Station, entlassen 19. November 1903 als geheilt.

Anamnese: Das Kind ist wegen chron. allgem. Ekzems, Bronchitis und rechtsseitiger Mittelohreiterung vom 9. bis 24. Oktober 1903 auf der Kinderklinik behandelt und dort am letztgenannten Tage als gebessert entlassen worden. Es wurde wegen einer Anschwellung hinter dem linken Ohr am 13. November 1903 aufs Neue der Charité zugeführt und auf die chirurgische Station aufgenommen. Von dort wurde es der Ohrenklinik behufs Untersuchung und eventueller Behandlung zugesandt.

Status praesens: Hinter dem linken Ohr diffuse fluktuierende Anschwellung, deren häutige Bedeckungen lebhaft gerötet sind. Bei Berührung derselben schreit das Kind. An der hinteren und unteren Wand des linken äußeren Gehörgangs je eine halbkugelige, erbsengroße, blaurote, eindrückbare Geschwulst. Der sichtbare Teil des Trommelfells diffus gerötet und geschwollen, Hammergriff und kurzer Fortsatz nicht sichtbar.

Behandlung: In Chloroformnarkose Spaltuug des retroaurikulären im Unterhautbindegewebe sitzenden Abszesses, Entleerung von zwei Eßlöffeln dickrahmigen Eiter. Periost intakt. Spaltung der hämorrhagischen Blasen im äußeren Gehörgang, aus denen etwas dünnflüssiges Blut abfließt. Parazentese. Es entleert sich mit Blut vermischtes eitriges Sekret. Das Kind wurde auf der chirurgischen Station weiterbehandelt und am 19. November geheilt entlassen.

Mikroskopischer und bakteriologischer Befund: Die Nadel, mit der die eine der bullae haemorrhagicae geöffnet, und diejenige, mit der die Parazentese ausgeführt worden war, wurden direkt in je ein Bouillonröhrchen übergeimpft. Beide Röhrchen waren nach 24 Stunden schwach grünlich, an der Oberfläche stärker grün gefärbt, hatten einen weißlichen Bodensatz und ein dünnes Kahmhäutchen. Mikroskopisch enthielten beide sehr lebhaft bewegliche schlanke Stäbchen in Reinkultur.

Epikrise: Bei dem retroaurikulären Abszeß handelte es sich wahrscheinlich um eine vereiterte Lymphdrüse. Ein sicherer Zusammenhang dieser Affektion mit dem Ohrenleiden war jedenfalls nicht nachweisbar, man hatte vielmehr den Eindruck, daß es sich dabei um eine noch bestehende Folgeerscheinung des über den ganzen Körper ausgedehnten Ekzems handelte. Eine mikroskopische Untersuchung des Abszeßeiters ist leider unterblieben.

Die Gleichartigkeit des bakteriologischen Befundes in den Blasen des äußeren Gehörganges und im Mittelohrsekret berechtigt wohl, an einen aetiologischen Zusammenhang beider Affektionen zu denken. Und in der Tat finden wir auch von anderer Seite das Vorkommen von Blutblasen im äußeren Gehörgang bei Mittelohreiterungen durch Pyocyaneus als etwas Charakteristisches hervorgehoben (Körner, s. o.). Auch Helman und Ruprecht haben bei den von ihnen beobachteten Fällen von kruppöser Gehörgangsentzündung vorher Blutblasen im äußeren Gehörgang gefunden, ersterer hält sogar, wie erwähnt, das dabei vorgefundene gallertartige fibrinöse Exsudat für den durch die Wirkung des Pyocyaneus geronnenen Inhalt der geplatzten Blasen. Ein Analogon zu diesem Befund von Blutblasen im Gehörgang finden wir in den subepidermoidalen Pusteln an den verschiedenen Körperstellen, wie sie in den meisten Fällen von Allgemeininfektion durch Pyocyaneus (s. o.) gefunden worden sind. Auch bei dem weiter unten zu beschreibenden Fall der Frau Se. haben wir die gleiche Beobachtung und zwar sowohl am Rumpf, den Extremitäten, der rechten Ohrmuschel und dem rechten äußeren Gehörgang gemacht. Hervorgehoben muß allerdings werden, daß solche Blasen im äußeren Gehörgang auch in Verbindung mit andersartigen Mittelohraffektionen vorkommen. So sahen wir eine solche kürzlich bei einem 26 jährigen Mann (Robert Gi.) mit einer rechtsseitigen akuten Streptokokkenotitis. Das Fehlen von Originalausstrichen läßt allerdings den hier vorliegenden Fall für die Frage nach der Pathogenität des Pyocyaneus für das Mittelohr nicht einwandfrei erscheinen.

6. Doppelseitige akute Mittelohrentzündung mit Mastoiditis.

Lisbeth B., eheliches Kind, 10 Monate, aufgenommen 24. Dezember 1903, doppelseitige Antrumseröffnung 12. Januar 1904, Heilung.

Anamnese: Das Kind befand sich wegen diffuser Bronchitis und doppelseitiger akuter Otitis media vom 24. Dezember 1903 bis zum 1. Januar 1904 auf der Kinderklinik (Säuglingsabteilung). Hier wurde am 24. Dezember die doppelseitige, am 27. Dezember nochmals eine linksseitige, am 28. Dezember auf der Ohrenklinik nochmals eine rechtsseitige Parazentese gemacht. Am 9. Janur wegen zunehmend schlechteren Allgemeinbefindens und dünner Stühle, deren Auftreten mit der Ohrenerkrankung in Zusammenhang gebracht wurde, Verlegung zur Ohrenklinik.

Status praesens: Bei der Aufnahme hier wurde eine grünblaue Verfärbung der in beiden äußeren Gehörgängen steckenden Gazestreifen konstatiert. Beide Trommelfelle waren diffus gerötet und geschwollen, in der Mitte des hinteren Abschnitts des rechten stecknadelkopfgroße Perforation, aus der Eiter hervorquoll.

Behandlung und Verlauf: Am 12. Januar doppelseitige Antrumseröffnung. Beiderseits sehr weicher Knochen mit vereinzelten Granulationen. Tamponade mit Vioformgaze. Beim ersten Verbandwechsel (16. Januar) waren die Verbandstoffe beiderseits vollständig blaugrün verfärbt. Die gleiche Verfärbung, wenn auch nicht so hochgradig, ließ sich am 1. Februar 1904 noch auf der linken Seite nachweisen, während sie auf der rechten Seite verschwunden war. Von da ab trotz einer interkurrierenden Pneumonie beiderseits normaler Wundverlauf. Am 22. Februar 1904 Entlassung als geheilt.

Mikroskopischer und bakteriologischer Befund: Die Verfärbung der Verbandstoffe überhob hier einer bakteriologischen Untersuchung zum Nachweis des Pyocyaneus. Eine solche wurde zum erstenmal am 1. Februar vorgenommen, um festzustellen, ob die angewandte Behandlungsmethode (Borpulverinsufflationen) von Einfluß auf das Wachstum des Pyocyaneus sei. Das aus der linksseitigen Wundhöhle entnommene Sekret ließ auf Bouillon in der Tat Pyocyaneus in Reinkultur aufgehen, während von der rechten Seite nur Streptokokken zur Entwicklung kamen. Diese Verschiedenheit hatte ihren Grund offenbar darin, daß rechts die Borpulverinsufflationen regelmäßig fortgesetzt, während sie links vorzeitig abgebrochen worden waren. Der Befund von Pyocyaneus dürfte hier der Ausdruck einer stattgehabten Sekundärinfektion sein, zumal auf der rechten Seite nach seiner Vernichtung noch eine zweite Art von Mikroorganismen nachgewiesen werden konnte, deren aetiologische Beziehung zu Mittelohraffektionen feststeht.

7. Doppelseitige chronische Mittelohreiterung mit Mastoiditis.

Frieda R., Arbeitertochter, $2^3/_4$ Jahr, aufgenommen 18. August 1902, Radikaloperation rechts 20. August, Radikaloperation links 7. Oktober 1902, Heilung.

Anamnese: Ein Jahr vor der Aufnahme doppelseitige akute Mittelohrentzündung im Anschluß an Scharlach, die beiderseits die Antrumseröffnung nötig machte.

Verlauf: Die Fortdauer der Eiterung führte am 18. August zu erneuter Aufnahme und zu doppelseitiger Radikaloperation an den oben genannten Tagen. Heilung einerseits durch den großen Widerstand, den die Patientin jeder Behandlung entgegensetzte, andererseits durch die Unmöglichkeit, eine Epidermisierung durch verschiedene Transplantationsmethoden herbeizuführen, sehr verzögert. Erst am 13. Juni 1903 Behandlung abgeschlossen.

Die bakteriologische Untersuchung des Mittelohrsekrets bei der Aufnahme (19. August 1902) ergab auf beiden Seiten:

1. In Bouillon nach 24 Stunden eine diffuse Trübung mit weißlichem Bodensatz und dünnem Häutchen. Nach weiteren 24 Stunden deutliche Grünfärbung der Kulturen. Mikroskopisch feine dünne, sehr bewegliche und kurze, dicke, unbewegliche Stäbchen. Beide Gram-negativ.

2. Auf Agar-Agar kamen teils rundliche grauweiße, teils flächenförmige schleimig aussehende Rasen zur Entwicklung. Auf der 2. und 3. Platte fanden sich nur noch erstere Kolonien mit deutlicher Grünfärbung des Nährbodens. Mikroskopisch bestanden diese aus den beschriebenen beweglichen, die schleimigen Kulturen aus den unbeweglichen Stäbchen.

Epikrise: Die Symbiose des Pyocyaneus in diesem Fall mit einem andersartigen Mikroorganismus erlaubt keinerlei Rückschlüsse auf einen Zusammenhang der Eiterung mit dem Pyocyaneusbefund. Sein kultureller Nachweis erscheint mir hier lediglich mit Rücksicht auf die Tatsache bemerkenswert, daß eine Infektion der Ohrmuschel im Laufe der Behandlung nicht eintrat und andererseits dadurch, daß alle Transplantationsversuche scheiterten. Letzteres Vorkommnis wird bereits von Schimmelbusch mit der Anwesenheit des Pyocyaneus in Zusammenhang gebracht.

8. Rechtsseitige chronische Mittelohreiterung.

August G., Hausdiener, 19 Jahre, aufgenommen 5. Juli 1903, entlassen 22. Juli 1903 als geheilt.

Anamnese: Will in seinem 6. Lebenjahr vorübergehend rechtsseitiges Ohrenlaufen gehabt haben, das aber angeblich binnen kurzem vollständig sistierte. In der Nacht vom 18. zum 19. Juni 1903 will er im Anschluß an Schnupfen rechtsseitiges Ohrenlaufen mit gleichzeitigen Schmerzen im Ohr und vorm Tragus bekommen haben. — Der Ausfluß sei ziemlich spärlich, von klarer Beschaffenheit gewesen. In ambulanter spezialärztlicher Behandlung Parazentese und Verordnung warmer Umschläge. Wegen andauernder Eiterung Aufnahme.

Status praesens: Keine Druckempfindlichkeit der Umgebung, speziell nicht vorm Tragus. Serös-eitriges, leicht blutig tingiertes, übelriechendes Sekret im rechten äußeren Gehörgang. Diffus gerötetes und geschwollenes Trommelfell ohne sichtbaren Hammergriff und kurzen Fortsatz. In der Mitte des vorderen Abschnitts längs oval gestellte Perforation nahe der Peripherie. In deren Bereich pulsierender Lichtreflex. Flüstersprache rechts nicht gehört, We nach links lateralisiert, Ri rechts —, Knochenleitung erheblich verkürzt, rechts Einschränkung der oberen und der unteren Tongrenze.

Verlauf: Unter allmählichem Nachlaß der entzündlichen Erscheinungen am Trommelfell, Verschwinden der Sekretion sowie Wiederzunahme der Hörfähigkeit. Entlassung als geheilt 22. Juli 1903.

Mikroskopischer und bakteriologischer Befund: Wegen Grünfärbung des Gazestreifens im äußeren Gehörgang und wegen seines eigentümlichen Geruchs Verimpfung des Mittelohrsekrets auf Bouillon. Nach 24 Stunden diffuse Trübung derselben mit weißlichem Bodensatz und Kahmhaut. Enthält (mikroskopisch) morphologisch sehr verschiedenartige, kürzere und längere schlanke Stäbchen sowie Kokken, sämtlich lebhaft beweglich. Auf Agar (von der Bouillonkultur angelegt) kommen nur typische Reinkulturen von Pyocyaneus zur Entwicklung, deren Einzelindividuen aber den gleichen Polymorphismus zeigten wie die der Bouillonkultur.

Epikrise: Hier trat also bei unseren Untersuchungen zum erstenmal in exquisiter Weise der Polymorphismus des Pyocyaneus in Erscheinung. Denn als solchen glaube ich den anscheinend differenten mikroskopischen Befund der Bouillonkultur namentlich in Rücksicht auf den eindeutigen Ausfall der Agarkulturen ansprechen zu sollen.

Ein Originalausstrich war leider nicht angelegt worden.

Aus der Anamnese möchte ich noch die geklagten Schmerzen vorm Tragus hervorheben. Sie weisen auf eine vorausgegangene Mitbeteiligung des äußeren Gehörgangs an der Entzündung hin, die allerdings zur Zeit der Aufnahme bereits abgeklungen war. Wir werden später dieser Kombination zwischen Gehörgangs- und Mittelohrentzündung noch öfter begegnen.

9. Rechtsseitige chronische Mittelohreiterung mit Epidermiseinwanderung.

Walter D., Arbeiter, 30 Jahre, aufgenommen 22. Juli 1903, Radikaloperation 23. Juli 1903, Heilung.

Anamnese: Ohne bekannte Veranlassung seit dem 24. März 1903 rechtsseitiges Ohrenlaufen mit Sausen und Schwerhörigkeit. Spezialärztliche Behandlung mit Einträufelungen, Ausspritzungen, Herausnahme von Polypen. Aufnahme an eben genanntem Tage.

Status praesens: Übelriechendes eitriges Sekret im äußeren Gehörgang. Rötung und Schwellung des Trommelfells, kreisrunder Defekt im vorderen unteren Quadranten, aus dem sich eingedickte Eitermassen und Epidermisschuppen ausspülen lassen. Oberhalb desselben erbsengroßer Polyp. Flüstersprache $^1/_2$ m, We nach rechts lateralisiert, Ri rechts +, Knochenleitung vom rechten Warzenfortsatz aus verkürzt, Einengung der oberen Tongrenze.

Behandlung und Verlauf: Radikaloperation 23. Juli. Cholesteatomatöse Massen in Antrum, Aditus und Rezessus, Ambos fehlt, Hammerkopf kariös.

Heilungsverlauf anfänglich langsam, später ungestört. Heilung vollendet am 10. Oktober 1903.

Mikroskopischer und bakteriologischer Befund: Der bei der Aufnahme aus dem Mittelohr durch die Perforationsöffnung entnommene und auf Bouillon verimpfte Eiter trübte diese nach 24 Stunden diffus unter Bildung eines Kahmhäutchens; mikroskopisch fand sich darin eine Reinkultur sehr lebhaft beweglicher schlanker Stäbchen. Auf Agar Reinkultur von Pyocyaneuskulturen.

Epikrise: Auch in diesem Falle kommt es mir lediglich auf die Tatsache der nachgewiesenen Anwesenheit des Bazillus im Mittelohrsekret an mit Rücksicht auf den trotzdem ungestörten Wundverlauf speziell das Ausbleiben einer Infektion an der Ohrmuschel.

10. Linksseitige chronische Mittelohreiterung.

Frau Ra., Schneidersfrau, 40 Jahre, aufgenommen 3. März 1904, Extraktion der Gehörknöchelchen links.

Anamnese: Im 7. Lebensjahr soll beim Stickhusten das rechte Trommelfell geplatzt sein. Damals rechtsseitiges Ohrenlaufen, das aber schon seit Jahren sistierte. Im Anschluß an Schnupfen seit $1\frac{1}{2}$ Jahren linksseitiges Ohrenlaufen. Seit September 1903 Verschlimmerung. Auftritt von Schwindelerscheinungen beim Bücken nach links vorn unten, linksseitige Kopf- und ziehende Nackenschmerzen.

Status praesens: Außer leichtem Nystagmus nach links keine pathologischen Erscheinungen an anderen Organen. Im linken äußeren Gehörgang etwas schleimig-eitriges, nicht übelriechendes Sekret. Oblonger, randständiger Defekt im hinteren Abschnitt mit flachen Granulationen an seiner hinteren (knöchernen) Umrandung. Die sichtbare Paukenschleimhaut gerötet. Flüstersprache links 15 cm. We nicht lateralisiert, Ri links —, Knochenleitung etwas verlängert (27″/24″), oberste Tongrenze bei 2,2 mm (Galtonpfeife), unterste bei F_1.

Behandlung und Verlauf: 5. März: Gehörknöchelchenextraktion. Hammer gesund, langer Amboßschenkel vorhanden, aber oberflächlich kariös. Außerdem rundes kariöses Knochenstück, vermutlich von der hinteren Gehörgangswand mit entfernt. Wundverlauf normal. Die Eiterung hatte Ende April vollständig sistiert.

Mikroskopischer und bakteriologischer Befund: Das bei der Aufnahme angefertigte Ausstrichpräparat des Mittelohreiters ist überschwemmt von Stäbchen verschiedenster Größe und Form, die unregelmäßig durcheinander liegen. Dazwischen einzelne Kokken.

Bouillonkultur nach 24 Stunden diffus getrübt mit leichtem Bodensatz und Kahmhäutchen. Mikroskopisch sehr lebhaft bewegliche schlanke Stäbchen und Kokken wie im Ausstrichpräparat. Nach weiteren 24 Stunden deutliche Grünfärbung der Kultur, besonders in den oberflächlichen Schichten. Zwei vom Eiter angelegte Agarausstriche enthalten nach 24 Stunden grauweiße ineinander übergehende Rasen mit deutlicher Pyocyaninbildung in der Umgebung, namentlich nach dem offenen Ende des Röhrchens zu. Mikroskopischer Befund wie der der Bouillonkulturen.

Über den im Ausstrichpräparat beobachteten Polymorphismus siehe oben.

Epikrise: Ob hier der in Reinkultur nachgewiesene Pyocyaneus mehr als bloßer Saprophyt war, ließ sich mit Rücksicht auf die bestehende Karies, die bekanntlich allein imstande ist, die Eiterung zu unterhalten, nicht erweisen. Jedenfalls wurde eine spezifische Behandlung gegen ihn anteoperationem wegen dieser Karies, die die ärztliche Hilfe in erster Linie erheischte, gar nicht erst versucht. In der Nachbehandlungsperiode leisteten jedoch Borpulverinsufflationen die besten Dienste.

11. Rechtsseitige chronische Mittelohreiterung mit Cholesteatom, Ohrmuschelentzündung.

Elisabeth Kr., Stütze der Hausfrau, 30 Jahre alt. Aufgenommen 16. Juni 1903, Hammerextraktion 18. Juni 1903, gebessert entlassen 25. Juli 1903. Wieder aufgenommen 30. Juli 1903, Radikaloperation 31. Juli. Heilung.

Anamnese: Seit dem 9. Lebensjahr im Anschluß an Masern rechtsseitiges Ohrenlaufen mit Schwerhörigkeit, einige Tage vor der Aufnahme Schwindelerscheinungen.

Status praesens: Bei der Aufnahme mäßige, schleimig-eitrige, nicht übelriechende rechtsseitige Sekretion, in der Schrapnellschen Membran mit einer Granulation und weißlichen Schüppchen ausgefüllte Perforation. Flüstersprache auf 15 cm verstanden.

Behandlung und Verlauf: 18. Juni Hammerextraktion. Kopf kariös. 5 Tage nach der Operation durch Ausspülung erbsengroßes Cholesteatom entleert. Nach vorübergehender Entlassung als gebessert (25. Juli), Wiederaufnahme unter den Zeichen von Eiterretention (30. Juli). Am 31. Juli Radikaloperation, die Granulationen und spärliche Cholesteatomschüppchen im Rezessus zutage förderte.

Panse-Körnersche Plastik. Normaler Wundverlauf. Am 3. September wird eine Grünfärbung der Gazestreifen in der Wundhöhle beobachtet. Am 4. September ist die rechte Ohrmuschel mit Ausnahme des Ohrläppchens sehr stark geschwollen und gerötet, fühlt sich heiß an und ist sehr druckempfindlich. Am 9. September waren alle diese Erscheinungen wieder soweit geschwunden, daß Patientin als gebessert entlassen werden konnte. Mitte Oktober war die Epidermisierung der Wunde vollendet.

Mikroskopischer und bakteriologischer Befund: Die von dem Wundsekret am 3. September angelegte Bouillonkultur war nach 24 Stunden diffus getrübt, zeigte Häutchenbildung und weißlichen Bodensatz, nach weiteren 24 Stunden eine deutliche Grünfärbung, besonders in den oberflächlichen Partien und enthielt mikroskopisch Reinkultur sehr lebhaft beweglicher schlanker Stäbchen. (Pyocyaneus).

Epikrise: Das im vorliegenden Fall Interessante war die über 4 Wochen nach der Operation auftretende Ohrmuschelentzündung, die unter der eingeleiteten Behandlung nach 5 Tagen vollständig zurückging. Infolgedessen konnte eine bakteriologische Feststellung der die Entzündung auslösenden Erreger innerhalb der Ohrmuschel selbst nicht stattfinden, doch halte ich es auf Grund der Erfahrungen anderer Autoren (Leutert, Körner), sowie unserer eigenen diesbezüglichen Untersuchungen für ganz zweifellos, daß der am Tage vorher aus dem Wundsekret gezüchtete Pyocyaneus aetiologisch für diese Affektion verantwortlich zu machen ist. Ich verweise in dieser Hinsicht auf den weiter unten in anderem Zusammenhang zu besprechenden Fall Ar., der bei seiner Aufnahme an der Ohrmuschel einen ganz analogen Befund aufwies, sowie auf den Fall Gustav H.

Ob in unserem Falle eine Sekundärinfektion mit Pyocyaneus während der Nachbehandlung vorlag, oder ob die Patientin bereits beim Eintritt in die Behandlung mit Pyocyaneus infiziert war, läßt sich nicht entscheiden, da eine bakteriologische Untersuchung ihres Ohrsekrets bei der Aufnahme unterblieben war. Die beobachtete Grünfärbung des Gazestreifens erst am Tage vor dem Beginn der Ohrmuschelentzündung ist an sich noch kein Beweis für die erstere Annahme, da in verschiedenen unserer Fälle trotz der bakteriologisch nachgewiesenen Anwesenheit des Pyocyaneus eine solche Grünfärbung nicht zu konstatieren war.

12. Linksseitige diffuse Otitis externa, chronische Mittelohreiterung, Cholesteatom.

Hans We., Kaufmann, $14^1/_2$ Jahre alt. Aufgenommen am 28. Juli 1902, Radikaloperation am 16. August 1902. Heilung am 7. Januar 1903.

Anamnese: Will im Juni 1902 ohne ihm bekannte Ursache zum erstenmal linksseitiges Ohrenlaufen bemerkt haben. Wegen zunehmender Schwerhörigkeit Aufsuchen spezialärztlicher Hilfe. Behandlung mit Parazentese und Ausspritzungen. Am 28. Juli 1902 Überweisung an die Klinik.

Status praesens: Druckempfindlichkeit vorm linken Tragus, starke Verschwellung des linken äußeren Gehörgangs, in demselben grünlich-gelbes übelriechendes Sekret. In der Tiefe vorn und oben erbsengroße Granulation, hinten und unten weißliche Massen. Flüstersprache undeutlich ad concham. We nicht lateralisiert, Ri —.

Behandlung und Verlauf: 31. Juli. Abtragen der Granulation mit Wildescher Schlinge. Wegen Eiterretentionserscheinungen (Temperatur 38,7, Druckempfindlichkeit des Warzenfortsatzes, Herabhängen der hinteren oberen Gehörgangswand) am 16. August Radikaloperation, die ein zerfallenes Cholesteatom aufdeckte, Transplantation des äußeren Gehörgangs nach Stacke.

Vom 3. September ab beginnende Rötung, Schwellung und Schmerzhaftigkeit der zugehörigen Ohrmuschel. Am 8. September auf der medialen und lateralen Seite je eine Inzision, Wiederholung der Einschnitte am 23. und 30. September, Entfernung mehrerer nekrotischer Knorpelstücke. Heilung am 8. November abgeschlossen unter mäßiger Verkrüppelung der Ohrmuschel.

Mikroskopische und bakteriologische Untersuchung: Die vor der Operation ausgeführte Untersuchung des Gehörgangseiters ergab sowohl in Bouillon wie auf Agar die charakteristischen Reinkulturen von Pyocyaneus. Nach Auftreten der Perichondritis (4. 9.) wurde eine nochmalige Abimpfung aus dem Sekret der Radikaloperationswunde und aus einem Serumbläschen an der Rückfläche der Ohrmuschel mit dem gleichen Resultate vorgenommen. Abimpfungen aus den Inzisionswunden der Ohrmuschel ergaben ebenfalls Pyocyaneusreinkulturen auf Bouillon und Agar, während mikroskopisch nur einzelne Stäbchen im Ohrmuschelsekret nachweisbar waren.

Epikrise: In diesem Falle steht also der Erreger der Perichondritis unzweifelhaft fest. Fest steht hier auch, daß der Patient diesen Erreger bereits bei seiner Aufnahme in seinem Mittelohrsekret beherbergte. Die Erklärung für das Zustandekommen der Perichondritis und den Weg, den die Infektion genommen, ist damit gegeben. Dieser Nachweis widerlegt auch die Ansicht derer, die bisher geneigt waren, ein derartiges Vorkommnis stets dem betreffenden Operateur bzw. einer mangelnden Asepsis bei der Nachbehandlung zur Last zu legen. Einem solchen Vorwurf kann man nur dadurch begegnen, daß man entweder durch die charakteristische Verfärbung bzw. den Geruch der Gazestreifen im äußeren Gehörgang oder durch bakteriologische Untersuchung die Anwesenheit des betreffenden Mikroorganismus im Mittelohreiter schon vor der Operation bzw. vor Beginn jeder Behandlung nachweist. Ein solcher Nachweis würde den Operateur auch vor jeder etwaigen gerichtlichen Inanspruchnahme seitens des Patienten schützen können.

13. Linksseitige diffuse Entzündung des äußeren Gehörgangs, chronische Mittelohreiterung, Cholesteatom, Perichondritis. Pyämie.

Julius Kö., Eisendreher, 27 Jahre alt. Aufgenommen am 28. Juli 1903. Links Radikaloperation am 29. Juli 1903, Perichondritis (14. August), Inzisionen (28. August, 1. September, 4. September), Heilung.

Anamnese: Seit 11 Jahren linksseitige Schwerhörigkeit, angeblich ohne Ohrenlaufen. 8 Tage vor seiner Aufnahme wegen rechtsseitiger akuter Otitis media spezialärztliche Behandlung mittels Parazentese, gleichzeitig Feststellung einer linksseitigen chronischen Mittelohreiterung und Behandlung der letzteren durch Einträufelungen. Darnach stärkere Absonderung, linksseitige Ohren- und Kopfschmerzen, Schwindelerscheinungen, Erbrechen. Am 28. Juli 1903 Aufnahme in die Klinik.

Status praesens: Klagen über Schwindel- und Übelkeitsgefühl, Schmerzen vor und hinter dem linken Ohr, Kopfschmerzen. Druckempfindlichkeit der Spitzen beider Warzenfortsätze sowie der Gegend unterhalb der linken Ohrmuschel und vor dem linken Tragus. Keine krankhafte Veränderung der Weichteile der Warzenfortsätze. Der linke äußere Gehörgang durch Schwellung seiner Wände spaltförmig verengt, in der Tiefe pulsierendes eitriges Sekret von unangenehm fade süßlichem Geruch. Rechts die Gegend des Hammergriffs stärker gerötet. Flüstersprache links nicht gehört, Konversationssprache auf $1^1/_4$ m. Rechts Flüstersprache auf $^3/_4$ m verstanden. We nach R lateralisiert, Ri R +, L —, c, c_1, c_4 durch Luftleitung links nicht gehört. Nystagmus nach links, starkes Schwindelgefühl. Temperatur 37,3.

Behandlung und Verlauf: Bei der Radikaloperation (29. Juli) fanden sich in Antrum, Aditus und Mittelohr cholesteatomatöse Massen, in der Gegend des ovalen Fensters Granulationen, vom Steigbügel nichts zu erkennen, vom Amboß der lange Schenkel kariös. Hammer gesund. T-förmige Spaltung des äußeren Gehörgangs, Vioformgazetamponade.

Vom 5. August an hohe pyämische Temperaturen, Frösteln, Husten, blutiger Auswurf. Freilegung des Sinus am 11. August blieb ohne Resultat, von weiteren Eingriffen Abstand genommen. Die Pyämie klang allmählich ab. Vom 14. August ab unter Temperatursteigerungen entzündliche Rötung, Schwellung und Schmerzhaftigkeit der Ohrmuschel. Mehrfache Inzisionen führten zur Heilung unter mäßiger Verkrüppelung.

Mikroskopischer und bakteriologischer Befund: Die am Tage der Aufnahme (28. Juli) mit dem Eiter aus dem linken äußeren Gehörgang geimpfte Bouillon war nach 24 Stunden stark diffus getrübt. Kahmhäutchenbildung, weißlicher Bodensatz. Enthielt mikroskopisch sehr lebhaft bewegliche schlanke, Gram-negative Stäbchen. Auf Agar kamen Reinkulturen von Pyocyaneus mit sehr starker Grünfärbung des Nährbodens zur Entwickelung.

Originalausstriche aus dem Ohrmuschelsekret enthielten nur kurze schlanke Stäbchen. Abimpfungen aus dem Eiter der Perichondritis auf Bouillon und Agar ergaben Reinkulturen von Pyocyaneus.

Epikrise: Ebenso wie im vorigen Fall handelte es sich hier um eine Infektion des Mittelohrs mit Pyocyaneus, die zur Ursache der späteren Perichondritis, deren Entstehung durch Pyocyaneus auf Grund der mitgeteilten Untersuchung erwiesen ist, wurde. Hinweisen möchte ich noch auf die diesen beiden Fällen gemeinsame entzündliche Mitbeteiligung des äußeren Gehörgangs, wie sie in dessen Verquellung sowie der Druckempfindlichkeit vorm Tragus und gegen die untere Gehörgangswand zum Ausdruck kam. Diese Beobachtung steht mit der von Zaufal und Gruber in vollem Einklang. Eine Propagation in die Ohrmuschel von hier aus wäre sehr leicht denkbar und entspräche durchaus dem klinischen Bilde, das diese Affektion nicht zu selten bietet.

14. Rechtsseitige chronische Mittelohreiterung, Cholesteatom. Perichondritis.

Wilhelm Ho., Handlungslehrling, 15 Jahre. Aufgenommen am 26. Oktober 1903, operiert am 12. November 1903, geheilt entlassen am 13. Januar 1904.

Anamnese: Seit dem Jahre 1897 im Anschluß an einen Einbruch im Eise rechtsseitiges Ohrenlaufen mit Schwerhörigkeit. Mehrfache Extraktionen von Polypen vor seiner Aufnahme.

Status praesens: Im rechten äußeren Gehörgang etwas übelriechendes Sekret, Trommelfell fehlt, Paukenschleimhaut größtenteils epidermisiert, aus dem Attikus dringt eine halberbsengroße Granulation. Mit der Sonde gelangt man in eine nach hinten oben gehende Fistel, aus der etwas Sekret zum Vorschein kommt. Flüstersprache für Worte und Zahlen mit hoher Tongebung 10 bis 20 cm, Worte mit tiefer Tongebung (Bruder, Ruhe, Ohr, Uhr) nicht gehört.

Behandlung und Verlauf: Abtragung der Polypen mit der Attikuszange und Ausspülungen mit dem Paukenröhrchen führten nicht zum Ziel. Deshalb am 12. November Radikaloperation, die zahlreiche Granulationen in Mittelohr und Warzenfortsatz sowie Cholesteatomschuppen zutage förderte. Passowsche Plastik. Vioformgazetamponade. 4 Tage nach der Operation leichte Temperatursteigerung, für die sich als Grund eine beginnende Rötung und teigige Schwellung der Ohrmuschel fand. Trotz frühzeitiger und mehrfacher Inzisionen kam es zu nekrotischer Zerstörung fast des ganzen Knorpels. Am 12. Januar war die Epidermisierung der Wundhöhle vollzogen, die Ohrmuschel verheilt, jedoch hatte sie infolge der Knorpelnekrose jeden Halt verloren.

Mikroskopischer und bakteriologischer Befund: Die Originalausstriche von den Inzisionswunden der Ohrmuschel ergaben stets spärliche, kurze, schlanke Stäbchen. Die von den gleichen Stellen wiederholt vorgenommenen Abimpfungen auf Bouillon und Agar ließen in beiden stets nur Pyocyaneus in Reinkultur zur Entwickelung kommen. Über die Agglutination von Pyocyaneuskulturen durch das Blutserum des Patienten s. u.

Epikrise: In diesem Falle ist also die Anwesenheit des Pyocyaneus in Reinkultur im Perichondritiseiter zweifelsfrei festgestellt und damit seine aetiologische Rolle für diese Affektion bewiesen. Ob er im Mittelohreiter bereits vorhanden gewesen oder erst später hineingelangt ist, darüber fehlt es leider an den entsprechenden Untersuchungen. Hinsichtlich der Agglutinationsergebnisse verweise ich auf die später gemachten Bemerkungen.

15. Rechtsseitige chronische Mittelohreiterung, Cholesteatom, Radikaloperation, Perichondritis.

Friederike Schz., Schneiderin, 65 Jahre. Aufgenommen 20. November 1903, Operation 24. November 1903, entlassen 2. Februar 1904. Heilung.

Anamnese: Das rechtsseitige Ohrenleiden soll vor 30 Jahren mit „einem Geschwür“ begonnen haben. Seitdem bisweilen leichte Schmerzen in diesem Ohr, angeblich nie Ohrenlaufen, 4 Wochen vor der Aufnahme heftige Schmerzen in der rechten Kopfseite, die 8 Tage anhielten. Am 2. November 1903 plötzliche Lähmung der rechten Gesichtshälfte, die anfänglich ärztlicherseits für die Folge eines leichten Schlaganfalls erklärt wurde, der unabhängig von dem Ohrenleiden sei. Ein zweiter Arzt überwies sie der Klinik.

Befund bei der Aufnahme: Komplette rechtsseitige Fazialisparalyse, keine Druckempfindlichkeit, dagegen periostale Verdickung geringen Grades über dem rechten Warzenfortsatz. In der Tiefe des rechten äußeren Gehörgangs schmutzig gelbe Massen, die einen weiteren Überblick nicht gestatten. Flüstersprache (22, 36) 10 cm, (0) ad concham nicht gehört. We nicht lateralisiert, Knochenleitung verlängert. Ri rechts —, links +, unterste Tongrenze rechts bei A_1, Galtonpfeife rechts erst bei 3,6 mm gehört.

Behandlung und Verlauf: Nach vorausgegangener Einträufelung von warmem Seifenwasser wird am 23. November durch Ausspritzen ein wallnußgroßes Cholesteatom zutage gefördert. Bei der Radikaloperation am 24. November fand sich eine große mit Cholesteatomschuppen ausgekleidete Knochenhöhle, die vollständig einer Radikaloperationshöhle glich. Nach deren völliger Ausräumung und Glättung Transplantation des äußeren Gehörgangs durch Bildung eines großen oberen und eines kleinen unteren Lappens. Passowsche Plastik. Vioformgazetamponade.

Beim Verbandwechsel am 29. November fand sich eine Perichondritis im Bereiche des Crus helicis, die zunächst spontan zurückzugehen schien. Später machten sich jedoch wegen Fortschreitens der Affektion mehrere Inzisionen nötig, durch die freier Eiter und Granulationen, aber kein nekrotischer Knorpel entleert wurden.

Am 2. Februar nach Epidermisierung der Radikaloperationshöhle und Heilung der Inzisionswunden Entlassung.

Mikroskopischer und bakteriologischer Befund: Am 7. Januar 1904 wurde von dem Eiter der an diesem Tage ausgeführten Ohrmuschelinzision angelegt

1. ein Ausstrichpräparat, in dem sich neben zahlreichen polynukleären Leukozyten einzelne kurze, schlanke Stäbchen fanden;

2. eine Bouillonkultur. Diese war nach 24 Stunden diffus getrübt, hatte ein dickes Kahmhäutchen und enthielt mikroskopisch Reinkultur sehr lebhaft beweglicher, kurzer, schlanker Stäbchen;

3. eine Agarplatte. Diese enthielt nach 24 Stunden einen intensiv grünen Rasen von eigentümlich fad-süßlichem Geruch. Mikroskopisch die gleichen Stäbchen wie die Bouillonkultur.

Epikrise: Dem Fall ist hinsichtlich der Untersuchungsart des perichondritischen Eiters und ihres Ergebnisses nichts hinzuzufügen. Die Übereinstimmung zwischen dem Originalausstrich und den Kulturen schließt, wie in den vorausgegangenen Fällen, jeden Zweifel an der aetiologischen Rolle des Pyocyaneus aus. Nur über die Beziehung der Erkrankung zu dem Mittelohrleiden kann mangels der bakteriologischen Untersuchung des Mittelohrsekrets ein Urteil nicht abgegeben werden. Am wahrscheinlichsten ist die Annahme einer Sekundärinfektion des Cholesteatoms, die bereits bei der Aufnahme bestanden haben dürfte.

16. Rechtsseitige akute Mittelohrentzündung mit Perichondritis.

Marie Ge., Dienstmädchen, 25 Jahre. Aufgenommen 6. Februar 1903, Inzisionen der Ohrmuschel 9. und 12. Februar 1903. Antrumseröffnung 28. Februar 1903. Entlassung als gebessert 1. April 1903.

Anamnese: Im Anfang des Jahres 1901 will Patientin, die sehr blutarm ist und infolge überstandenen Gelenkrheumatismus an Aortenstenose leidet, ohne ihr bekannte Veranlassung eine schmerzhafte Anschwellung der linken Ohrmuschel bekommen haben, die anderwärts mit Inzisionen behandelt wurde. Einige Tage vor ihrer ersten Aufnahme (14. Juni 1902) bekam sie eine schmerzhafte Anschwellung hinter dem linken Ohr und der linken Halsseite, wegen deren sie die Klinik aufsuchte.

Hier wurde außer einer vollständigen schlaffen Verkrüppelung der linken Ohrmuschel, in der auch die Röntgenaufnahme das Fehlen jeden Knorpels nachwies, eine stecknadelkopfgroße Perforation in der Gegend des Umbo im linken Trommelfell und eine diffuse fluktuierende Anschwellung hinter dem linken Ohr festgestellt, über der die Haut etwas gerötet war. Dicht hinter dem linken Unterkieferwinkel kleinapfelgroße, druckempfindliche Geschwulst von ziemlich harter Konsistenz. Nach hinten oben von dieser kirschkerngroße Anschwellung von ähnlicher Beschaffenheit. Am 16. Juni wurde in Äthernarkose ein großes zusammenhängendes Drüsenpaket der linken Ohr- und Halsseite entfernt, das bei der Durchschneidung aus größtenteils markig geschwollenen, im Bereich des Warzenfortsatzes zum Teil blaurot erweichten Drüsen bestand, bei deren Durchschneidung sich eine gelblich-trübe Flüssigkeit entleerte.

Ein in Bouillon verimpftes Stück einer solchen Drüse ließ, ebenso wie ein durch die kleine Trommelfellöffnung entnommener Tropfen des Mittelohrsekrets, in 36 Stunden Reinkultur von einzeln liegenden Diplokokken mit schöner Kapselbildung aufgehen. Nach sekundärer Anfrischung und Naht der Wunde am 7. Juli 1902 glatte Heilung.

Angeblich ohne jede Veranlassung trat Ende Januar 1903 eine schmerzhafte Anschwellung der rechten Ohrmuschel auf, wegen deren Patientin am 2. Februar 1903 die Klinik aufsuchte. Es wurde eine perichondritische Reizung und eine beginnende Mittelohrentzündung konstatiert und am 4. Februar 1903 die Parazentese vorgenommen. Am 6. Februar Aufnahme auf die Klinik.

Status praesens: Die rechte Ohrmuschel war stark geschwollen, gerötet und druckempfindlich, hauptsächlich in ihrer oberen Hälfte. Über dem Warzenfortsatz ein starkes Ödem. Das rechte Trommelfell wies die Zeichen starker akuter Entzündung auf. In der Mitte des hinteren Abschnitts kleinerbsengroße rundliche Perforation. In der Tiefe des äußeren Gehörgangs etwas eitriges Sekret. Flüstersprache auf nahezu 6 m verstanden.

Behandlung und Verlauf: Wegen Zunahme der entzündlichen Erscheinungen an der Ohrmuschel am 9. Februar in Narkose eine die ganze Dicke der Ohrmuschel durchsetzende Inzision im Verlaufe des Anthelix, eine zweite solche, aber die Ohrmuschel nicht perforierende im Verlauf des Crus helicis. Der zutage tretende Knorpel überall intakt, die darüber gelegenen Weichteile stark ödematös, nirgends Granulationen oder freier Eiter. Am 12. Februar machten sich noch zwei weitere Inzisionen nötig, worauf die Erscheinungen an der Ohrmuschel allmählich abklangen. Dagegen trat eine starke Druckempfindlichkeit des rechten Warzenfortsatzes mit Temperatursteigerungen auf, die am 28. Februar die Aufmeißelung nötig machte. Es fanden sich Granulationen und freier Eiter. Normaler Wundverlauf. Am 1. April konnte Patientin mit geheilten Ohrmuschelwunden, ohne daß eine erhebliche Entstellung eingetreten wäre und mit in guter Granulation begriffener Warzenfortsatzwunde gebessert entlassen werden. Vollständige Heilung im Laufe des April.

Mikroskopischer und bakteriologischer Befund: Die aus mehreren verschiedenen Inzisionswunden der Ohrmuschel am 9. Februar 1903 entnommene blutig-wässerige Flüssigkeit wurde in Bouillonkulturen übergeimpft. In diesen entwickelten sich nach 24 Stunden Gram-positive Kapseldiplokokken. Die gleichen Diplokokken, jedoch mit Gram-negativen Stäbchen untermischt, entwickelten sich in einer am 4. Februar direkt von der Parazentesennadel angelegten Bouillonkultur. Auf Agar kamen nur die charakteristischen Pneumokokkenkolonien, keine Stäbchen zur Entwickelung.

Epikrise: Es handelte sich hier also um einen Fall von primärer Perichondritis, die zu gleicher Zeit mit einer Mittelohrentzündung zur Entwickelung kam und durch Pneumokokken verursacht wurde. Ich führe den Fall an, um zu beweisen, daß nicht-postoperative Perichondritiden jedenfalls auch durch andere Erreger als Pyocyaneus hervorgerufen werden können. Interessant ist außerdem die Doppelseitigkeit der Affektion. Da wir links nur den abgelaufenen Prozeß zu Gesicht bekamen, läßt sich natürlich über dessen Genese nichts Sicheres aussagen, nur aus dem Befund von Pneumokokken aus dem Drüsensekret des linken Warzenfortsatzes und dem linksseitigen Mittelohreiter, zweier Affektionen, die hiernach in Zusammenhang mit eineinander zu stehen schienen, läßt sich mutmaßen, daß die gleichen Erreger auch an der linksseitigen Perichondritis Schuld tragen.

Die Patientin erschien am 19. September 1904 aufs Neue in der Poliklinik mit der Angabe, daß sich vor etwa 5 Wochen ohne bekannte Veranlassung eine allmählich immer mehr zunehmende schmerzhafte Anschwellung der rechten Ohrmuschel entwickelt habe, die sie vergeblich mit Umschlägen von essigsauer Tonerde, Borwasser und Eisblase zu bekämpfen gesucht habe.

Die Untersuchung ergab, daß die rechte Ohrmuschel in einen blauroten unförmlichen Klumpen verwandelt war, dessen leiséste Berührung außerordentlich empfindlich war. Die normalen Leisten und Gruben an ihrer lateralen Seite waren vollständig verstrichen, die Narben der früheren Inzisionen deutlich erkennbar. Nur der Tragus und der Lobulus waren an der entzündlichen Schwellung nicht mit beteiligt. Im äußeren Gehörgang kein Sekret, jedoch die hintere Wand seines knöchernen Abschnitts diffus gerötet. Am Trommelfell zeigte die Gegend des Hammergriffs und der hinteren Falte eine stärkere entzündliche Rötung. Flüstersprache 6 m.

Am vorderen Rande des rechten Sternokleido diffuse heiß anzufühlende Schwellung mit darüber befindlicher Hautröte. Im Bereich derselben mehrere haselnußgroße druckempfindliche Lymphdrüsen.

Operation: Es wurden sofort in Äthernarkose mehrere Inzisionen, darunter eine die Dicke der ganzen Muschel durchsetzende angelegt. Es entleerte sich überall blutig-wäßrige Flüssigkeit, der durchschnittene Knorpel vollständig normal, das Unterhautbindegewebe stark ödematös, nirgends freier Eiter. Verband mit Jodoformgaze und Burowscher Lösung.

Unter dieser Behandlung gingen Schwellung und Schmerzen allmählich zurück, so daß vom 1. Oktober ab ein trockener Verband mit zweitägigem Wechsel angelegt werden konnte. Am 1. November waren sämtliche Wunden vernarbt, die ganze Ohrmuschel etwas geschrumpft, aber weniger stark als die linke. Die Drüsenschwellung am Halse ging darauf ohne weitere Lokalbehandlung zurück. Am Trommelfell kam es am 27. September ohne besondere Schmerzen zur Spontanperforation mit nur 2 Tage anhaltendem, serös-eitrigem, nicht übelriechendem Sekret. Am 27. Oktober 1904 entwickelte sich ohne Veranlassung eine diffuse, äußerst schmerzhafte Schwellung in der Umgebung des linken Ohrs, besonders an dessen oberer Umrandung. Die Haut in ihrem Bereich nicht gerötet und druckempfindlich. Die Schwellung ging unter Alkoholverbänden allmählich zurück (1. November). In den folgenden Monaten kam es noch zu wiederholten schmerzhaften Rezidiven, die bald die linke, bald die rechte Ohrmuschel und die angrenzenden Weichteile bzw. letztere allein betrafen. Auf Alkoholverbände stets allmählicher Rückgang der Erscheinung in einigen Tagen. Innerlich Salizylpräparate werden nicht vertragen.

Mikroskopische und bakteriologische Untersuchung: Ausstrichpräparat von den Inzisionen ließ nur an einer Stelle ein diplokokkenähnliches Gebilde erkennen. Die von dem Messer angelegte Bouillonkultur war nach 24 Stunden kaum erkennbar getrübt. Nach 36 Stunden war die Trübung stärker, keine Kahmhäutchenbildung, nur schwacher Bodensatz. Mikroskopisch Kapseldiplokokken in mäßiger Menge, keine anderartigen Mikroorganismen. Auf Agar kamen Kolonien nicht zur Entwickelung. Zwei mit je 1 ccm der Bouillonkultur subkutan geimpfte Mäuse blieben am Leben.

Epikrise: Soweit ich die Literatur überblicke, existiert kein Analogon zu diesem höchst merkwürdigen Fall. Dieses wechselweise Überspringen der entzündlichen Erscheinungen von einem Ohr auf das andere, das stete Rezidivieren, das auch zur Zeit der Abfassung dieser Arbeit kaum sein Ende gefunden haben dürfte, sichern dieser Beobachtung einen besonderen Platz. Der wiederholte Nachweis von Pneumokokken in Reinkultur in den entzündeten Gewebspartien macht es zweifellos, daß wir in diesem Mikroorganismus den Erreger des seltenen Krankheitsbildes zu erblicken haben. Die wiederholt beobachteten kürzeren oder längeren Latenzperioden erinnern an ähnliche Vorkommnisse bei Pneumokokkenmastoidititen, auf die zuerst Leutert aufmerksam machte. Vermutlich erfolgte die Reïnfektion stets aufs neue vom Nasenrachenraum aus durch Vermittelung des Mittelohres. Eine gewisse Wahrscheinlichkeit hierfür bietet der Umstand, daß sowohl zur Zeit der erstmaligen Infektion, wie während des ersten Rezidivs, eine Otitis media vorhanden war. Eine sichere Entscheidung hierüber dürfte jedoch kaum möglich sein. Das anfänglich beobachtete Freibleiben des rechten Lobulus schien bei der sonstigen Übereinstimmung der klinischen Symptome die Affektion als Perichondritis zu charakterisieren, während die ödematöse Schwellung des Unterhautbindegewebes bei dauerndem Intaktbleiben von Knorpelhaut und Knorpel Zweifel an dieser Diagnose erweckte. Verstärkt wurde diese, als in der Folge bei mehreren Rezidiven die Erkrankung nicht an der Ohrmuschel, sondern in den benachbarten Weichteilen des Warzenfortsatzes ihren Ausgang und nicht selten auch ihr Ende nahm, während sie andere Male von da auf die Ohrmuschel übergriff und dort wieder das an Perichondritis erinnernde Bild hervorbrachte. Hiernach schien es unmöglich, die Erkrankung als ans Perichondrium geknüpft, anzusehen. Damit aber mußte auch, wenigstens für diesen Fall, die bisher übliche Bezeichnung fallen gelassen und der Prozeß als das benannt werden, als was er sich bei der Autopsie in vivo präsentierte, d. h. eine Entzündung des Unterhautbindegewebes oder Phlegmone. Durch diese Beobachtung wurden unsere schon längst gehegten Zweifel an der besonderen Natur des bisher im allgemeinen als Perichondritis bezeichneten Krankheitsbildes wesentlich verstärkt. Weitere Stützen erhielten sie durch mehrere der nachfolgenden Beobachtungen. Die Frage soll in einem späteren Kapitel dieser Arbeit unter Zugrundelegung des ganzen einschlägigen Materials ihre ausführliche Erörterung finden.

17. Linksseitige Perichondritis, diffuse Entzündung des äußeren Gehörgangs, chronische Mittelohreiterung, subperiostaler und retropharyngealer Abszeß, Schläfenlappenabszeß.

Ernst Ar., 25 Jahre, Schuhmacher. Aufgenommen 22. Januar 1903. Radikaloperation 24. Januar, Nachoperation 29. Januar. Eröffnung des Schläfenlappenabszesses 2. Februar 1903. Tod 8. Februar 1903.

Anamnese: Von Kindheit an ohne bekannte Veranlassung linksseitiges Ohrenlaufen, das, vorübergehend sistierend, im Anschluß an eine Erkältung nach Weihnachten 1902 erneut einsetzte. Am 20. Januar 1903 unter Fieber und Schmerzhaftigkeit Anschwellung der linken Wange.

Status praesens: Bei der Aufnahme auf die Klinik (22. Januar) bestanden Klagen über linksseitiges Ohrenlaufen, Schmerzen im linken Ohr und der linken Wange. Appetit und Schlaf schlecht, Stuhl angehalten.

Zunge leicht belegt, Patellarreflexe L $>$ R, Augenhintergrund normal, Temperatur 39,0, Puls 104. Mund kann angeblich wegen Schmerzen im linken Kiefergelenk nur bis zu einem schmalen Spalt geöffnet werden. Gegend der linken Parotis ziemlich stark geschwollen, leicht gerötet, auf Druck schmerzhaft. Linke Ohrmuschel bis herab zum Antitragus lebhaft gerötet und etwas geschwollen, Schwellung und Rötung setzen sich an letztgenannter Stelle scharf gegen das blasse Ohrläppchen ab. Weichteile hinter der linken Ohrmuschel, entsprechend deren Ansatz, gerötet und geschwollen. Der linke äußere Gehörgang durch Schwellung seiner Wände, namentlich der vorderen, bis auf ein schmales dreieckiges Lumen völlig verschlossen. Durch den Spalt in der Tiefe pulsierender Lichtreflex sichtbar. Flüstersprache links nicht gehört, Konversationssprache dicht an der Ohrmuschel. Racheneingang lebhaft gerötet, an der hinteren Rachenwand Streifen schleimigen Eiters.

Behandlung und Verlauf: Nach vorübergehender Besserung des Allgemeinbefindens und Rückgangs der entzündlichen Erscheinungen an der Ohrmuschel, unter Verbänden mit Burowscher Lösung während des nächsten Tages, am 24. Januar nach schlechter Nacht Schüttelfrost unter Temperaturanstieg auf 39,7.

Die vorgenommene Radikaloperation entleerte vom Planum temporale einen subperiostalen Abszeß, der 2—3 Eßlöffel Eiter enthielt. Knochen sehr sklerotisch, im Antrum und Mittelohr zahlreiche Granulationen. Der freigelegte Sinus von normaler Farbe und Konsistenz. Punktion ergab in hohem Bogen herausspritzendes dunkles Blut.

Wegen Wiederanstiegs der zunächst zur Norm abgefallenen Temperatur und Zunahme der Schwellung in der Parotisgegend am 29. Januar 1903 Eröffnung eines Senkungsabszesses an der linken Wange, teils durch Verlängerung des ursprünglichen Weichteilschnittes bis zum Tragus, teils durch Anlegen einer Gegenöffnung im Bereich des horizontalen Unterkieferastes.

Symptome von amnestischer Aphasie gaben am 2. Februar Veranlassung zur Freilegung der mittleren Schädelgrube, Entleerung eines kleinen Extradural- und eines großen Schläfenlappenabszesses und zwar vom Tegmen tympani und von der Schläfenbeinschuppe aus.

Unter stetig zunehmender Apathie am 7. Februar Hemiparese der ganzen rechten Seite (einschließlich des Gesichts), die auch eine nochmalige Entleerung von Eiter aus einer median gelegenen Bucht des Abszesses nicht mehr zum Rückgang bringen konnte. Gleichzeitig wurde ein retropharyngealer Abszeß mit Durchbruch in den Nasenrachenraum konstatiert, der seinen Weg medianwärts vom Unterkiefer entlang der Pyramidenspitze genommen hatte.

Unter Anstieg der Temperatur auf 40° und der Pulsfrequenz auf 200 Exitus letalis am 8. Februar 1903.

Obduktion: Dieselbe bestätigte im allgemeinen die klinische Diagnose und deckte außerdem oberhalb der Punktionsstelle im Sinus einen wandständigen geschichteten Thrombus sowie mehrfache Lungenmetastasen auf. Letzterer Befund eine nachträgliche Rechtfertigung für die Richtigkeit des ursprünglichen operativen Vorgehens gegen den Blutleiter.

Mikroskopische und bakteriologische Untersuchung: Die am 20. Januar 1903 aus dem Eiter des äußeren Gehörgangs angelegte Agarkultur zeigte nach 24 Stunden einen zusammenhängenden grünen Rasen aus Reinkulturen sehr lebhaft beweglicher, kleiner, schlanker Stäbchen, deren Aussehen öfter an Diplokokken erinnerte. Der am 24. Januar 1903 auf Bouillon übergeimpfte Eiter des subperiostalen Abszesses hatte nach 24 Stunden in dieser eine diffuse Trübung hervorgebracht, mit leichtem weißlichen Bodensatz und Kahmhäutchenbildung. Erst nach 3 × 24 Stunden zeigte sich eine leichte gelb-grüne Verfärbung der Kultur, am intensivsten an der Oberfläche, die in den folgenden Tagen zunahm. Mikroskopisch enthielt sie ausschließlich sehr lebhaft bewegliche, meist ziemlich lange, schlanke, T. B.-ähnliche Stäbchen. Auf Agar entwickelte sich aus dem Eiter ein grünlicher Rasen, mit nur an der Peripherie erkennbaren grauweißen Kolonien. Der ganze Nährboden war nach 24 Stunden intensiv grün gefärbt. Mikroskopisch Reinkultur der gleichen Stäbchen wie in Bouillon.

Die dritte Untersuchung (2. Februar 1904) betraf den Eiter des extraduralen Abszesses der mittleren Schädelgrube. Hiervon wurde je eine Bouillon-, eine Agarkultur und eine Gelatineplatte angelegt. Erstere war nach 24 Stunden diffus getrübt und enthielt diplokokkenähnliche, bisweilen zu kurzen Ketten angeordnete, wenig bewegliche

Stäbchen. Auf Agar wuchsen ineinander überfließende, gelblich-weiße, schleimig aussehende Kolonien. Im Gelatinestich kam es zur Entwicklung einer nagelförmigen Kultur, die nach 2—3 Tagen die Gelatine im oberen Teile verflüssigte. Sowohl auf Agar wie Gelatine handelte es sich mikroskopisch um die gleichen Stäbchen wie in Bouillon in Reinkultur. Die Kulturen bildeten leicht Indol, brachten Milch nach 24 Stunden zur Gerinnung, röteten Lakmusmolke lebhaft und vergärten Zucker. Darnach mußte es sich um Bacterium coli handeln.

Der Eiter des Hirnabszesses wurde ebenfalls auf die genannten 3 Nährböden übergeimpft. In Bouillon wuchsen nach 24 Stunden zarte Gram-positive Diplokokken und lange, schlanke, sehr bewegliche Gram-negative Stäbchen. Auf Agar und Gelatine kamen nur Reinkulturen grauweißer Kolonien zur Entwicklung, die in beiden Nährböden eine sehr starke Grünfärbung erzeugten, die auf Agar auch die Kolonien selbst mit betraf. Mikroskopisch die gleichen Stäbchen wie in Bouillon.

Endlich wurde noch der Eiter des durch eine Fistel in der unteren Gehörgangswand nach außen durchgebrochenen Retropharyngealabszesses untersucht (7. Februar 1903). Die hier ebenfalls auf Bouillon und Agar vorgenommene Untersuchung ergab wie in dem mit ihm kontinuierlich zusammenhängenden subperiostalen Abszeß Reinkultur von Pyocyaneus.

Epikrise: Wir haben es hier mit einer vermutlich vom Mittelohr ausgehenden Pyocyaneusinfektion zu tun. Leider ist die Untersuchung überall nur kulturell, nicht mikroskopisch vorgenommen worden, so daß es auch an den Stellen, an denen durch das übereinstimmende Resultat der Kulturversuche nur Reinkulturen des Bazillus gefunden wurden, nicht absolut erwiesen ist, daß nur dieser allein wirklich vorhanden war. Nach Analogie mit bereits besprochenen (s. o. Fall 11) und noch anzuführenden (z. B. Fall 25, 32, 35, 36) Fällen, deren Ergebnis mit den Zaufal-Gruberschen Beobachtungen einer- und den Helman-Ruprechtschen andererseits übereinstimmt, halte ich es aber für höchst wahrscheinlich, daß die diffuse Gehörgangsentzündung und die am Tage der Aufnahme beobachtete Ohrmuschelentzündung dem Bazillus zur Last zu legen sind. Bei letzterer ergab sich aus dem scharfen Absetzen der entzündlichen Röte gegen das Ohrläppchen, daß es sich dabei offenbar um einen perichondritischen Prozeß der bisherigen Nomenklatur gehandelt hat. Meines Erachtens findet diese Beobachtung ihr Analogon in den von Helman und Ruprecht bei bestehender Otitis externa crouposa infolge Pyocyaneusinfektion beobachteten Ohrmuschelentzündungen, wenn diese auch von den betreffenden Autoren anders gedeutet wurden.

Der bereits klinisch erkennbare Zusammenhang des subperiostalen mit dem Senkungsabszeß zu beiden Seiten des Unterkiefers, welch letzterer als Retropharyngealabszeß sein Ende fand, kam auch in der Gleichartigkeit des bakteriologischen Befundes im Eiter der betreffenden Abszesse zum Ausdruck. Es bleibe dahingestellt, ob der Bazillus aetiologisch dafür verantwortlich zu machen ist, wenn auch die Wahrscheinlichkeit dafür spricht. Sein Vorkommen im Eiter des Hirnabszesses dürfte vermutlich auf eine sekundäre Ansiedelung zu beziehen sein, während der in der Bouillon vorgefundene Gram-positive Diplokokkus vielleicht den ursprünglichen Erreger darstellt.

Für ein Überwuchern ursprünglich vorhandener Erreger durch Pyocyaneus auch an den erstgenannten Stellen scheint in gewisser Weise der bakteriologische Befund von Bacterium coli im Eiter des Extraduralabszesses zu sprechen, in dem andererseits der Pyocyaneus vollständig fehlte. Natürlich ist aber auch der umgekehrte Weg denkbar, so daß diesem Befunde jedenfalls weder in der einen noch der anderen Richtung die geringste Beweiskraft vindiziert werden darf.

Ich komme nun zur Mitteilung des oben erwähnten, in Gemeinschaft mit de la Camp. auf der II. medizinischen Klinik beobachteten Falls von Pyocyaneusallgemeininfektion, in deren Verlauf eine Otitis media acuta auftrat. Hinsichtlich der Allgemeinsymptome dieses Falls verweise ich auf die diesbezügliche Publikation von de la Camp (s. o.) und beschränke mich nur auf die Mitteilung der von mir dabei beobachteten und schließlich operativ behandelten Ohraffektion. Das besondere Interesse, welches dieser Fall mit Rücksicht auf die zum erstenmal dabei beobachtete Ohrkomplikation beanspruchen darf, rechtfertigt wohl seine etwas ausführlichere Mitteilung.

18. Frau Se., 69 Jahre. Aufgenommen 17. September 1902, Antrumseröffnung 25. Oktober 1902, gestorben 25. Oktober 1902.

Anamnese: Als ich am 30. September 1902 zum ersten Mal zu der Patientin gerufen wurde, bestanden Klagen über rechtsseitige Ohrenschmerzen und Schwerhörigkeit auf diesem Ohr, für deren Entstehung sie einen Grund nicht anzugeben wußte. Die Beschwerden sollten erst einen Tag lang bestehen. Ausfluß aus diesem Ohr soll früher nie bestanden haben, auch im Verlauf der jetzigen Erkrankung war solcher noch nicht aufgetreten.

Status praesens: Im rechten äußeren Gehörgang fand sich, von der vorderen und hinteren Wand ausgehend, je eine erbsengroße dunkelblaurote Geschwulst mit glatter glänzender Oberfläche, die sich in der Mitte des Gehörganglumens berührten. Sie waren ebenso wie die angrenzenden Flächen des Gehörgangs mit kleinen und größeren Epithelschüppchen- und Lamellen bedeckt. An der oberen Umrandung der vorderen Geschwulst punktförmiger pulsierender Lichtreflex. Ein Blick aufs Trommelfell konnte nicht gewonnen werden. Der Warzenfortsatz war nach der Spitze zu stark druckempfindlich. Eine Infiltration der darüber befindlichen Weichteile bestand nicht. Temperatur 38,2. Inzision beider Geschwülste, die beim Einschneiden sofort kollabierten, es entleerte sich aus beiden eine den Gehörgang vollständig ausfüllende Blutmenge. Darnach Parazentese des nunmehr undeutlich sichtbaren entzündlich geschwollenen Trommelfells. Es entleerte sich reichlich blutiges Sekret. Einführung eines sterilen Gazestreifens, trockener steriler Verband. Eisblase auf den Warzenfortsatz.

Verlauf: Beim Verbandwechsel in den folgenden Tagen fand sich eine mäßige blutig-eitrige Sekretion, die allmählich unter Zunahme der Druckempfindlichkeit des Warzenfortsatzes stärker wurde. Die Temperatur betrug meist gegen 38° und war durch die Parazentese augenscheinlich garnicht beeinflußt worden. Am 12. und 13. Oktober erhob sie sich über 40° mit morgendlichen Abfällen unter 36°. Es wurde der Patientin infolgedessen der Vorschlag zur Eröffnung des Warzenfortsatzes gemacht, von ihr aber abgelehnt.

Am 18. Oktober 1902 wurde folgender Befund erhoben: Der rechte äußere Gehörgang ist infolge Herabhängens der hinteren oberen Wand schlitzförmig verengt. In der Tiefe abgeschilferte Epithelschüppchen und ziemlich dünnflüssiges, grünlich-gelbes, eitriges Sekret, das außerordentlich stark pulsiert. Das Trommelfell nicht zu übersehen. Die Weichteile über dem Warzenfortsatz, namentlich nach der Spitze zu, leicht infiltriert; deutliches Ödem an der hinteren Umrandung desselben. Lebhafte Druckempfindlichkeit im Bereiche der unteren Hälfte des Processus mastoideus. Flüstersprache undeutlich ad concham. Die Temperaturen in den letzten Tagen zwischen 38°—39°. Patientin verspricht, den erneuten dringenden Vorschlag zur Operation mit ihren Angehörigen in Erwägung zu ziehen.

Da die beschriebenen Symptome an Intensität zunahmen, entschloß sich Patientin auf nochmaliges Anraten am 25. Oktober 1902 zur Operation.

Zu diesem Behufe Verlegung zur Ohrenklinik.

Die sofort vorgenommene Operation ergab: Nach üblichem bogenförmigen Hautschnitt waren Weichteile und Periost leicht verdickt. Aus einigen Gefäßen mäßige Blutung. Das Blut von auffallend dünner Konsistenz. Planum mastoideum sehr blaß, mit zahlreichen erweiterten Gefäßlöchern, aus denen eine ziemlich profuse Blutung stattfand. Bei der Abtragung des Sternocleidomastoideus von der Warzenfortsatzspitze mittels des scharfen gekrümmten Raspatoriums brach die dünne Corticalis an dieser Stelle ein, so daß das mit Granulationen ausgefüllte Innere des Warzenfortsatzes sichtbar wurde. Bei der Abmeißelung der Corticalis zeigte sich diese im ganzen Bereiche des Operationsgebiets sehr dünn und brüchig. Der ganze Warzenfortsatz ist mit zum Teil eitrig zerfallenen, zum Teil blaßblaugrauen Granulationen angefüllt, die sich bis ins Antrum erstrecken. Bei der Ausräumung fanden sich die zwischen den einzelnen pneumatischen Zellen gelegenen Knochenwände ebenso wie die knöcherne Sinuswand und die den absteigenden Teil des Facialis bedeckenden Knochenschichten größtenteils kariös zerstört, so daß der Sinus nach der Ausräumung in großer Ausdehnung freilag. Seine Wand zeigte normale blaugraue Farbe und war überall weich und elastisch. Eine Reihe sehr großer Zellen an seiner hinteren Umrandung sowie die ganze Spitze waren gleichfalls mit Granulationen durchsetzt, so daß die Abtragung der letzteren nötig wurde. Nach oben reichte die Zerstörung bis an die Dura mater der mittleren Schädelgrube, deren Außenseite gleichfalls mit Granulationen bedeckt war. Das ganze Tegmen antri war morsch und mußte entfernt werden. Gegen Ende der drei Viertelstunden dauernden Operation, nachdem das Chloroform schon eine zeitlang ausgesetzt war, wurde der Puls schwächer, hob sich aber vorübergehend auf einige Kampherinjektionen. Anlegung eines trockenen sterilen Verbandes.

Trotz nochmaliger Kampherdosen erholte sich Patientin nicht mehr. $^1/_4$ Stunde nach Beendigung der Operation erfolgte der Tod unter den Zeichen zunehmender Herzschwäche.

Die Obduktion (24 Stunden p. m.) der Schädelhöhle — nur diese führe ich hier an — ergab folgendes:

Das Schädeldach ist mit der Dura fest verwachsen, so daß das Gehirn mit dem Schädeldach herausgenommen werden muß. Die Sinus der Dura mater in der Basis sowie die Venae jugulares sind gefüllt mit flüssigem schwarzen Blut. Die Dura mater basilaris ist überall intakt. An ihrer Unterfläche über dem rechten Tegmen tympani ist dieselbe etwas verdickt und mit zarten, warzenähnlichen, hellroten, etwas glasig aussehenden Granulationen besetzt. Aus dem Tegmen tympani und aus dem Sulcus sigmoideus der hinteren Pyramidenfläche, welche in breiter Ausdehnung geöffnet sind, ragen Tampons hervor. Die ganze Knochensubstanz des noch vorhandenen Restes des Tegmen tympani, und zwar sein vorderer verdickter Rand, ist kariös. Man sieht die Knochenbälkchen völlig frei, und ohne Bedeckung der Tabula interna vorliegen. Der umgebende Rand des noch intakten Knochens zeigt einen schmalen, weichen, roten Saum, der ein weiches Granulationsgewebe darstellt. Die Demarkationslinie ist unregelmäßig gezackt. Die Öffnung ist 2 cm breit und 1 cm lang. Die Öffnung in der hinteren Felsenbeinfläche ist 3 cm breit und durchschnittlich 2 cm lang, von einem ähnlichen, jedoch nicht so markierten Rande umgeben wie im Tegmen tympani, doch sieht man hier nicht die Spongiosa frei zutage liegen. Die Arachnoidea über der Basis, besonders über dem Kleinhirn, ist leicht milchig getrübt, die Carotiden sind weich, ebenso die Art. basilaris. Am Crus des rechten Helix befindet sich ein oberflächliches Geschwür mit wallartigem roten Rand. Im rechten äußeren Gehörgang steckt ein Gazestreifen. Der rechte Warzenfortsatz ist operativ eröffnet.

Mikroskopische und bakteriologische Untersuchung: Die bakteriologische Untersuchung, die zum ersten Mal am 30. September 1902 vorgenommen wurde, erstreckte sich auf den Inhalt der Blasen im Gehörgang, auf das Sekret des Mittelohrs und die Granulationen im Warzenfortsatz.

Der Blaseninhalt zeigte neben meist roten Blutkörperchen und nur wenigen Leukozyten im Ausstrichpräparat vereinzelte längere und kürzere Stäbchen. Die in Bouillon verimpfte Nadel ließ Reinkultur von Bacillus pyocyaneus aufgehen. Von dem Mittelohrsekret wuchsen auf Bouillon und Glyzerinagar Diplokokken mit Kapsel, Diplostreptokokken, Staphylokokken und Bacillus pyocyaneus.

Ausstriche der Granulationen aus dem Warzenfortsatz ließen bakteriologische Beimengungen nicht erkennen. Wohl aber entwickelten sich sowohl auf Bouillon wie auf Agar typische Reinkulturen von Pyocyaneus mit sehr starker Grünfärbung der betreffenden Kulturen, mikroskopisch aus Stäbchen verschiedener Größe bestehend, die sehr lebhafte zickzackartige Bewegungen unterm Mikroskop ausführten. Sie vergärten Traubenzuckerbouillon nicht, bildeten kein Indol, röteten Lakmusmolke nicht und brachten Milch in den ersten 48 Stunden nicht zur Gerinnung. Erst von da ab entstand eine allmählich zunehmende gallertartige Gerinnung. Bei längerem Stehenlassen nahmen die Kulturen eine immer intensiver werdende Braunfärbung an.

Epikrise: Es handelte sich um eine akute Mittelohrentzündung mit hämorrhagischen Blasen im äußeren Gehörgang und nachfolgender Mastoiditis bei einer Patientin mit septischen Allgemeinsymptomen, bei der bis zu Beginn des Ohrenleidens zu verschiedenen Malen aus hämorrhagischen Pusteln am Körper und aus dem Gewebe eines Unterschenkelgeschwürs der Pyocyaneus gezüchtet worden war. Der gleiche Erreger wurde, wie eben erwähnt, im Sekret der hämorrhagischen Blasen und im Processus mastoideus in Reinkultur, im Gehörgangssekret mit Kapseldiplokokken, Diplostreptokokken und Staphylokokken nachgewiesen. Post mortem fand er sich, wie bereits oben erwähnt, in Reinkultur im Herzblut und mit vereinzelten Staphylokokken auf frischen verrukösen Auflagerungen der Mitralklappen sowie in der Milz.

Machen es diese größtenteils übereinstimmenden Befunde in der Tat im höchsten Grade wahrscheinlich, daß das ganze Krankheitsbild eine Pyocyaneussepsis darstellt, so dürfte die Tatsache von besonderem Interesse sein, daß dabei zum ersten Mal eine Beteiligung des Gehörorgans beobachtet wurde. Diese bestand erstens in dem Auftreten der großen Bullae haemorrhagicae im äußeren Gehörgang, wie sie Körner (s. o.) als charakteristisch für Pyocyaneus-Otitis media beschreibt. Ihr zeitliches Zusammentreffen mit der Mittelohrentzündung machte es wahrscheinlich, daß auch hier deren Auftreten in einem gewissen Zusammenhange mit dem Mittelohrleiden stand, wenngleich es nicht ausgeschlossen ist, daß es sich nur um eine besondere Lokalisation der bei der Patientin auch an anderen Körperstellen beobachteten hämorrhagischen Diathese handelte. Als solche ist auch die sub finem vitae auftretende Blase am rechten Crus helicis anzusehen, die sich bei der Obduktion als Geschwür präsentierte. Die Feststellung des Pyocyaneus in Reinkultur im Blaseninhalt, die sich vollständig mit den entsprechenden Befunden im Pustelinhalt an den übrigen Körperstellen deckte, beweist jedenfalls die Abhängigkeit dieser Affektion von dem Allgemeinleiden.

Nicht so sicher gilt das Gleiche von der Mittelohrerkrankung, da es sich bereits bei der ersten Untersuchung um eine Spontanperforation handelte und der kulturell untersuchte Gehörgangseiter neben dem Bacillus pyocyaneus noch die verschiedensten Eiterkokken aufwies. Soweit sich die betreffenden Organismen nicht etwa erst im Gehörgang dem Sekret beimengten, ist es ebenso gut denkbar, daß es sich von vornherein um eine Mischinfektion des Mittelohrs gehandelt hat, wie daß sich der Pyocyaneus den ursprünglichen Erregern, sei es durch die Tube, sei es auf hämatogenem Wege, beigesellt hat oder endlich, daß er selbst der Originalerreger gewesen und von den übrigen Bakterien überwuchert worden ist.

Auch die Genese der Warzenfortsatzaffektion ist nicht einwandfrei. Infolge des negativen Ausfalls der mikroskopischen Untersuchung ist es zunächst nicht absolut sicher, daß der Pyocyaneus wirklich das einzige in ihm vorhandene Kleinlebewesen gewesen ist, wenn es auch infolge des übereinstimmenden Ausfalls der Kulturversuche sehr wahrscheinlich ist. Zweitens stehen für dessen Infektion wieder zwei Wege, nämlich der vom Mittelohr und der durch die Blutbahn offen. Welcher dieser beiden tatsächlich beschritten worden ist, läßt sich nicht feststellen, wenn auch die übereinstimmenden Bakterienbefunde von den verschiedensten Körperstellen auf einen gemeinsamen Ausgangspunkt sämtlicher pathologischer Veränderungen bei der Patientin hinwiesen.

So fügen sich die beschriebenen Mitbeteiligungen des Gehörorgans zwar zwanglos in den Rahmen des Allgemeinleidens ein, ohne aber ihrerseits absolut einwandfreie Beweise für die Deutung des ganzen Krankheitsbildes als Pyocyaneussepsis darzustellen. Unterstützend aber in diesem Sinne können sie neben den oben beschriebenen Bakterienbefunden an anderen Stellen allerdings wirken.

Der nächste Fall (19) ist nicht minder interessant, da bei ihm nicht, wie im vorausgehenden, die Ohraffektion Teilerscheinung der Allgemeinerkrankung, sondern umgekehrt die Allgemeininfektion offenbar Folge des Ohrenleidens war.

Es handelt sich um das 35 jährige Dienstmädchen Luise Kl. Ihre Krankengeschichte ist folgende:

Anamnese: Sie will mit 18 Jahren Typhus gehabt haben. Später stellte sich heraus, daß sie im Jahre 1895 eine luetische Infektion durchgemacht hatte, an deren Folgen (Iritis, Gehirnlues mit rechtsseitiger Lähmung, luetische Geschwüre im Gesicht) sie wiederholt Gegenstand der Krankenhausbehandlung war. Anfang September 1903 erkrankte sie infolge eines Erysipels, das sich an eine doppelseitige Halsdrüsenexstirpation angeschlossen hatte, an linksseitiger allmählich zunehmender Schwerhörigkeit und einem Gefühl von Fülle in diesem Ohr. Wegen

Steigerung dieser Beschwerden und Hinzutritts rechtsseitiger Schwerhörigkeit Aufnahme auf die Klinik (9. November 1903).

Status praesens: Bei der Aufnahme war das linke Trommelfell, namentlich in der Gegend von Hammergriff und kurzem Fortsatz entzündlich gerötet und geschwollen, im hinteren unteren Quadranten bläschenförmige Vorwölbung. Erscheinungen von Mitbeteiligung des Warzenfortsatzes oder Schädelinhaltes bestanden nicht. Am rechten Trommelfell Zeichen stärkerer Einziehung.

Funktionsprüfung: Flüstersprache links nicht gehört, Konversationssprache auf $1/2$ m. Rechts Flüstersprache vor dem Katheterismus auf $1/2$ m, nach demselben auf 3 m. We nach links lateralisiert, Ri links —, rechts +, Knochenleitung vom Scheitel aus verkürzt (10″/24″), c_4 bei Nagelanschlag links nicht gehört, c gehört.

Temperatur 36,3, Puls 104.

Abgesehen von 2 Narben an beiden Halsseiten und einer ebensolchen vorm rechten Ohr wurden weitere Symptome vorhandener oder überstandener Erkrankung nicht aufgefunden.

Therapie: Linksseitige Parazentese, rechtsseitiger Katheterismus. Durch erstere wurde mit Blut vermischtes schleimig-eitriges Sekret entleert.

Verlauf: Die Temperatur stieg am folgenden Tage allmählich an und erreichte am 11. November abends 39°, um lytisch abzufallen. Es bestanden gleichzeitig Klagen über Kopfschmerzen in der linken Scheitel- und Augengegend. Die Weichteile hinterm linken Ohr waren leicht geschwollen und druckempfindlich. Unter Verschwinden der genannten Symptome ging die Temperatur vom 14. November ab auf die Norm zurück. Die in den der Parazentese folgenden Tagen zunächst sehr profuse Sekretion klang unter gleichzeitigem Rückgang der Entzündungserscheinungen am Trommelfell allmählich ab.

Am Abend des 3. Dezember 1903 aus anscheinend völligem Wohlbefinden heraus plötzlicher Eintritt einer totalen rechtsseitigen Hemiplegie mit Hemianästhesie. Keine aphasischen Störungen. Die sofort vorgenommene Lumbalpunktion ergab 8 ccm einer wasserklaren, nicht unter erhöhtem Druck stehenden Flüssigkeit. Mikroskopisch keine Leukozyten, einzelne bewegliche Stäbchen. Die Untersuchung des Augenhintergrundes ergab normalen Befund. Am nächsten Tage wurde letztere Untersuchung von spezialärztlicher Seite (Stabsarzt v. Haselberg) mit Hilfe von Einträufelungen einer Homatropinlösung wiederholt. Der dabei erhobene Befund lautete: Pupillen erweitern sich nur schwer. Nach gänzlicher Erweiterung zeigen sich links 2 schmale lang ausgezogene hintere Synechien und Pigmentbeschlag auf der vorderen Linsenkapsel.

Diagnose: Reste von linksseitiger Iritis. Fundus normal.

Bereits vom nächsten Tage ab allmählicher Rückgang der Lähmung.

Eine am 7. Dezember 1903 wegen einzelner paraphasischer Störungen und zunehmender Klopfempfindlichkeit oberhalb der linken Ohrmuschel vorgenommene Probepunktion auf den linken Schläfenlappen verlief ohne Resultat. Auch im Warzenfortsatz fanden sich keine pathologischen Veränderungen.

Am Abend des Operationstages gab sie an, Stimmen zu hören, war sehr deprimiert und klagte über diffuse Kopfschmerzen. Am 8. Dezember Besserung des Allgemeinbefindens. Temperatur ebenso wie an den vorhergehenden Tagen normal, keine Pulsverlangsamung. Am 9. Dezember deutlich bemerkbarer Rückgang der rechtsseitigen Lähmung. Arm und Bein konnten spontan gehoben werden. Anästhesie nur noch im rechten Bein bis herauf zur Crista iliaca nachweisbar. Temperatursinn im rechten Fuß und der rechten Nackenseite herabgesetzt.

Auch in den folgenden Tagen wurde der Fortschritt in der Bewegungsfähigkeit immer deutlicher bemerkbar. Empfindlichkeit für spitz und stumpf fast auf der ganzen rechten Seite wieder vorhanden.

Unter Temperaturanstieg am 10. Dezember Entwickelung einer rechtsseitigen akuten Otitis media mit starken Entzündungserscheinungen am Trommelfell, die die Parazentese nötig machte und einen völlig normalen Verlauf nahm.

Eine Blutkörperchenzählung am 10. Dezember ergab 29500 Leukozyten und 3743000 Erythrozyten.

Am 17. Dezember konnte Patientin mit den rechten Extremitäten fast alle Bewegungen ausführen, nur trat nach kurzer Zeit ein leichter Tremor auf. Die motorische Kraft war rechts noch etwas herabgesetzt.

Am 21. Dezember stand sie zum ersten Mal auf, mußte aber beim Gehen noch gestützt werden. Vom 28. Dezember an war sie imstande, allein zu laufen, nur schleppte sie die rechte Seite noch nach.

Am 31. Dezember abends gegen $^1/_2$7 Uhr schrie sie plötzlich, ohne vorher geklagt zu haben, laut auf und gab auf Befragen an, heftige Kopf- und Magenschmerzen sowie eine Abnahme der Bewegungsfähigkeit ihrer rechten Seite zu verspüren. Die Untersuchung ergab eine stärkere Parese der ganzen rechten Seite sowie eine totale Hemianästhesie. Temperatur 38,4. Schon vom nächsten Tage ab war wiederum eine Abnahme der Parese zu bemerken, während die Hemianästhesie fortbestand. In der Nacht vom 5. zum 6. Januar verschwand auch die letztere, nachdem sie am vorausgehenden Abend noch deutlich hatte nachgewiesen werden können, vollkommen. Die Temperatur zeigte bis zum 5. Januar noch leichte Zacken bis zu 37,8, um vom 6. Januar an völlig zur Norm zurückzukehren. Die Wunde hinterm linken Ohr heilte gut, aus dem Mittelohr bestand jedoch noch immer eine schleimig-eitrige Sekretion. Das rechte Ohr war seit dem 28. Dezember vollständig trocken. Am 16. Januar gegen 6 Uhr unter lautem Aufschrei ein erneuter Anfall rechtsseitiger Parese mit Hemianästhesie unter starkem Zittern, besonders der rechten Seite. Auf energisches Zureden, daß der Anfall schnell vorübergehen werde, baldige Beruhigung.

In der Nacht vom 19. bis 20. Januar wieder heftiges Zittern und Schmerzen im linken Hypochondrium. Patientin redete nur in Flüstersprache. Eine halbe Stunde später rief sie mit lauter Stimme nach der Schwester. Nach Zureden baldige Beruhigung. Die nächsten Tage hielt das Reden in Flüstersprache noch eine zeitlang an, erst allmählich wurde die Sprache wieder lauter.

Am 27. Januar waren die Sensibilitätsstörungen wieder völlig verschwunden, die motorische Kraft soweit wiederhergestellt, daß sie allein, wenn auch mit Nachschleppen der rechten Seite gehen konnte. Allgemeinbefinden gut.

Am 16. Februar 1904 war die Wunde hinterm linken Ohr mit fester, leicht eingezogener Narbe verheilt. Aus dem linken äußeren Gehörgang bestand noch etwas schleimige Sekretion. Das Trommelfell war verdickt, von grauroter Farbe, mit Perforation im vorderen Abschnitt. Flüstersprache wurde links auf 20 cm verstanden, rechts auf 15 cm. Das rechte Trommelfell wegen Cerumens nicht zu übersehen. Die motorische Kraft des rechten Arms und Beins herabgesetzt. Vollständige Anästhesie und Analgesie im rechten Arm und Bein. Patientin wird als gebessert auf Wunsch entlassen.

Eine mikroskopische und bakteriologische Untersuchung des linksseitigen Mittelohrsekrets wurde erst einige Zeit nach Vornahme der Parazentese ausgeführt. Sie ergab neben wenigen Grampositiven Diplokokken reichlich Gram-negative lange schlanke Stäbchen, die im hängenden Tropfen der Bouillonkultur außerordentlich lebhaft beweglich waren. Die angelegte Bouillonkultur zeigte Kahmhäutchenbildung und eine deutliche Grünfärbung nach 24 Stunden, namentlich in den oberflächlichen Schichten. Der grüne Farbstoff ließ sich mit Chloroform ausschütteln. Mikroskopisch nur Stäbchen und Diplokokken, beide lebhaft beweglich und Gram-negativ. Auf Agar wuchs ein ziemlich gleichmäßiger intensiv grüner Belag, der nur an seinen Rändern einzelne rundliche, mehr graugrüne Kolonien aufwies. In den folgenden Tagen nahm die Grünfärbung der letztgenannten Kulturen einen bräunlichen Farbenton mit einzelnen Kristallbildungen an.

Die Bouillonkultur der rechtsseitigen Otitis media, die direkt durch Verimpfung der Parazentesennadel angelegt war, ließ lange gewundene Streptokokkenketten aufgehen.

Die im Brutschrank stehende Lumbalpunktionsflüssigkeit war nach 16 Stunden ungleichmäßig wolkig getrübt. Mikroskopisch fanden sich in Reinkultur ziemlich lange schlanke, sehr bewegliche Stäbchen. Die davon angelegte Bouillonkultur war in der gleichen Zeit stark diffus getrübt und wies leichte Häutchenbildung auf. Mikroskopisch die gleichen beweglichen Stäbchen wie in der Punktionsflüssigkeit. Auf den vom Liquor und den Bouillonkulturen angelegten Agarplatten gingen die charakteristischen Pyocyaneuskulturen auf.

Mehrfache durch Punktion der Vena mediana vorgenommene bakteriologische Blutuntersuchungen (11. Dezember, 16. Dezember 1903 und 11. Januar 1904) hatten negatives Resultat. Das ausfließende Blut wurde die beiden ersten Male in Bouillon, das letzte Mal in flüssigem Agar aufgefangen; von letzterem wurden sofort Platten gegossen.

Mit Hilfe der am 11. Dezember entnommenen Blutprobe wurden am 14. Dezember Agglutinationsversuche an einer 48 Stunden alten Pyocyaneuskultur angestellt. Es fand sich, daß die betreffende Kultur bis zu einer Verdünnung von 1 : 50 agglutiniert wurde. Da es sich aber um keine ganz frische Kultur handelte, wurden an demselben Tage neue Platten angelegt und an diesen nach 24 Stunden die betreffenden Versuche mit dem gleichen Serum wiederholt (15. Dezember). Diesmal konnte nicht einmal eine Agglutination in einer Verdünnung von 1 : 10 erzielt werden. Behufs einwandfreier Sicherstellung der gewonnenen sich widersprechenden Resultate wurde am 16. Dezember durch Venaepunktion nochmals Blut entnommen und mit dessen Serum und einer frischen 24 stündigen Pyocyaneuskultur die Reaktion an demselben Tage wiederholt. Hierbei nun fand eine Agglutination bis zu einer Verdünnung von 1 : 100 statt. Agglutination bis zu derselben Höhe fand sich auch noch am nächsten Tage, während am dritten Tage die Verdünnungsgrenze noch bis zu 1 : 75 reichte. Um aber Irrtümern zu entgehen, wurden mit der gleichen, ebenso alten Kultur Agglutinationsversuche angestellt:

a) Am frischen, durch Venaepunktion gewonnenen Blutserum des oben erwähnten, wegen chronischer Mittelohreiterung radikal operierten Wilhelm Ho. (Fall 14), der eine konsekutive, durch Pyocyaneus verursachte Perichondritis akquiriert hatte. Die am und nach dem Tage der Blutentnahme vorgenommenen Agglutinationsversuche ergaben eine Agglutination von 1 : 10; bereits in einer Verdünnung von 1 : 25 konnte eine solche nicht mehr nachgewiesen werden.

b) Am frischen, gleichfalls durch Venaepunktion gewonnenen Blutserum eines 19 Jahre alten Mannes, des Posamentiers J., der wegen einer rechtsseitigen chronischen Mittelohreiterung mit Nekrose des lateralen Bogengangs radikal operiert worden war. Eine primäre oder sekundäre Pyocyaneusinfektion lag bei dem Patienten nicht vor. Hier konnte eine Agglutination überhaupt nicht erzielt werden.

Herr Stabsarzt Dr. Bischoff vom chemisch-hygienischen Laboratorium der Kaiser Wilhelms-Akademie, der auf meine Bitte hin die Liebenswürdigkeit hatte, meine Untersuchungen nachzuprüfen, konnte dieselben nach jeder Richtung hin bestätigen.

Soweit das Tatsächliche des Falls.

Epikrise: Bis zum Eintritt des ersten apoplektischen Insults bot das Krankheitsbild nichts Besonderes. Dieser letztere aber verursachte hinsichtlich seiner Aetiologie gewisse differentialdiagnostische Schwierigkeiten, deren baldige Lösung behufs eventueller Einleitung einer zweckentsprechenden Therapie dringend notwendig schien. Am nächsten lag natürlich die Frage, ob es sich um eine otogene zerebrale Komplikation, nach Lage der Sache also um einen Schläfenlappenabszeß oder eine Meningitis handeln könne. Letztere wurde mangels aller weiteren klinischen Symptome, namentlich auch des Fehlens motorischer Sprachstörungen sowie mit Rücksicht auf die gleichzeitig vorhandene Hemianästhesie, die auf einen Sitz der Affektion im hinteren Schenkel der inneren Kapsel hinwies, und im Hinblick auf das Ergebnis der Lumbalpunktion ausgeschlossen.

Die Annahme eines Schläfenlappenabszesses als Ursache der Hemiplegie durch Fernwirkung auf die innere Kapsel verlor dadurch an Wahrscheinlichkeit, daß bei der rechtshändigen Patientin amnestische Sprachstörungen vollkommen fehlten, wenngleich, wie eine Mitteilung von Heine (53) beweist, ausnahmsweise auch bei Rechtshändern ein rechtsseitiger Sitz des Sprachzentrums vorkommt, und infolgedessen ein Ausbleiben von Sprachstörungen bei linksseitigem Abszeßsitz durchaus ins Bereich der Möglichkeit gehört.

Die ganze Art der plötzlichen Entstehung des Anfalls bei anscheinend bestem Wohlbefinden und die Rücksicht auf das jugendliche Alter der Patientin legten vielmehr den Verdacht auf eine luetische Aetiologie nahe. Erneute eingehende Nachforschungen nach dieser Richtung aber blieben ohne Erfolg. Trotzdem aber wurde am nächsten Tage mit einer antiluetischen Kur begonnen, bei der Patientin wiederholt ihren Abscheu gegen die ihr angeblich völlig unbekannte graue Salbe ausdrückte. Mit der Feststellung hinterer Synechien am linken Auge bekam der Verdacht auf eine vorausgegangene Lues die erste positivere Unterlage. Gleichzeitig aber wurde dieser Befund für uns Veranlassung, erneute Nachforschungen nach der Anamnese der Patientin anzustellen, die zu dem Resultate führten, daß laut dem darüber aufgefundenen Journal im Jahre 1895 eine Behandlung der Patientin auf der Augenklinik der Charité wegen spezifischer Iritis mittels Inunktionskur stattgefunden hatte. Später ließ sich an der Hand des Aktenmaterials der Charité weiter konstatieren, daß Patientin bereits 15 Mal Aufnahme auf den verschiedensten Stationen, darunter mehrere Male wegen Hirnlues und davon verursachter Hemiplegien gefunden hatte. Da sich in den nächsten Tagen eine immer zunehmende Klopfempfindlichkeit oberhalb der linken Ohrmuschel bemerkbar machte, die kulturellen Untersuchungen des Liquor cerebrospinalis das oben erwähnte Resultat ergeben hatten und einzelne aphasische Störungen (Uhr-Kette, Portemonaie = Schachtel) auftraten, glaubten wir eine Probepunktion auf den Schläfenlappen nicht unterlassen zu sollen, die jedoch, wie erwähnt, vollständig resultatlos verlief.

Die damit erzielte vermeintliche Klärung des Krankheitsbildes aber sollte noch einmal einen bedenklichen Stoß erhalten, als die mit Rücksicht auf den Pyocyaneusbefund im linken Mittelohreiter und Liquor cerebrospinalis vom 14. bis 18. Dezember vorgenommenen Agglutinationsproben den beschriebenen Ausfall erzielten. Jedenfalls legten wir uns daraufhin die Frage vor, ob die Hemiplegie nicht Folge einer durch Pyocyaneusallgemeininfektion entstandenen bakteriellen Embolie sein könne, eine Erwägung, die einmal durch den Befund von Pyocyaneus im Liquor cerebrospinalis, zweitens durch die spontan einsetzende und fortschreitende Besserung der Hemiplegie (die Inunktionskur war nach zweimaligen Einreibungen abgebrochen worden) eine gewisse Stütze zu erhalten schien. Erst die Wiederholung der Anfälle brachte uns endgiltig von dieser Vermutung ab und zu der Annahme des luetischen Charakters der Affektion zurück, wiewohl deutliche hysterische Symptome (cf. die suggestive Beeinflussung der Anfälle, spontanes Verschwinden der Hemianästhesie, Gefühl von Globus, vorübergehende Unfähigkeit mit lauter Stimme zu sprechen u. a. m.) auch dieses Bild verschleierten. Die wiederholt beobachteten psychischen Störungen (Halluzinationen), die deutlich wahrnehmbare Abnahme der Intelligenz, die Temperaturerhöhungen während der Anfälle sicherten schließlich die Diagnose, die auch die I. medizinische Klinik, welche die Patientin seit ihrer Entlassung bereits zweimal wieder wegen der gleichen Anfälle aufsuchte, zu der ihrigen machte.

Von den Gründen, die mich veranlassen, den Befund von Pyocyaneus im Lumbalpunktat als Ausdruck einer bei der Patientin vorhandenen Allgemeininfektion aufzufassen, soll in einem späteren Abschnitt dieser Arbeit die Rede sein. Hier nur noch einige Worte über das Woher dieser Infektion.

Als Eintrittspforte derselben muß in unserem Falle mit größter Wahrscheinlichkeit das linke Mittelohr angesehen werden. In dessen Eiter konnte wenigstens einige Zeit nach der Parazentese sowohl mikroskopisch wie kulturell der Pyocyaneus neben Fränkelschen Diplokokken nachgewiesen werden. Vermutlich handelte es sich hier um eine Sekundärinfektion vom äußeren Gehörgang aus, wie sie auch sonst nicht zu selten ist.

Was nun den Weg der Infektion vom Ohr aus in den Körper anlangt, so bleibt nur das Mittelohr selbst bzw. dessen Blut- und Lymphwege als Vermittler der Allgemeininfektion übrig. Bisher konnte für die vom Ohr ausgehenden Allgemeininfektionen des Körpers mit wenigen Ausnahmen eine Miterkrankung des Sinus transversus (sigmoideus) verantwortlich gemacht werden. Als Träger der Infektion in den seltenen, aber zweifellos vorkommenden Fällen von Pyämie ohne Sinuserkrankung, glaubte Körner kleinste thrombosierte Knochenvenen des Schläfenbeins annehmen zu sollen. Allerdings blieb diese Annahme bis jetzt eine vielfach aufs Heftigste bekämpfte Hypothese, da es bei der anerkannten Gutartigkeit derartiger Fälle bisher nicht gelang, die dafür notwendigen pathologisch anatomischen Grundlagen in Gestalt also veränderter Knochen aufzufinden. Gewisse analoge Prozesse von anderen Körperstellen aus legen die Vermutung nahe, daß eine direkte Überwanderung von Entzündungserregern des Mittelohrs in die Blut- oder Lymphbahn erfolgen und so eine Allgemeininfektion verursachen kann. Es sei beispielsweise an die jetzt wohl ziemlich allgemein anerkannte Entstehung des Gelenkrheumatismus von einer Erkrankung der Gaumentonsillen aus sowie an ähnliche Affektionen im Anschluß an eitrige Erkrankungen des Urogenitalsystems erinnert, bei denen thrombotische Veränderungen kleinster Venen in der Umgebung bisher nie angenommen oder nachgewiesen worden sind. Auf die Wahrscheinlichkeit einer derartigen direkten Übertragung der Allgemeininfektion vom Ohr aus wies kürzlich Kohrak (71) in einem Falle von otogener Pyämie ohne Sinusthrombose hin, in dem er den kausalen Zusammenhang der beiden Affektionen durch Agglutination einwandfrei feststellte. Da sich aber in seinem Falle eine Erkrankung des Warzenfortsatzes vorfand, wird er sich den Einwand gefallen lassen müssen, daß die von ihm in Abrede gestellten Knochenvenenerkrankungen doch vorhanden und die Vermittler der Infektion gewesen sein könnten. Anders in dem Falle der Luise Kl. Hier hat die stattgehabte Aufmeißelung direkt das Fehlen pathologischer Veränderungen im Warzenfortsatz (bis auf eine geringe Hyperämie) manifestiert. Damit aber bleibt nur der direkte Weg vom Mittelohr in die Blutbahn noch offen, um die vorgefundene Allgemeininfektion zu erklären.

Neuerdings scheint diese Annahme auch eine histologische Stütze durch die Erklärung zu erhalten, die Preysing (l. c.) gewissen in der Schleimhaut des erkrankten Mittelohrs (vorläufig nur bei Säuglingen) vorgefundenen und schon älteren Autoren wie v. Tröltsch, Wendt und Eysell bekannten granulationsartigen Bildungen gibt, indem er nämlich deren Vorhandensein mit Eiterresorptionsvorgängen in Zusammenhang bringt und sie dementsprechend als Resorptionsgranulome bezeichnet.

Im Anschluß hieran noch einige Worte über den Ausfall der angestellten beiden Kontrollagglutinationsversuche. Die betreffenden Untersuchungen wurden mit Hilfe der gleichen Kulturen wie im Fall der Luise Kl. und unter völlig gleichen Umständen — gleiches Alter der Kultur, gleiche Zeit nach Entnahme der Blutprobe — angestellt und ergaben in einem Falle Agglutination nur bis zu einer Verdünnungsgrenze von 1 : 10, das zweite Mal überhaupt keine Agglutination.

Ob es sich in dem ersten dieser Kontrollversuche noch um eine spezifische Agglutination handelte, erscheint mit Rücksicht auf den geringen Grad der Verdünnung, bei dem die Reaktion positiv ausfiel, sehr unwahrscheinlich, andererseits wäre eine solche deshalb durchaus denkbar, weil bei dem betreffenden Patienten eine durch Pyocyaneus hervorgerufene langdauernde Perichondritis der Ohrmuschel vorlag, die wiederholte Eingriffe nötig machte. Zu berücksichtigen dabei bleibt freilich, daß Achard, Loeper und Grénet (l. c.) bei ihren Kontrolluntersuchungen am Serum eines Typhuskranken einmal eine positive Reaktion bei dem in Rede stehenden Grad der Verdünnung ($^1/_{10}$) erzielten, während sie an normalen Individuen bei $^1/_{10}$ stets negative Resultate erhielten. Die genannten Autoren glauben deshalb $^1/_{30}$ als unteren Grenzwert für spezifische Reaktion des Pyocyaneus annehmen zu sollen. Es wird später davon die Rede sein, warum ich glaube, diese Grenze noch höher normieren zu sollen. Wie dem aber auch sei — fest steht jedenfalls, daß der im Falle der Luise Kl. erhaltene hohe Grad der Agglutination nach dem jetzigen Stande unserer Kenntnisse über diese Frage als Beweis für eine stattgefundene Pyocyaneusinfektion aufzufassen ist.

20. Rechtsseitige Otitis externa crouposa.

Franz M., 23 Jahre, Kutscher. Aufgenommen 12. März 1904. Geheilt entlassen 29. März 1904.

Anamnese: Patient, früher immer gesund, bekam 5 Tage vor seiner Aufnahme ohne bekannte Veranlassung Schmerzen in der Gegend des rechten Tragus, die täglich zunahmen. Gleichzeitig trat eine Anschwellung in der Umgebung der Ohrmuschel auf. Angeblich geringe Erleichterung, seitdem sich am Tage der Aufnahme etwas Eiter aus dem Gehörgang entleerte. Der behandelnde Arzt stellte „Ohrspeicheldrüsenentzündung“ fest und schickte ihn zur Charité.

Status praesens: Deutliche diffuse Anschwellung dicht vorm rechten Ohr. Am hinteren Ansatz der Ohrmuschel Ödem, in dem der Fingerdruck seichte Dellen hinterließ. Gegend vorm Tragus und Spitze des Warzenfortsatzes druckempfindlich. Obere Gehörgangswand dicht über dem Tragus so geschwollen, daß der Eingang in den Gehörgang größtenteils verlegt wird. Der nach dem Gehörgang zu gelegene Teil der Schwellung ist mit einer weißen abgehobenen Epidermislamelle bedeckt, nach deren Wegnahme das gerötete Corium zutage tritt. In der Tiefe sieht man abgeschilferte Epithelschuppen mit dazwischen gelegenem punktförmigen Lichtreflex, der jedoch keine Pulsation aufweist. Vom Trommelfell nichts zu erkennen.

Linker äußerer Gehörgang und linkes Trommelfell, letzteres bis auf eine geringe Einziehung, normal.

Flüstersprache für sämtliche Zahlen sowohl rechts wie links auf 6 m verstanden. We nicht lateralisiert, Ri beiderseits +, Knochenleitung 24″/24″

c^4 bei leisestem Nagelanschlag ebenso wie c_1 und c durch Luftleitung beiderseits gleichmäßig stark gehört.

Behandlung und Verlauf: Die Behandlung bestand in Einführung eines Gazestreifens mit Burowscher Lösung und einem feuchten Verband mit der gleichen Flüssigkeit.

Am nächsten Tage (13. März) konnte ein mit einer Epidermislamelle in Zusammenhang stehendes, den ganzen Gehörgang ausfüllendes gelatinöses Gerinnsel aus dem Ohr entfernt werden. Es quoll in Essigsäure auf und wurde in Alkohol zur Gerinnung gebracht. Bei der mikroskopischen Untersuchung zeigte es sich aus einem Netz von Fibrinfasern mit eingestreuten Epithelien sowie roten und weißen Blutkörperchen bestehend, ganz vereinzelt fanden sich Kokken.

Unter der angeführten Behandlung ging die zirkumskripte Anschwellung des Gehörgangs in den nächsten Tagen zurück. Schwellung und Druckempfindlichkeit vorm Tragus verschwanden allmählich ebenso wie Ödem und Schmerzen am Warzenfortsatz. Am 17. März konnte man zum erstenmal das Trommelfell sehen. An seinem hinteren oberen Quadranten fanden sich zwei kleinerbsengroße dunkelblaurote Blasen, die vorsichtig geöffnet wurden. Es entleerte sich etwas Blut, worauf die Blasen kollabierten. Am 18. März war das Aussehen des Trommelfells fast wieder vollständig normal. Vom 24. März ab klagte Patient über erneut aufgetretene Schmerzen im Ohr. Es fand sich eine zirkumskripte furunkelähnliche Anschwellung an der unteren Gehörgangswand. Behandlung zunächst wie oben. Wegen Zunahme von Schmerzen und Schwellung am 25. März Inzision. Es entleerte sich nur etwas Blut. Die Anschwellung ging hiernach rasch zurück, die Schmerzen verloren sich. Die Wunde war in 3 Tagen geschlossen. Da auch an der ursprünglichen Entzündungsstelle der oberen Gehörgangswand sowie in der Umgebung des Ohrs krankhafte Erscheinungen nicht mehr bestanden und Patient vollständig beschwerdefrei war, Entlassung als geheilt am 29. März.

Mikroskopische und bakteriologische Untersuchung: Teile des gelatinösen Gerinnsels wurden sofort nach Herausnahme aus dem Ohr mittels ausgeglühter Pinzette auf Bouillon und Agar verimpft. Erstere war nach 24 Stunden schwach diffus getrübt, zeigte weder Kahmhäutchen noch Bodensatz und enthielt Reinkultur Gram-positiver Kapseldiplokokken, die keine Ketten bildeten. Auf Agar wuchsen tautropfenähnliche Kolonien, aus den gleichen Diplokokken bestehend.

Von dem Inhalt der inzidierten Trommelfellblasen wurde ein Ausstrichpräparat angefertigt, das Diplokokken und kleine, kurze, zum Teil pallisadenförmig, zum Teil in Fäden angeordnete Stäbchen enthielt. Die direkt von der zur Inzision verwandten Parazentesennadel abgeimpften Bouillonkulturen waren nach 24 Stunden sehr stark diffus getrübt mit weißlichem Bodensatz und enthielten Diplokokken sowie kurze, dicke, an den Enden abgerundete unbewegliche Stäbchen. Erstere waren nach Gram färbbar, letztere nicht. Auf den zur Differenzierung von Bouillon angelegten Agarplatten kamen nur zarte rundliche Kolonien aus Diplokokken zur Entwicklung.

Das am 25. März 1904 zur Inzision der furunkelähnlichen Anschwellung der unteren Gehörgangswand verwandte Messer wurde direkt in Bouillon verimpft. Die Kultur war nach 24 Stunden schwach diffus getrübt und enthielt Reinkultur von einzeln liegenden Kapseldiplokokken.

Epikrise: Der Verlauf der ganzen bakteriologischen Untersuchung ergab somit, daß es sich um eine Pneumokokkeninfektion des Gehörgangs handelte, und daß auch die Bildung der kruppösen Membran, die sich wohl nach ihrem makroskopischen, chemischen und mikroskopischen Verhalten in nichts von derjenigen unterschied, wie sie die oben genannten Beobachter bei der gleichen Affektion beschrieben haben, ein Produkt dieser Infektion war. Damit entfällt also, wie schon erwähnt, und wie sich dies auch aus dem von Bezold mitgeteilten Fall von Staphylokokkenbefund bei der gleichen Affektion ergibt, die Annahme, daß dieses Leiden regelmäßig eine spezifische Wirkung einer Pyocyaneusinfektion sei. Denn selbst die in den Trommelfellblasen vorgefundenen Stäbchen waren nach ihrem morphologischen und biologischen Verhalten ganz sicher keine Pyocyaneusstäbchen.

Auch auf die Streitfrage, ob die gelatinöse Membran der unter spezifisch bakterieller Einwirkung geronnene Inhalt einer Blutblase oder das Produkt von Lymph- und Blutgefäßen des Coriums sei, vermag unser Fall ein klärendes Licht zu werfen. Eine Blutblase im äußeren Gehörgang war im ganzen Laufe der Beobachtung nicht vorhanden. Nach dem ersterhobenen Befunde war es auch im höchsten Grade unwahrscheinlich, daß eine solche vielleicht vorher vorhanden gewesen sein könne. Wohl aber wurde gleich bei der Aufnahme durch Wegnahme der Epidermislamelle über der Anschwellung ein Epithelverlust gesetzt, der sich makroskopisch durch die charakteristische Rötung des nunmehr freiliegenden Coriums dokumentierte. Ein Zusammenhang des Gerinnsels mit dieser Stelle erschien bei der Herausnahme desselben am nächsten Tage auch daraus hervorzugehen, daß es fest an einer Epithellamelle haftete, die sich aus der gleichen Gegend ablösen ließ. Die später auf dem Trommelfell festgestellten und inzidierten Bullae haemorrhagicae sind sekundärer Natur und meines Erachtens mit der Gerinnselbildung nicht in ursächlichen Zusammenhang zu bringen. Höchstens handelt es sich bei beiden wahrscheinlich um die Folgen der gleichen Ursache, d. h. einer Pneumokokkeninfektion.

Helmans Annahme einer durch Pyocyaneus verursachten leichten Gerinnbarkeit des Blutes, die er zur Stütze seiner Theorie von der

Entstehung der Kruppmembranbildung aus einer geplatzten Blutblase heranzieht, steht in schroffem Widerspruch zu Kühns (l. c.) Behauptung von der schlechten Gerinnbarkeit des Pyocyaneusblutes, die er zusammen mit der hämorrhagischen Diathese auf Grund von Wenigeroffs (162) experimentellen Resultaten zu erklären versucht, daß der Pyocyaneus neben seiner toxischen auch eine stark blutkörperchenlösende Eigenschaft besitzt. Für die Richtigkeit letzterer Annahme besitzen wir einen klinischen Beleg in der auffallend hellen Blutbeschaffenheit, wie wir sie gelegentlich der Operation von Frau Se. (Fall 18) feststellen konnten.

21. Rechsseitige chronische Mittelohreiterung. Radikaloperation. Heilung.

Alma Je., 27 Jahre, Näherin. Aufgenommen 11. März 1904. Radikaloperation 19. März 1904, Transplantation des äußeren Gehörgangs und Sekundärverschluß der retroaurikulären Wunde am 12. April 1904.

Anamnese: Patientin leidet seit 4 Jahren an rechtsseitigem Ohrenlaufen. Sie machte im Sommer 1902 wegen linksseitiger chronischer Mittelohreiterung eine Radikaloperation durch, die zu vollständiger Ausheilung führte. Wegen rechtsseitigen chronischen Stirn- und Siebbeinzellenempyems wurde im gleichen Sommer die Radikaloperation nach Killian von uns vorgenommen, während sie links den ebenfalls indizierten gleichen Eingriff verweigerte. In der Zeit vor ihrer zweiten Wiederaufnahme hatte sie häufig rechtsseitige Ohrenschmerzen und Schmerzen im Warzenfortsatz sowie Schwindelgefühl. Deshalb Rat zur Operation.

Status praesens: Bei ihrer Aufnahme fand sich hinter dem linken Ohr eine glatte feste Narbe. Die Operationshöhle war vollständig epidermisiert. Bogenförmige Narbe durch die rechte Augenbraue. Rechts Totaldefekt, Paukenschleimhaut zum Teil epidermisiert, nach hinten oben Fistel, aus der sich verkäster Eiter entleert. Flüstersprache rechts 20 cm, links ad concham. We nach rechts lateralisiert, Knochenleitung 30″/24″, Ri beiderseits —, fis_4 rechts bei lautestem, Nagelanschlag gehört. Galtonpfeife rechts bei 1,4 mm, links bei 2,9 mm. Tiefste Tongrenze rechts bei A_1, links bei E_1.

Behandlung und Verlauf: Die Radikaloperation ergab einen sehr stark sklerotischen Knochen, Cholesteatom im Antrum, Aditus und Rezessus. Vom Amboß ist der kurze Schenkel und der angrenzende Teil des Körpers kariös zerstört, vom Hammer fehlt der Griff. Einstreuen von Borpulver in die Wundhöhle. Die Transplantation des äußeren Gehörgangs wird unterlassen und erst sekundär (12. April) zugleich mit dem Verschluß der retroaurikulären Öffnung ausgeführt. Nachdem am 26. April noch die Radikaloperation des linksseitigen Siebbein- und Keilbeinhöhlenempyems nach Killian ausgeführt worden war, wurde Patientin am 11. Mai 1904 geheilt entlassen. Die rechtsseitige Ohrwunde war bis auf eine kleine Stelle epidermisiert, am Dach der linken Nasenhöhle saßen noch einige lockere Borken.

Mikroskopischer und bakteriologischer Befund: Ein Originalausstrichpräparat des Mittelohreiters bei der Aufnahme enthielt sehr zahlreiche, kurze, plumpere, und lange, dünne Stäbchen. Die davon angelegte Bouillonkultur war nach 24 Stunden stark diffus getrübt mit weißlichem Bodensatz und zartem Kahmhäutchen. Mikroskopisch enthielt sie kurze, plumpe, an den Enden abgerundete, unbewegliche und lange, schlanke, sehr bewegliche Stäbchen sowie einzelne Streptokokkenketten. Auf Agar, von Bouillon überimpft, entwickelte sich nach 24 Stunden ein schwach grün gefärbter Rasen mit einzelnen runden grauweißen Randkolonien, die sämtlich aus sehr beweglichen langen, schlanken Stäbchen bestanden. Drei kleinere weißliche Kolonien bestanden aus knäuelförmig gewundenen Streptokokkenketten. Auf Gelatine zeigten erstere Kolonien ein schwaches Wachstum entlang dem Impfstich ohne Verflüssigung. Nach weiteren 24 Stunden nahmen die Kolonien eine mehr grünliche Färbung an, um erst nach dreimal 24 Stunden eine langsame Verflüssigung der Gelatine zu beginnen, die trichterförmig in den oberen Schichten ihren Anfang nahm.

Auf den Agarkulturen entwickelten sich nach 3 Tagen schöne dunkelblaugrüne längliche prismatische Kristalle.

Epikrise: Wegen des im Mittelohreiter vor der Operation festgestellten Befundes von Pyocyaneus wurde, um eine Infektion des Perichondriums zu verhüten, die Transplantation des äußeren Gehörgangs zunächst vollständig unterlassen. Erst als eine mikroskopische Untersuchung des Wundsekrets am 10. April und eine bakteriologische am 11. April (Versenken der mit Wundsekret durchtränkten Gazestreifen in Bouillon) eine vollständige Sterilität der Wundhöhle nachwies, wurde am 12. April die Transplantation des äußeren Gehörgangs nach Panse-Körner und die Naht der retroaurikulären Wunde vorgenommen. Der Verlauf war ein völlig reaktionsloser. Am 11. Mai war die Wundhöhle bis auf eine kleine Stelle epidermisiert.

22. Rechtsseitige chronische Mittelohreiterung. Heilung.

Frau Sch., Eisenbahnsekretärsfrau, 38 Jahre alt. Aufgenommen am 28. März 1904. Radikaloperation 29. März 1904. Sekundäre Transplantation mit Verschluß der retroaurikulären Wunde. Aus der klinischen Behandlung entlassen am 7. Mai 1904.

Anamnese: Vom 15. Lebensjahre an mit Unterbrechungen rechtsseitiges Ohrenlaufen. Angeblich dreimal „Rose“ an diesem Ohr. Mehrfach spezialärztliche Behandlung mit Ausspülungen und Entfernung von Granulationen.

14 Tage vor der Aufnahme angeblich verstärkte Schmerzen und Anschwellung der Umgebung des Ohrs.

Status praesens: Kräftige, gesund aussehende Frau. Brust- und Unterleibsorgane normal. Temperatur 36,8, Puls 84, voll, kräftig, regelmäßig.

Umgebung des Ohrs: Keine Druckempfindlichkeit der Warzenfortsätze, keine Veränderung der Weichteile über denselben.

Gehörgangs- und Trommelfellbefund: Der rechte äußere Gehörgang ist verengt. Die hintere obere Wand hängt herab. Gehörgangswände gerötet und mit abgeschilfertem Epithel belegt. In der Tiefe hämorrhagisches eitriges Sekret von leicht üblem Geruch. Nach dem Abtupfen diffus gerötete und spiegelnde Stelle an Stelle des Trommelfells, von oben her kleine leicht blutende Granulation. Linkes Trommelfell stark retrahiert.

Hörprüfung: Flüstersprache rechts 1 m, links 6 m.

Stimmgabel c, durch Luftleitung links > rechts.

We nicht lateralisiert, Ri rechts —, links +, Knochenleitung 15″/24″ c̣ und c_4 beiderseits durch Luftleitung gleich gut gehört.

Behandlung und Verlauf: 29. März Radikaloperation rechts. Der Knochen im Bereich des Planum temporale zeigte zahlreiche Blutpunkte, der Warzenfortsatz bis zum Antrum sklerotisch und ohne jede sichtbare Zelle. Antrum kleinerbsengroß, mit schmutzig-brauner Schleimhaut ausgekleidet, Wände zum Teil kariös. Ossicula fehlen, Aditus und Rezessus von einer derben, fibrösen, kleinbohnengroßen Granulation vollständig ausgefüllt. Am Boden der Paukenhöhle verdickte Schleimhaut und mehrere kleinere Granulationen. In der Spitze des Warzenfortsatzes mehrere kleine, mit schmutzig braunroter Schleimhaut ausgekleidete, zum Teil mit eitrigem Sekret gefüllte Zellen. Mit Rücksicht auf den im Mittelohrsekret vorgefundenen Pyocyaneus wird von einer Spaltung und Transplantation des äußeren Gehörgangs vorläufig Abstand genommen. Tamponade mit Vioformgaze.

5. April. Erster Verbandwechsel. Wundsekret sehr übelriechend. 7. April. Gegend des Crus helicis sowie die des ganzen vorderen Wundrandes entzündlich gerötet, geschwollen und sehr schmerzempfindlich. Temperatur normal (unter 37,0). Therapie: Aufstreuen von Acid. boric. pulverat., Borwasserverband.

Bereits vom nächsten Tage ab (8. April) deutlicher Rückgang von Rötung und Schwellung an den genannten Stellen, nur die Druckempfindlichkeit noch ziemlich stark ausgeprägt.

Am 20. April waren sämtliche Entzündungserscheinungen verschwunden. Deshalb am 29. April in Chloroformnarkose Auskratzung der Wundhöhle, Spaltung und Transplantation des äußeren Gehörgangs, Tamponade der Wundhöhle mit Vioformgaze, Verschluß der retroaurikulären Wunde durch Michelsche Klammern. Wunde reaktionslos.

7. Mai. Bei gutem Allgemeinbefinden mit fest vernarbter retroaurikulärer Wunde sowie freier und übersichtlicher Operationshöhle, auf Wunsch aus der klinischen Behandlung entlassen.

Die Überhäutung der Wundhöhle verlief langsam, aber ohne Störung. Pat. konnte im Juli geheilt aus der Behandlung entlassen werden.

Bakteriologische Untersuchung: Das vom Mittelohreiter bei der Aufnahme (28. März 1904) angelegte Ausstrichpräparat war überschwemmt von langen schlanken T. B.-ähnlichen Stäbchen, zwischen denen einzelne kürzere und dickere Bazillen sowie Diplokokken lagen. Ein Gram-Präparat ergab überwiegend Gram-positive, lange, schlanke neben einzelnen Gram-positiven, kurzen, plumpen Stäbchen. Daneben vereinzelte Gram-negative Stäbchen in den gleichen beiden Größenverhältnissen wie die vorbenannten.

Eine Bouillonkultur des Eiters war nach 12 Stunden diffus getrübt, leicht opaleszierend, ohne Bodensatz mit dünnem Kahmhäutchen und enthielt mikroskopisch lange, schlanke, zum Teil äußerst lebhaft bewegliche, zum Teil völlig unbewegliche, kleinere, meist in Haufen liegende Stäbchen. Letztere Gram-positiv, erstere Gram-negativ.

Auf Agar kamen ausschließlich graugrünliche Kolonien aus sehr lebhaft beweglichen schlanken Stäbchen zur Entwickelung, die Gram-negativ waren. Die Grünfärbung, anfangs auf die Kolonien und ihre nächste Umgebung beschränkt, teilte sich im Laufe von 24 Stunden dem ganzen Nährboden mit.

Die bei der Radikaloperation am 29. März aus dem Antrum entnommene Granulation wurde auf Bouillon übergeimpft. Letztere war nach 24 Stunden stark diffus getrübt mit Kahmhäutchenbildung und weißlichem Bodensatz. Nach 48 Stunden zeigte die ganze Kultur eine gelbgrüne Farbe. Mikroskopisch fanden sich oszillierende Diplokokken mit deutlicher Kapselbildung und sehr lebhaft bewegliche, lange, schlanke Stäbchen. Erstere waren Gram-positiv, letztere Gram-negativ.

Auf Agar kamen nach 24 Stunden nur intensiv grüne Rasen von stark aromatischem Geruch aus lebhaft beweglichen schlanken Stäbchen zur Entwickelung.

Ein am 21. April 1904 vom Wundsekret der Radikaloperationswunde angefertigtes Ausstrichpräparat zeigte nur einzelne kürzere, schlanke Stäbchen.

Auf einer davon angelegten Agarplatte entwickelten sich nach 8 Stunden reichlich schleimige, grünlich fluoreszierende, schmutziggelbe, übelriechende Kolonien aus sehr lebhaft beweglichen kurzen Stäbchen. Nach 24 Stunden war die ganze Kultur mit einem gelblichen Rasen überzogen. Im Gelatinestich hiervon nagelförmiges Wachstum mit allmählicher vom Kopf des Nagels ausgehender Verflüssigung. Zuckerbouillon wurde vergärt, Lakmusmolke lebhaft gerötet, Milch nach 72 Stunden zur Gerinnung gebracht.

Epikrise: Auch hier wurde, ähnlich wie im vorigen Fall, mit Rücksicht auf die Anwesenheit von Bacillus pyocyaneus im Mittelohreiter und in den Warzenfortsatzgranulationen die primäre Spaltung des Gehörgangs unterlassen. Eine spezifische antibakterielle Behandlung unterblieb, die Wunde wurde mit Vioformgaze tamponiert. Beim 2. Verbandwechsel, 9 Tage nach der Operation, fanden sich erhebliche perichondritische Entzündungserscheinungen am crus helicis und am vorderen Wundrand. Unter Borpulvereinstäubungen und feuchten Borwasserverbänden gingen diese allmählich zurück. Ob diese eine Folge von Pyocyaneusinfektion gewesen sind, war nicht zu erweisen, da Inzisionen der entzündeten Partien unterblieben, und demnach Untersuchungen des dabei etwa zu Tage tretenden Wundsekrets nicht stattfinden konnten. Mit Rücksicht auf die bekannte Neigung des Pyocyaneus, die als Perichondritis bezeichneten Prozesse nach Radikaloperationen hervorzurufen, und seine gelegentlich der Operation nachgewiesene Anwesenheit in der Wundhöhle gewinnt diese Annahme aber eine gewisse Wahrscheinlichkeit. Jedenfalls waren wir mit Rücksicht hierauf entschlossen, erst nach vollständigem Rückgang der entzündlichen Erscheinungen an der Ohrmuschel und nachweislichem Verschwinden des Pyocyaneus aus dem Wundsekret die Transplantation anzuschließen. Wir taten dies, als eine vom 21. bis 24. April 1904 ausgeführte bakteriologische Untersuchung uns die Gewißheit gab, daß wir es nur noch mit bacterium coli im Wundsekret zu tun hatten. Der weitere vollständig reaktionslose Verlauf in der Ohrmuschel entsprach denn auch unseren gehegten Erwartungen; die Wundhöhle selbst war Ende Juni vollständig epidermisiert.

23. Rechtsseitige chronische Mittelohreiterung. Radikaloperation.

Georg Be., Schifferssohn, $2^1/_2$ Jahre. Aufgenommen am 29. Januar 1904. Ungeheilt entlassen.

Anamnese: Patient, angeblich bisher stets gesund, bekam im September 1903 ohne bekannte Ursache rechtsseitiges Ohrenlaufen. Vom November an ärztlicherseits Borsäureausspülungen verordnet. Wegen einer im Dezember auftretenden Anschwellung Inzision hinter dem rechten Ohr. Behufs Ausführung einer größeren ärztlicherseits angeratenen Operation Aufnahme auf die Klinik.

Status praesens: Gut entwickelter Knabe in sehr gutem Ernährungszustande und mit gesunden inneren Organen.

Umgebung des Ohrs: Die von der rechten Ohrgegend abgenommenen Verbandstücke intensiv grünblau verfärbt.

Die rechte Ohrmuschel flügelförmig vom Kopfe abstehend. Hinter dem rechten Ohr granulierende Fistel, aus der sich auf leichten Druck dünnflüssiger, blutig tingierter Eiter entleert. Die Gegend hinter dem rechten Ohr und die rechte Gesichtsseite bis auf den Processus zygomaticus geschwollen.

Äußerer Gehörgang und Trommelfell: Im rechten äußeren Gehörgang schmutzig-braungelber Eiter von leicht üblem Geruch. Beim weiteren Abtupfen nach der Tiefe zu färbt sich die Watte grünblau. Die hintere obere Gehörgangswand stark gesenkt, so daß der Gehörgang schlitzförmig verengert erscheint. Einzelheiten in der Tiefe nicht zu unterscheiden. Links Cerumen.

Behandlung und Verlauf: 1. Februar 1904 Radikaloperation rechts. Chloroformsauerstoffnarkose.

Weichteile stark infiltriert, in der Umgebung der Fistel nekrotisch zerfallen. Knochenfistel in der Gegend des Antrums. Warzenfortsatz in großer Ausdehnung nach allen Richtungen kariös zerstört, Mittelohr voll Granulationen. Der Hammer fehlt, vom Amboß nur ein Rudiment des Körpers vorhanden. Da nach der Ausräumung und Glättung der Wundhöhle die Blutung nur minimal, und die vorliegenden Knochenpartien besonders fest und gesund erscheinen, wird die primäre Transplantation nach Thiersch beschlossen und ausgeführt. Bedecken der Läppchen mit Borsalbenstreifen, trockener steriler Verband.

Wegen geringer Temperatursteigerung am 4. März 1. Verbandwechsel. Dabei zeigen sich die äußeren Läppchen nahe der Ohrmuschel eitrig unterminiert, während die übrigen fest angeheilt sind. Entfernung der ersteren. Behandlung wie vorher.

Nach anfänglich anscheinend fester Anheilung des größten Teils der Thierschschen Läppchen, wurden diese allmählich durch Granulationen unter ihnen wieder abgehoben. Da gleichzeitig eine Facialisparese auftrat, und sich aus fistulösen Gängen an den Rändern der Wunde käsiger Eiter ausdrücken ließ, am 24. März in Chloroformnarkose Auskratzung der ganzen Wundhöhle, Anlegen zweier Gegenöffnungen. Der Verlauf war zunächst günstig, späterhin aber machten sich noch mehrfache Auskratzungen und Inzisionen notwendig. Die Heilung machte nur sehr langsame Fortschritte. In der Tiefe schienen sich später an verschiedenen Stellen Sequestrationen vorzubereiten. Patient wurde seitens der Eltern der Behandlung entzogen.

Bakteriologische Untersuchung: Ein am 29. Januar 1904 angefertigtes Ausstrichpräparat des Eiters aus dem subperiostalen Abszeß enthält in deutlicher Kapsel liegende Diplokokken und kurze Stäbchen. Die davon angelegte Bouillonkultur enthielt Kapseldiplokokken, außerdem kurze und wenige sehr lange Ketten sowie kurze unbewegliche Stäbchen.

Auf Agar kamen nur Kapseldiplokokken zur Entwicklung.

Ein aus dem Eiter der Radikaloperationswunde am 28. März 1904 angelegtes Ausstrichpräparat enthielt Diplo- und Streptokokken, sowie Haufen kleiner schlanker Stäbchen. Eine davon angelegte Bouillonkultur war nach 24 Stunden mäßig diffus getrübt, enthielt weißliche Flocken und ebensolchen Bodensatz sowie ein dünnes Kahmhäutchen. Mikroskopisch schlanke, sehr lebhaft bewegliche Stäbchen in Reinkultur. Nach 48 Stunden zeigte die Kultur besonders an der Oberfläche deutliche Grünfärbung.

Ein am 30. April 1904 aus dem Wundsekret der Radikaloperation angelegter Originalausstrich enthielt keinerlei bakterielle Beimengungen. Die davon angelegte Bouillonkultur war nach 24 Stunden schwach diffus getrübt ohne Häutchenbildung und Bodensatz und enthielt nur sehr dicke unbewegliche Stäbchen (Verunreinigung?).

Epikrise: Das für die vorliegende Frage Interessierende des Falls ist die durch die charakteristische Verfärbung der Verbandstücke bei der Aufnahme nachgewiesene Anwesenheit des Pyocyaneus, der vermutlich aus dem Mittelohrsekret stammte, da sich der Eiter des subperiostalen Abszesses bei der am Aufnahmetage (29. Januar) vorgenommenen bakteriologischen Untersuchung frei davon erwies. Durch den Ausfall der letzteren allzu sehr beruhigt, ließen wir uns bei dem geschilderten günstigen Aussehen der Operationswunde zu der Vornahme einer primären Transplantation verleiten. Bereits nach einigen Tagen aber brachte uns die mit geringen Temperatursteigerungen verbundene eitrige Unterminierung der der Ohrmuschel anliegenden Läppchen die Tatsache der Anwesenheit von Pyocyaneus aufs unangenehmste in Erinnerung. Nach den darüber oben mitgeteilten chirurgischen Erfahrungen dürfte der in Rede stehende Bazillus, wenn er gelegentlich einer späteren Untersuchung auch nicht in Reinkultur, sondern neben Diplo- und Streptokokken in der Wundhöhle vorgefunden wurde, nicht nur für den schließlichen Verlust der ganzen Epidermisdecke, sondern auch für den unter ihrem Schutze sich vorbereitenden Angriff auf den Fazialis und die von ihr bedeckten Knochenteile verantwortlich zu machen sein.

24. Linksseitige chronische Mittelohreiterung, rechts Residuen einer solchen.

Wilhelm Kn., Schüler, 13 Jahre. Aufgenommen am 18. Januar 1904, entlassen den 3. Februar 1904, auf Wunsch, gebessert.

Anamnese: Patient, der im 3. Lebensjahr Masern hatte, bekam im Anschluß hieran doppelseitiges Ohrenlaufen, das bis jetzt ziemlich unvermindert angehalten haben soll. Vor 2 Jahren einmal vorübergehend in spezialärztlicher Behandlung. Wegen Zunahme der Schwerhörigkeit in letzter Zeit wandte er sich an die Poliklinik. Von hier Überweisung an die Klinik.

Status praesens: Der große, in mäßig gutem Ernährungszustand befindliche Knabe bietet den typischen Habitus eines Kindes mit adenoiden Wucherungen. Hinter den Ohrmuscheln nahe der Warzenfortsatzspitze je eine große hartgeschwollene, nicht druckempfindliche Lymphdrüse. Stränge von Lymphdrüsen an den vorderen Rändern beider Sternocleidomastoidei, Warzenfortsätze nicht druckempfindlich.

Gehörgang und Trommelfell: Im linken äußeren Gehörgang leicht blutig tingiertes, eitriges, sehr übelriechendes Sekret.

Die hintere und untere Gehörgangswand stark gerötet und ohne scharfe Grenzen in das gleichfalls gerötete und vorgewölbte Trommelfell übergehend. Hammergriff und kurzer Fortsatz nicht sichtbar. In der Gegend des vorderen Abschnitts angetrocknete gelblichweiße Sekretmassen. Perforation nicht sichtbar.

Rechts kein Sekret im äußeren Gehörgang. Der sichtbare Teil des Trommelfells verdickt. Im vorderen unteren Quadranten kleinerbsengroßer, scharfrandiger, zum Teil vernarbter Defekt, durch den die spiegelnde Paukenschleimhaut sichtbar wird. Die Gehörgangswände beiderseits auffallend verdickt.

Hörprüfung: Flüstersprache links $^1/_4$ m (36, 22, 77, 64) 10 cm (4, 5), rechts für sämtliche Zahlen $^1/_4$ m. We nicht lateralisiert, Ri beiderseits —, Knochenleitung verlängert (60″/24″).

Behandlung und Verlauf: Täglich mehrmalige Ausspülungen mittels Paukenröhrchens (Borsäurelösung).

Da die Eiterung hierdurch wesentlich zurückgegangen, wurde Patient am 3. Februar gebessert auf Wunsch entlassen und poliklinisch mit Borsäureinsufflationen weiterbehandelt. Mitte Februar war sowohl das linke wie rechte Ohr vollständig trocken.

Während das rechte Mittelohr trocken blieb, kam Patient am 13. April 1904 mit einem angeblich seit dem vorhergehenden Tage bestehenden Rezidiv auf dem linken Ohr erneut in Behandlung. Der linke äußere Gehörgang war mit Eiter von grünlichgelber Farbe und dem charakteristischen Pyocyaneusgeruch angefüllt. Unter der sofort wieder eingeleiteten Borsäurebehandlung kam die Eiterung am 3. Mai 1904 vollständig zum Stillstand. Patient entzog sich weiterer Kontrolle.

Bakteriologische Untersuchung: Sie erstreckte sich nur auf das linke Ohr, und zwar wurde zum ersten Mal am 19. Januar 1904 (Tag nach der Aufnahme) sowohl die mikroskopische wie kulturelle Untersuchung des Mittelohreiters vorgenommen. Erstere ergab im Ausstrich des Eiters reichlich kurze dünne, nur selten etwas längere Stäbchen. Die angelegte Bouillonkultur war nach 24 Stunden stark diffus getrübt mit dickem, schleimigen Kahmhäutchen und enthielt Reinkultur kurzer, schlanker, bisweilen an Kokken erinnernder Stäbchen von sehr lebhafter Beweglichkeit. Am nächsten Tage war die Kultur besonders in ihren oberen Schichten stark grün gefärbt.

Bei seiner zweiten Aufnahme am 13. April 1904 ergab die sofort angestellte mikroskopische Untersuchung seines Ohreiters zarte, kurze, bisweilen an Kokken erinnernde Stäbchen in reichlicher Menge. Eine davon angelegte Bouillonkultur war nach 24 Stunden diffus getrübt mit Kahmhäutchen und weißlichem Bodensatz. An der Oberfläche ausgesprochene Grünfärbung. Mikroskopisch Reinkultur meist kurzer, schlanker, außerordentlich lebhaft beweglicher Stäbchen.

Die angelegten Agarplatten zeigten nach 24 Stunden eine tiefdunkle, smaragdgrüne Farbe der Kolonien, die sich nach weiteren 24 Stunden dem ganzen Nährboden mitgeteilt hatte. Deutlicher Akaziengeruch der Kolonien. Mikroskopisch die gleichen beweglichen Stäbchen wie in der Bouillonkultur.

Gelatine war in 48 Stunden vollständig verflüssigt, Milch zur Gerinnung gebracht.

Epikrise: In diesem Fall hatte also die mikroskopische und kulturelle Untersuchung den Beweis geliefert, daß beide Male der vom Mittelohr produzierte Eiter nur Pyocyaneusbazillen enthielt. Besonders wichtig scheint mir diese Feststellung für den Zeitpunkt der zweiten Aufnahme. Denn da wir selbst die vollständige Sistierung der Eiterung am Schluß der ersten Behandlung konstatiert hatten, bleibt in Verbindung mit der Tatsache, daß beim Beginn der zweiten Behandlung nur der gleiche Bazillus in Reinkultur sich vorfand, der während der ersten Erkrankung nachgewiesen worden war, fast nur der Schluß übrig, daß dieser Mikroorganismus den Eiterungsprozeß aufs neue angefacht, wie er ihn augenscheinlich zuerst allein unterhalten hatte. Da freilich der Zeitpunkt, an dem die Eiterung wiederbegann, nicht mit absoluter Sicherheit festzustellen ist, bleibt für den Skeptiker noch immer der Einwurf, daß ein anderer Erreger ursprünglich vorhanden war, der inzwischen durch den Pyocyaneus überwuchert wurde. Für die Tatsache, daß mit dem Verschwinden des Pyocyaneus die Eiterung beide Male zum Stillstand kam, gibt diese Annahme allerdings keine hinreichende Erklärung, vielmehr spricht dieser Verlauf entschieden für die Pathogenität des Pyocyaneus.

25. Linksseitige diffuse Gehörgangs- und umschriebene Ohrmuschelentzündung.

Gustav Du., 57 Jahre alt, Privatier. Suchte die Poliklinik zum ersten Mal auf am 6. September 1904.

Anamnese: Patient will früher nie ernstlich krank, speziell nie ohrenkrank gewesen sein. Seit 2 Tagen sollen angeblich infolge Erkältung Schmerzen und Sausen im linken Ohr bestehen, auch sei seitdem Ohrenlaufen vorhanden.

Status praesens: Kräftiger, gesund aussehender Mann mit Rhino-Pharyngitis chronica.

Leichte Druckempfindlichkeit vorm linken Tragus und am Ohrmuschelansatz. Weichteile an diesen Stellen nicht krankhaft verändert.

Der Eingang des linken Meatus aud. ext. und die angrenzenden Teile der Ohrmuschel stark diffus gerötet und geschwollen, fühlen sich heiß an und sind sehr druckempfindlich. Die Schwellung betrifft besonders die untere Wand, deren Berührung mit der Sonde sehr schmerzhaft ist. An den genannten Stellen angetrocknetes Sekret. Der Gehörgang zu einem lumenlosen Spalt verengt, Tiefe nicht zu übersehen.

Im rechten äußeren Gehörgang je eine große vordere und hintere und 2 kleine obere Exostosen. Durch einen schmalen Spalt im Gehörgang das anscheinend normale Trommelfell mit Lichtkegel, Hammergriff und kurzem Fortsatz sichtbar.

Hörprüfung: Flüstersprache links ad concham, rechts 6 m. We nicht lateralisiert, Ri links —, rechts +, Knochenleitung verkürzt (13″/24″), obere Tongrenze links 5,3 mm Galton, rechts 0,6 mm.

Therapie: Nach v. Eickenscher Gehörgangsanästhesie Inzision durch die untere Wand des Gehörgangs und die angrenzenden geschwollenen Ohrmuschelpartien. Entleerung von etwas blutig-seröser Flüssigkeit. Tamponade mit Jodoformgaze, Verband mit essigsaurer Tonerde.

7. September. Der Jodoformgazestreifen, soweit er in der Wunde steckte, hellgrün verfärbt, zeigt deutlichen Pyocyaneusgeruch. Einpudern von Borpulver, Borwasserverband.

Bis zum 10. September hatten die Beschwerden erheblich nachgelassen und bestanden nur noch in Jucken im Ohr. Die entzündliche Rötung und Schwellung war zurückgegangen, die Wunde bis auf eine oberflächliche Stelle verheilt. Der Gehörgang war weit. An der hinteren Wand seines knöchernen Abschnitts erbsengroße, halbkugelige, auf Sondenberührung knochenhart anzufühlende und etwas empfindliche Vorwölbung, ihr entsprechend weniger ausgeprägte Verdickung an der vorderen Wand. Der zwischen ihnen gelegene schmale Spalt mit weißlichen Massen (Borpulver, Epidermisschuppen) ausgefüllt, die sich weder durch Ausspülungen noch mittels stumpfen Häkchens vollständig entfernen ließen. Ausfall der Hörprüfung wie bei der Aufnahme. Es wird nur noch ein Borwasserstreifen eingeführt.

Am 12. September war der Streifen nur an seinem medialen Ende von etwas grünlichem Eiter durchfeuchtet. Wunde im Gehörgang verheilt. Letzterer, sowie die angrenzenden Teile der Ohrmuschel zeigen vollständig normales Aussehen. In der Tiefe oberhalb der Exostosen leicht pulsierender Reflex.

14. September. Auch heute Einzelheiten in der Tiefe nicht zu unterscheiden. Versuche mit Ausspülungen u. dergl. ebenso negativ wie vor einigen Tagen. Keinerlei Klagen mehr.

15. September. Das Ohr soll in der Nacht plötzlich angefangen haben, stark zu laufen. Der im Gehörgang steckende Wattepfropf und Gazestreifen mit serösem grünlichen Sekret von charakteristischem Pyocyaneusgeruch vollständig durchfeuchtet.

16. September. Die Sekretion heute weniger stark als gestern.

17. September. Der gestern in den Gehörgang eingeführte Gazestreifen war vollständig trocken, die Gehörgangsauskleidung abgeblaßt. In der Tiefe weißliche Schüppchen, die einen Blick aufs Trommelfell durch den schmalen Gehörgangsspalt nicht gestatten. Auch durch Abtupfen Sekret nicht mehr nachweisbar. Flüstersprache wird links für alle Zahlen (einschließlich 100) auf 6 m verstanden. We nicht lateralisiert, Ri beiderseits +, Knochenleitung 15''/24'', Galton links 2,2 mm, rechts 0,4 mm, tiefste Tongrenze links nicht eingeengt.

24. September. Linkes Ohr vollständig trocken geblieben.

Eine am 24. Oktober 1904 und 3. März 1905 vorgenommene Nachuntersuchung ergab vollständiges Trockenbleiben des äußeren Gehörgangs.

Bakteriologische Untersuchung: Am 6. September Anlegen eines Originalausstrichs aus dem Gehörgangssekret. Dasselbe enthielt sehr reichliche, kurze, schlanke Stäbchen.

Am 7. September wurde aus dem Wundsekret der am 6. September gesetzten Inzision ein Ausstrichpräparat angelegt. Es enthielt meist kurze, schlanke, neben einzelnen längeren, schlanken Stäbchen. Eine gleichzeitig angelegte Bouillonkultur war nach 24 Stunden diffus getrübt, an der Oberfläche deutlich grün gefärbt und enthielt ein dünnes Kahmhäutchen sowie einen weißlichen Bodensatz. Mikroskopisch schlanke, kurze neben längeren, schlanken Stäbchen von außerordentlicher Beweglichkeit.

Auf 3 davon angelegten Agarplatten kamen nur intensiv grüne Kolonien, die auf der 1. Platte einen zusammenhängenden Rasen bildeten, zur Entwicklung. Die Farbe hatte sich auch den angrenzenden Partien des Nährbodens mitgeteilt. Die Kulturen hatten den aromatisch-süßlichen Pyocyaneusgeruch. Mikroskopisch bestanden die Kolonien aus meist kürzeren, schlanken, aber auch längeren, schlanken Stäbchen, die bisweilen eine deutliche Diplokokkenform erkennen ließen.

Ein am 14. September erneut angelegter Originalausstrich des Ohreiters enthielt in mäßiger Menge kurze, nur vereinzelt etwas längere Stäbchen.

Am 15. September (dem Tag der starken Absonderung) ergab die mikroskopische Untersuchung des Ohreiters überwiegend zahlreiche kurze, schlanke, weniger längere, schlanke Stäbchen mit dazwischen liegenden spärlichen Kokken und zarten Diplokokkenformen. Die vom Ohreiter angelegte Agarkultur war nach 24 Stunden mit hellgrünen Kolonien, die zum Teil ineinander übergingen, übersät. Mikroskopisch bestanden diese aus sehr beweglichen, meist kürzeren, schlanken Stäbchen und kokken- sowie diplokokkenähnlichen Gebilden.

Eine am 22. Oktober 1904 angelegte Bouillonkultur von Epidermisschuppen aus dem äußeren Gehörgang ergab Reinkultur von Staphylokokken, keine Stäbchen.

Epikrise: Indem ich die Frage nach dem aetiologischen Zusammenhang der hier vorgefundenen Mittelohrentzündung mit dem mikroskopisch und kulturell an verschiedenen Tagen aus dem Gehörgangseiter in Reinkultur gezüchteten Pyocyaneus ganz außer Spiel lasse, da sich der Tag des erfolgten Spontandurchbruchs nicht mit Sicherheit feststellen und mithin eine sekundäre Überwucherung eines ursprünglich etwa andersartigen Erregers durch den Pyocyaneus nicht ausschließen läßt, möchte ich die Aufmerksamkeit auf die gleichzeitig vorhandene Gehörgangsentzündung lenken. Ob das zur Zeit der ersten Untersuchung vorgefundene angetrocknete Sekret im äußeren Gehörgang dem Mittelohr entstammte, war nicht festzustellen. Der Inzision war eine gründliche Desinfektion der Ohrmuschel und des Gehörgangs mit Seifenspiritus und Lysollösung vorausgegangen, der Zeitraum zwischen der Inzision und der Vornahme der Untersuchung des Wundsekrets am nächsten Tage betrug noch nicht 24 Stunden. Der zur Tamponade eingeführte Jodoformgazestreifen war nur insoweit, als er mit der Wunde in direktem Kontakt gestanden hatte, grün verfärbt. Weder die mikroskopische noch kulturelle Untersuchung des Wundsekrets konnte andere als die charakteristischen Pyocyaneusbakterien in ihm nachweisen. Man hat also wohl das Recht, die Infektion des Ohrmuschel- und Gehörgangsbindegewebes im vorliegenden Fall diesem Mikroorganismus zur Last zu legen. Ob es sich hier um eine primäre Lokalisation des Krankheitsgiftes mit vielleicht sekundärer Mitbeteiligung des Mittelohrs handelt, oder ob der Weg der umgekehrte war, muß unentschieden bleiben.

26. Linksseitige Otitis externa mit Beteiligung des Mittelohrs.

Bertha Gs., 22 Jahre alt, Dienstmädchen. Suchte die Poliklinik auf am 9. September 1904. Entzog sich weiterer Behandlung.

Anamnese: Angeblich früher nie krank, besonders nie ohrenkrank. Seit einigen Tagen ohne bekannte Veranlassung linksseitige Ohrenschmerzen und Schwerhörigkeit.

Status praesens: Gesund und blühend aussehendes junges Mädchen. Weichteile hinterm linken Ohr ödematös geschwollen und druckempfindlich. Am Eingang des linken Meatus aud. ext. angetrocknetes Sekret. Gehörgang infolge Vorwölbung der hinteren oberen Wand schlitzförmig verengt. Tiefe nicht zu übersehen. Rechts geringe Retraktion des Trommelfells, im übrigen normal.

Hörprüfung: Flüstersprache links $^1/_2$ m, rechts 6 m, We nach links lateralisiert, Ri beiderseits +, Knochenleitung verkürzt (8''/24'').

Therapie: Einführung von mit Burowscher Lösung getränkten Gazestreifen. Bei der Wiedervorstellung am 13. September 1904 bestand kein Ödem am Warzenfortsatz mehr, nur noch eine geringe Druckempfindlichkeit am Ohrmuschelansatz in Höhe des äußeren Gehörgangs. Die Anschwellung des äußeren Gehörgangs war zurückgegangen, der Gehörgang war weit, in seinem Innern grünlich-gelbes Sekret ohne charakteristischen Geruch. Die hintere Wand seines knöchernen Abschnitts lebhaft diffus gerötet. Das Trommelfell serös durchfeuchtet, Gegend des Hammergriffs und kurzen Fortsatzes gerötet. Hörfähigkeit für Flüstersprache auf $1^1/_2$ m gesteigert. Stimmgabelprüfung vergl. oben. Patientin klagte über Druckempfindlichkeit vorm rechten Tragus. Die vordere und obere Gehörgangswand in der Nähe des Trommelfells gerötet, die peripheren Trommelfellgefäße injiziert.

Beiderseits feuchte Borwasserverbände.

Patientin entzog sich zunächst weiterer Behandlung und stellte sich erst am 28. September wieder vor. Sie hatte auf dem linken Ohr keinerlei Schmerzen mehr. Die Umgebung des Ohrs nicht mehr ödematös und druckempfindlich. Gehörgang weit, ohne pathologischen Inhalt, hintere Wand leicht diffus gerötet. Hintere Hammergriffgefäße injiziert, Trommelfell im übrigen normal. Flüstersprache links 6 m. Patientin klagt über rechtsseitige Schmerzen. Gegend vorm Tragus druckempfindlich, kein Ödem am Warzenfortsatz. Diffuse Rötung, Schwellung und Schmerzhaftigkeit, besonders der vorderen und unteren Gehörgangswand sowie der

Gegend des Tragus. In der Tiefe abgeschilferte Epidermisschüppchen, Trommelfell nicht zu übersehen. Hörfähigkeit für Flüstersprache 6 m.

29. September. Geringe Abnahme der Entzündungserscheinungen. Gleiche Behandlung.

Patientin erschien nicht wieder zu Behandlung.

Mikroskopische und bakteriologische Untersuchung: Das bei der Aufnahme aus dem Sekret des linken äußeren Gehörgangs angelegte Originalausstrichpräparat zeigte sich bei der mikroskopischen Untersuchung überschwemmt von kurzen, dünnen Stäbchen, die bisweilen den Eindruck von Diplokokken machen.

Die von dem Sekret angelegte Bouillonkultur war nach 24 Stunden stark diffus getrübt, in ihren oberen Schichten deutlich grün gefärbt. Sie enthielt ein dünnes Kahmhäutchen. Mikroskopisch sehr lebhaft bewegliche, kurze, schlanke Stäbchen neben vereinzelten Diplokokkenformen.

Die angelegte Agarkultur war nach 24 Stunden mit intensiv grünen Kolonien übersät. Der Nährboden selbst gleichfalls grün verfärbt. Mikroskopisch bestanden die Kolonien aus den gleichen kurzen schlanken, sehr beweglichen Stäbchen wie in der Bouillonkultur, neben denen vielfach die erwähnten Diplokokkenformen zu beobachten waren.

Eine am 13. September 1904 vorgenommene mikroskopische (Originalausstrich!) und kulturelle Untersuchung des Ohrsekrets lieferte das gleiche Ergebnis.

Epikrise: Der kurz vorher beobachtete Fall Du. war die Veranlassung zur eingehenden Untersuchung des Sekrets in diesem Falle, die eine Reinkultur von Pyocyaneus ergab. Denn die neben den Stäbchen beobachteten Diplokokken charakterisieren sich durch ihr Erscheinen auch in den Agarkolonien lediglich als Spielarten des wegen seines Polymorphismus bekannten Bazillus. In seinem klinischen Verlauf unterschied sich das hier beobachtete Krankheitsbild in nichts von einer Gehörgangsentzündung anderen Ursprungs, als die es, lediglich mit Rücksicht auf das am Warzenfortsatz vorhandene Ödem, angesprochen wurde. Der überaus reichliche Befund von Pyocyaneus und das Fehlen aller andersartigen Bakterien im Gehörgangssekret bei wiederholten Untersuchungen machen es im höchsten Grade wahrscheinlich, daß wir in ihm den Erreger der vorgefundenen hochgradigen Entzündung zu suchen haben. Zu einem einwandfreien Beweis in dieser Hinsicht fehlt der Nachweis vom Vorhandensein des Bazillus in dem entzündeten Gewebe selbst. Da der Charakter der Erkrankung ein operatives Eingreifen überflüssig machte, und sich natürlich jedes Vorgehen dieser Art lediglich zu diagnostischen Zwecken von selbst verbot, war dieser Nachweis nicht zu erbringen.

Das gleichzeitig vorhandene Mittelohrleiden manifestierte sich als akute Entzündung mäßigen Grades. Auf eine Beteiligung des Mittelohrs bei zirkumskripter Entzündung des äußeren Gehörgangs (Furunkulose) hat kürzlich Scheibe (129) die Aufmerksamkeit gelenkt. Vermutlich handelte es sich hier um einen ähnlichen Vorgang, nur dürfte die von Scheibe gegebene Erklärung, daß ein kollaterales entzündliches Ödem des Mittelohrs die Ursache der beobachteten Erscheinungen sei, noch in suspenso bleiben müssen, bis einwandfreie bakteriologische Untersuchungen des Mittelohrsekrets in solchen Fällen vorliegen.

Die am 13. September geklagten Schmerzen auch auf der rechten Seite fanden in der entzündlichen Rötung der Gehörgangswände und der peripheren Trommelfellpartien ihre ausreichende objektive Erklärung. Ob es sich dabei um den Beginn eines ähnlichen Leidens wie auf der linken Seite handelte, war nicht festzustellen, weil Sekret zur entsprechenden Untersuchung nicht vorhanden und wegen Ausbleibens der Patientin auch fernerhin nicht zu erhalten war.

27. Rechtsseitige chronische Mittelohreiterung, Totaldefekt. Hypertrophie beider Gaumentonsillen und der Rachentonsille.

Berthold E., 13 Jahre, Schuhmacherskind. In poliklinische Behandlung aufgenommen am 14. September 1904.

Anamnese: Vor 2 Jahren ohne bekannte Veranlassung rechtsseitiges Ohrenlaufen, das nach einiger Zeit sistiert haben soll. Erneutes Laufen seit 8 Tagen mit Schmerzen auf diesem Ohr.

Status praesens: Rechtsseitige Keratitis interstitialis. Beide Naseneingänge gerötet und geschwollen. Nase beiderseits frei durchgängig. Starke Hypertrophie beider Gaumen-, geringe der Rachentonsille.

Umgebung des Ohrs: Spitze des rechten Warzenfortsatzes und der Gegend vorm rechten Tragus druckempfindlich. Mehrere kirschgroße, harte, indolente Lymphdrüsen vorm Tragus und am vorderen Rand des rechten Sternokleidomastoideus.

Gehörgang und Trommelfell: Im rechten äußeren Gehörgang intensiv hellgrünes eitriges Sekret von charakteristischem Pyocyaneusgeruch. Untere und hintere Gehörgangswand leicht gerötet. Es besteht ein schmaler, verdickter oberer Trommelfellrest mit erhaltenem Processus brevis. Im übrigen großer Defekt, durch den die diffus gerötete, gleichmäßig geschwollene Paukenschleimhaut hindurchsieht.

Linkes Trommelfell diffus getrübt, retrahiert.

Hörprüfung: Flüstersprache rechts 30 cm, links 6 cm. We nach rechts lateralisiert, Ri rechts —, links +, Knochenleitung normal.

Therapie: Borwasserstreifen in den äußeren Gehörgang.

Verlauf: 15. September. Die Sekretion hat erheblich nachgelassen, nur die Paukenschleimhaut noch mit etwas Eiter bedeckt. Insufflation von Borpulver.

17. September. Das Borpulver im äußeren Gehörgang trocken. Nach dem Austupfen erscheint die Paukenschleimhaut noch spiegelnd. Keine Eiterabsonderung mehr. Wiederholung der Borsäureinsufflation.

Am 24. September bestand keinerlei Absonderung mehr. Die Mittelohrschleimhaut von blasser, gelblich-weißer Farbe, zum Teil von oben her in Epidermis umgewandelt. Nur in der Gegend der Tubenmündung und der hinteren unteren Peripherie noch vereinzelte punktförmige feuchte Reflexe. Hörfähigkeit für Flüstersprache $^3/_4$ m.

29. September. Keine Absonderung wieder eingetreten. Die Epidermisierung der Pauke schreitet fort. Patient wird als geheilt entlassen.

Mikroskopische und bakteriologische Untersuchung: Ein am 14. September 1904 bei der Aufnahme angelegter Originalausstrich des Mittelohreiters enthielt sehr reichlich teils längere, teils kürzere, schlanke Stäbchen, keine andersartigen Bakterien.

Eine am gleichen Tage angelegte Bouillonkultur war nach 24 Stunden schmutzig hellgrün gefärbt mit ziemlich dickem Kahmhäutchen. Mikroskopisch sehr lebhaft bewegliche, kurze, schlanke Stäbchen, daneben Diplokokkenformen.

Auf Agar wuchsen große grauweiße rundliche Kolonien. Die Randzone des schräg erstarrten Nährbodens war hellgrün gefärbt. Nach weiteren 24 Stunden waren sämtliche Kolonien und fast der ganze Nährboden intensiv grün gefärbt.

Die am 15. September von der Bouillonkultur angelegte Agarkultur ergab nur Reinkultur hellgrüner Kolonien mit intensiver Grünfärbung der angrenzenden Nährbodenpartien.

In beiden Arten von Agarkolonien fanden sich mikroskopisch sehr lebhaft bewegliche, kurze, schlanke Stäbchen und die auch in der Bouillonkultur vorhandenen Diplokokken.

Ein am 29. September, dem Entlassungstage, aus der Paukenhöhle vorgenommener Abimpfungsversuch auf Bouillon hatte negatives Resultat. Die Kultur blieb dauernd steril.

Epikrise: Auch hier sind, wie die Befunde an den gleichen Kolonien von zwei verschiedenen Agarkulturen ergaben, die neben den Stäbchen vorgefundenen Diplokokken lediglich der fast regelmäßig zu beobachtende Ausdruck des beim Pyocyaneus vorkommenden Polymorphismus. Wir haben es also mit Reinkulturen dieses Mikroorganismus im Eiter einer chronischen Otorrhoe zu tun. Ob die letztere wirklich längere Zeit vollständig sistiert und erst kurz vor der Aufnahme wieder aufgeflackert ist, läßt sich natürlich mangels vorausgehender Untersuchung nicht entscheiden. Ebensowenig ist nachträglich festzustellen, ob anfänglich außer dem Pyocyaneus andere Mikroorganismen vorhanden waren, die für die Reïnfektion verantwortlich zu machen wären. Nach unseren bei Wilhelm Kn. gemachten Beobachtungen muß die Möglichkeit, daß der Pyocyaneus allein eine solche Reïnfektion zustande bringen kann, entschieden bejaht werden. Erwiesen ist nach unseren Untersuchungen jedenfalls, daß die Eiterung in diesem Fall nur durch die Anwesenheit des Pyocyaneus unterhalten wurde. Als er durch geeignete Therapie abgetötet oder wenigstens in seinem Wachstum wesentlich gestört worden war, war auch die Eiterung verschwunden.

Die Pathogenität des Pyocyaneus in diesem Falle kann also füglich kaum in Zweifel gezogen werden.

Über die hier ebenso wie in den übrigen Fällen angewandte Therapie siehe unten.

28. Rechtsseitige Otitis externa diffusa und chronische Mittelohreiterung, linksseitige abgelaufene chronische Mittelohreiterung mit persistentem Defekt.

Hermann Gu., 32 Jahre, Gefängnisaufseher. Suchte die Poliklinik auf am 3. Oktober 1904. Am 19. Oktober 1904 als geheilt entlassen.

Anamnese: Patient will ohne bekannte Veranlassung seit etwa Jahresfrist an rechtsseitigem Ohrensausen leiden, zu dem sich allmählich Ohrenlaufen mit Schmerzen im Ohr gesellte. Bisweilen soll auch linksseitiges Ohrenlaufen bestehen.

Status praesens: Gesund und blühend aussehender Mann. Nase und Rachen ohne Besonderheiten.

Umgebung des Ohrs: Schmerzen beim Druck auf den rechten Tragus und gegen die untere Gehörgangswand sowie beim Ziehen an der Ohrmuschel. Kaubewegungen schmerzhaft. Weichteile nirgends krankhaft verändert.

Äußerer Gehörgang und Trommelfell: Rechter Gehörgangseingang verschwollen. Im äußeren Gehörgang grünlich-gelbes, typisch nach Pyocyaneus riechendes Sekret. Nach dem Abtupfen Tiefe des Gehörgangs und Trommelfell diffus gerötet, letzteres in ganzer Ausdehnung geschwollen, hinten oben mit mazeriertem Epithel belegt. Hammergriff nicht sichtbar, Konturen vom Processus brevis verwaschen. In der Mitte des vorderen Abschnitts rundliche, kleinerbsengroße Perforation mit scharfen Rändern, durch die man die diffus gerötete, gleichmäßig geschwollene Paukenschleimhaut hindurchsieht. Linkes Trommelfell verdickt, schmutzig braunrot, Processus brevis und Manubrium mallei nur undeutlich erkennbar. Vorn unten runder trockener Defekt von gleicher Größe wie rechts. Paukenschleimhaut blaß.

Behandlung: Einführung von Burowschen Gazestreifen, Verband mit Burowscher Lösung.

Verlauf: 10. Oktober 1904. Schmerzen in der Umgebung des Ohrs nicht mehr vorhanden. Gehörgang abgeschwollen. In der Tiefe noch eitriges Sekret von charakteristischem Geruch. Borsäureinsufflationen.

19. Oktober 1904. Unter letztgenannter Behandlung Sekretion seit mehreren Tagen vollständig erloschen, rechtes Trommelfell sowie die durch den Defekt sichtbare Paukenschleimhaut von normalem blassen Aussehen. Flüstersprache auf 6 m (abgewandt) verstanden. Geheilt entlassen.

Mikroskopische und bakteriologische Untersuchung bei der Aufnahme: Ausstrichpräparate vom Sekret aus dem äußeren Gehörgang und rechten Mittelohr (durch den Defekt entnommen) sind überschwemmt von zarten, kleinen Stäbchen. Andersartige Bakterien nicht aufzufinden.

Die von den gleichen beiden Stellen angelegten Agarkulturen waren nach 24 Stunden von schmutzig graugelben Kolonien aus sehr lebhaft beweglichen Stäbchen überzogen, in deren Umgebung der Nährboden eine schwach grüngelbe Färbung zeigte. Nach weiteren 24 Stunden waren die Kolonien schwach grün gefärbt, während die Verfärbung der Umgebung sowohl an Intensität wie Ausdehnung erheblich zugenommen hatte. Typischer Geruch der Kulturen nach Pyocyaneus.

Am Tage der Entlassung wurde noch ein Abimpfungsversuch von der Paukenschleimhaut auf Bouillon vorgenommen. Die Kultur war nach 24 Stunden noch steril und blieb es auch in der Folge.

Epikrise: Auch hier wieder die schon eben wiederholt beschriebene Verbindung einer diffusen Otitis externa mit chronischer Mittelohreiterung. Der sowohl mikroskopisch wie bakteriologisch im Sekret des äußeren Gehörgangs und Mittelohrs erhobene Befund von Reinkultur des Pyocyaneus macht die Abhängigkeit beider Prozesse von der gleichen Ursache, d. h. einer Infektion durch Pyocyaneus, sehr wahrscheinlich, wenngleich auch hier zum vollen Beweis der Nachweis der Bazillen im Gewebe des äußeren Gehörgangs nicht zu erbringen war. Auch hinsichtlich der Mittelohreiterung läßt sich auf Grund des Befundes von Reinkultur und der alsbaldigen Sistierung der Eiterung nach Borpulvereinstäubungen nur wieder feststellen, daß sie durch den Pyocyaneus unterhalten wurde. Mit Rücksicht auf den beiderseits sehr ähnlichen Trommelfellbefund glaube ich, daß es sich um eine Wiederanfachung eines mit persistentem Defekt abgelaufenen chronischen Eiterungsprozesses im rechten Mittelohr handelte. Der Beweis ist auch hier nicht zu erbringen, da der Prozeß von uns nicht von Beginn bzw. Wiederbeginn an beobachtet wurde.

29. Rechtsseitige Entzündung des äußeren Gehörgangs und chronische Mittelohreiterung. Gebessert entlassen.

August Hg., 50 Jahre, Privatier. Erschien zum ersten Mal in der Poliklinik am 14. Mai 1903.

Anamnese: Er gab damals an, seit einem Jahr an rechtsseitigem Ohrenlaufen und Schwerhörigkeit sowie bisweilen auftretenden Kopfschmerzen zu leiden.

Befund bei der I. Aufnahme: Im rechten äußeren Gehörgang übelriechendes schleimig-eitriges Sekret, Tiefe des Gehörgangs gerötet, Wände verdickt. Anscheinend Defekt im ganzen unteren Abschnitt. Pauke zum Teil epidermisiert. Linkes Trommelfell in toto getrübt.

Therapie: Resorzineinträufelungen.

II. Aufnahme 26. Oktober 1904. Patient will seit einigen Tagen ohne bekannte Veranlassung an Schmerzen und verstärktem Ausfluß aus dem rechten Ohr leiden. In letzter Zeit will er Einträufelungen nicht mehr vorgenommen haben.

Umgebung des Ohrs: Geringe Druckempfindlichkeit vorm rechten Tragus.

Äußerer Gehörgang und Trommelfell: Ein im äußeren Gehörgang steckender Wattepfropf mit smaragdgrünem Eiter befeuchtet von dem charakteristischen aromatischen Pyocyaneusgeruch. Einführung des Trichters ist schmerzhaft. Gehörgangswände leicht geschwollen, etwas gerötet. Trommelfell im oberen Abschnitt gerötet und geschwollen, Hammergriff und Processus brevis nicht sichtbar. Großer Defekt im unteren Abschnitt, sichtbare Paukenschleimhaut zum Teil entzündlich geschwollen, zum Teil epidermisiert.

Hörprüfung: Flüstersprache rechts auf $^3/_4$ m, links auf 5 m verstanden. We nach rechts lateralisiert, Ri rechts —, links +.

Therapie: Borpulverinsufflation.

27. Oktober. Schmerzen im Gehörgang vollständig verschwunden. Wiederholung der Insufflation.

Verlauf: Anfang Dezember sind die entzündlichen Erscheinungen am Trommelfell verschwunden, Befund an der Paukenschleimhaut unverändert. Absonderung findet nicht mehr statt.

Mikroskopische und bakteriologische Untersuchung: Es wird sowohl vom Eiter des äußeren Gehörgangs wie vom Sekret aus dem Mittelohr je ein Originalausstrich angelegt. Beide sind übersät von zarten, kleinen Stäbchen, zwischen denen bisweilen Diplokokkenformen bemerkbar sind. Die davon angelegten Agarkulturen sind nach 24 Stunden in ganzer Ausdehnung von einem tief dunkel smaragdgrünen Rasen überzogen, der seine Farbe auch dem Nährboden mitgeteilt hat. Besonders intensiv tritt diese Verfärbung in den obersten Partien des schräg erstarrten Röhrchens zutage. Mikroskopisch bestehen die Kulturen aus den gleichen zarten kleinen Stäbchen mit dazwischen liegenden Diplokokkenformen wie die Originalausstriche. Die betreffenden Mikroorganismen sind im hängenden Tropfen außerordentlich lebhaft beweglich.

Am 25. November 1904 wurden mit Hilfe seines Blutserums und

einer aus seinem eigenen Ohr gezüchteten 24 Stunden alten Pyocyaneusreinkultur Agglutinationsversuche vorgenommen. Es war in einer Verdünnung von $^1/_{10}$ kaum andeutungsweise Agglutination wahrnehmbar. In stärkeren Verdünnungen vollständig negatives Ergebnis.

Epikrise: Genau wie in den Fällen 17 (Ar.) und 28 (Gu.) handelte es sich im vorliegenden um eine mit Entzündung des äußeren Gehörgangs kombinierte chronische Mittelohreiterung. Auf die Art der verursachenden Erreger ist bei der ersten Aufnahme nicht gefahndet worden, auch ist den Angaben des Mannes darüber, daß die Eiterung in der Zwischenzeit sistiert haben soll, kein entscheidendes Gewicht beizulegen, so daß ein Urteil darüber, ob es sich vor der 2. Aufnahme um eine vollständige Neuinfektion oder nur um das stärkere Aufflackern eines latenten Prozesses handelte, nicht abzugeben ist. Es entfällt mithin auch hier die Möglichkeit, den Pyocyaneus als den primären Erreger der Eiterung ansprechen zu können. Wegen seiner einwandfrei erwiesenen alleinigen Anwesenheit im Sekret von Gehörgang und Mittelohr aber ist er für die Unterhaltung der Eiterung zweifellos verantwortlich zu machen; dafür spricht auch der Umstand, daß die Sekretion unter der spezifischen Therapie Anfang Dezember völlig verschwunden war.

Das Ergebnis der Agglutinationsversuche könnte nach dem bei anderen ähnlichen Fällen überraschen. Ins Gewicht fällt dafür erstens die Tatsache, daß die Gehörgangsentzündung zurzeit von deren Vornahme schon längst abgeheilt war, und daß es sich bei dem Mittelohrleiden sicherlich nur um eine sekundäre, vielleicht rein saprophytische Ansiedelung des Pyocyaneus handelte. Außerdem war eine Kontrollprüfung mit Kulturen anderer Herkunft unausführbar, da solche zurzeit nicht vorhanden waren.

30. Rechtsseitige Perichondritis und Otitis externa diffusa.

Paul Schr., 47 Jahre alt, Arbeiter. In poliklinische Behandlung genommen 24. Oktober 1904. Entlassen 8. November 1904.

Anamnese: Patient will seit 2 Tagen Schmerzen im rechten Ohr und der Ohrmuschel verspüren, außerdem soll Ohrensausen bestehen. Eine Ursache hierfür weiß er nicht anzugeben. Früher will er nie ohrenkrank gewesen sein.

Status praesens: Kräftiger und gesunder Mann, stark nach Alkohol riechend.

Umgebung des Ohrs: Lebhafte Druckempfindlichkeit vorm rechten Tragus und an der Spitze des Warzenfortsatzes. Hinter dem rechten Unterkieferwinkel mäßig geschwollene, druckempfindliche Lymphdrüse.

Ohrmuschel, äußerer Gehörgang und Trommelfell: Rechte Ohrmuschel besonders in der Cavitas conchae, stark geschwollen, ebenso die Gegend des Crus helicis, Antitragus, Anthelix bis in die Fossa triangularis, die wie die Fossa scaphoidea z. T. verstrichen ist. Ganze Ohrmuschel gerötet, heiß anzufühlen, auf Berührung sehr empfindlich. Schwellung gegen das Ohrläppchen scharf abgesetzt. Im Bereich der Cavitas conchae Epidermis verschiedentlich blasig abgehoben. Am Eingang zum Meatus audit. externus und den angrenzenden Teilen des Ohrläppchens angetrocknetes Sekret. An den Gehörgangswänden, besonders an der hinteren, gelb-eitriges Sekret von leicht üblem, nicht charakteristischem Geruch. Trommelfell intakt, stark retrahiert, deutlicher Lichtkegel. Gefäßinjektion im Bereich der hinteren Umrandung des Hammergriffs und des kurzen Fortsatzes.

Hörprüfung: Flüstersprache beiderseits 6 m abgewandt, We nicht lateralisiert, Ri beiderseits +, Knochenleitung etwas verkürzt.

Therapie: Eröffnung der Epidermisblasen, Einstäuben von Borpulver in den äußeren Gehörgang, Borwasserverband.

Verlauf: 26. Oktober Schwellung der Ohrmuschel zurückgegangen, Schmerzen geringer geworden.

27. Oktober. Schwellung und Rötung hat weiter nachgelassen, Schmerzen in der Ohrmuschel sollen nicht mehr bestehen. Die Muschel fühlt sich nicht mehr heißer an als die linke. Es bestehen Klagen über Jucken im Gehörgang. Einführung eines Präzipitatsalbenwickels.

1. November 1904. Die Muschel ist vollkommen abgeschwollen und zeigt normale Farbe und Konturen. Keine Empfindlichkeit bei Berührung, kein Jucken mehr. Nur anstelle der Epidermisblasen noch einige oberflächliche Erosionen. Borsalbenverband.

Am 8. November konnte Patient, nachdem unter Salbenverbänden mit 2%iger Präzipitatsalbe auch die Exkoriationen epidermisiert waren, vollständig geheilt aus der Behandlung entlassen werden. Es war nicht die geringste Entstellung der Ohrmuschel eingetreten.

Mikroskopische und bakteriologische Untersuchung: Originalausstrich vom Gehörgangseiter ergibt zahlreiche Diplokokken (zum Teil sehr groß), plumpe, dickere, gerade und lange, schlanke, zum Teil leicht gekrümmte, in ihrer Form an Diphtheriebazillen erinnernde Stäbchen mit starker Polfärbung. Die davon angelegte Bouillonkultur war nach 24 Stunden stark diffus getrübt ohne Häutchenbildung und Bodensatz und enthielt mikroskopisch überwiegend deutliche Kapseldiplokokken, vereinzelte Haufen großer dicker Kokken und schlanke, lange, unbewegliche Stäbchen. Die Originalausstriche aus dem Sekret der Bläschen in der Cavitas conchae enthielten vereinzelt einkernige und polynukleäre Leukozyten, keine Bakterien. Die davon angelegte Bouillonkultur war nach 24 Stunden noch klar, auf Agar noch keine deutliche Kolonienentwicklung. Nach weiteren 24 Stunden war die Bouillonkultur schwach diffus getrübt und enthielt Reinkultur von Kapseldiplokokken. Auf Agar große, weiße und einzelne gelbliche Kolonien aus großen nicht pathogenen Diplokokken bestehend (Verunreinigung).

Epikrise: Es handelte sich nach dem ganzen Befund um einen der seltenen Fälle von spontan entstandener diffuser Entzündung der Ohrmuschel mit vermutlichem Ausgang vom äußeren Gehörgang aus. Nach dem kulturellen Befund auf Bouillon aus den Epidermisblasen der Ohrmuschel scheint eine Pneumokokkeninfektion Schuld an dem Prozeß zu tragen. Der Fall würde also in dieser Beziehung eine Parallele zu dem oben beschriebenen von Marie Ge. bilden, nur daß der Verlauf bei dem Patienten ein entschieden gutartigerer war. Ob auch hier eine verminderte Widerstandskraft des Patienten den Pneumokokken ihre krankmachende Wirkung erleichterte, steht zwar nicht fest, doch gibt der starke Potus des Patienten nach dieser Richtung hin einen gewissen Anhalt.

31. Rechtsseitige akute Exazerbation einer chronischen Mittelohrentzündung und diffuse Entzündung des äußeren Gehörgangs.

Martha Kü., 13 Jahre. In die Klinik aufgenommen 5. November 1904. Entzog sich Ende Dezember weiterer Behandlung.

Anamnese: Will vor etwa Jahresfrist im Anschluß an Scharlach an doppelseitiger akuter Mittelohrentzündung gelitten haben. Davon soll rechtsseitige Schwerhörigkeit zurückgeblieben sein. Seit dem 27. Oktober 1904 sollen ohne bekannte Veranlassung wieder rechtsseitige Ohrenschmerzen mit Ohrenlaufen aufgetreten sein. Es wurden Ausspritzungen mit Kamillentee vorgenommen. Wegen hinzutretender anhaltender Schmerzen vor und unter dem rechten Ohr, die so heftig sein sollen, daß Patientin nicht schlafen kann, Aufsuchen der Poliklinik.

Status praesens: Patientin macht einen ziemlich elenden Eindruck, sieht blaß aus, klagt über schlechten Appetit, Schmerzen in der Umgebung des rechten Ohrs, rechtsseitiges Ohrenlaufen und Schnupfen.

Nase: Im rechten unteren Nasengang schleimig-eitriges Sekret.

Umgebung des Ohrs: Sehr starke Druckempfindlichkeit vorm rechten Tragus und gegen die untere Gehörgangswand. Warzenfortsatz nicht druckempfindlich. Mehrere erbsengroße geschwollene Lymphdrüsen überm rechten Warzenfortsatz, zahlreiche größere solche in der Fossa supra-clavicularis major.

Äußerer Gehörgang und Trommelfell: Gehörgang durch Schwellung der Wände verengt, diffus gerötet, in der Tiefe etwas grünlich-gelbes, leicht fötides Sekret. Trommelfell geschwollen und gerötet, im hinteren Abschnitt wurstförmig vorgewölbt, Gegend von Hammergriff und kurzem Fortsatz durch stärkere Gefäßinjektion angedeutet. Vorderer Abschnitt mit grauweißen mazerierten Epidermisschuppen bedeckt.

Linkes Trommelfell stark retrahiert, trübe.

Hörprüfung: Flüstersprache links 6 m abgewandt, rechts ad concham. We nach rechts lateralisiert, Ri links +, rechts —

Therapie: Trockenbehandlung.

Verlauf: 7. November 1904. Der im rechten äußeren Gehörgang steckende Gazestreifen von smaragdgrüner Farbe und typischem Pyocyaneusgeruch. Druck auf die Gegend vorm Tragus und gegen die untere Gehörgangswand außerordentlich empfindlich. Trichtereinführung schmerzhaft, Befund im Gehörgang und Trommelfell wie bei der Aufnahme. Parazentese, Insufflation von Borpulver, Borwasserverband.

8. November 1904. Patientin will seit gestern vollständig schmerzfrei sein und gut geschlafen haben. Der im Gehörgang steckende Gazestreifen nur am medialen Ende leicht butig-eitrig tingiert, noch typisch nach Pyocyaneus riechend. Druck auf Tragus und untere Gehörgangswand vollständig unempfindlich. Trommelfell abgeblaßt, Parazentesenöffnung klaffend.

9. November. Keinerlei Beschwerden mehr, Allgemeinbefinden sichtlich gehoben, gesundes Aussehen. Nach Abspritzen des Borpulvers mittels Paukenröhrchens erscheint das Trommelfell noch immer stark vorgewölbt. Die gleiche Behandlung.

15. November. Allmählicher Rückgang der Entzündungserscheinungen am Trommelfell. Das insufflierte Borpulver fast trocken.

20. November. Trommelfell im hinteren Abschnitt noch mäßig gerötet und vorgewölbt, keine nachweisbare Sekretion mehr.

16. Dezember. Aus dem Defekt in der Schrapnellschen Membran hängen weißliche Epithelschuppen. Abspülung mit dem Paukenröhrchen.

18. Dezember. Nochmalige Ausspülung mit dem Paukenröhrchen, durch die Cholesteatomschuppen entleert werden.

Patientin entzieht sich weiterer Behandlung.

Mikroskopische und bakteriologische Untersuchung: Ein am 7. November von dem Gazestreifen aus dem äußeren Gehörgang angelegtes Ausstrichpräparat ist überschwemmt mit kleinen, schlanken, in ihrer Form bisweilen an Diplokokken erinnernden Stäbchen, keine andersartigen Bakterien. Die nach sorgfältigster Reinigung und Desinfektion des äußeren Gehörgangs und Trommelfells mit Seifenspiritus und Borwasser vorgenommene Parazentese ergibt ein blutig-seröses Sekret, das im Ausstrich die gleichen Stäbchen wie der Gazestreifen enthält, jedoch nur in sehr geringer Menge. Die Parazentesennadel wird direkt auf Bouillon übergeimpft, von dem Mittelohrsekret eine Agarkultur angelegt. Erstere ist nach 24 Stunden stark diffus getrübt, in ihren oberen Schichten hellgrün gefärbt, enthält ein zartes Kahmhäutchen und weißlichen Bodensatz. Mikroskopisch Reinkultur sehr kleiner, schlanker, bisweilen an Diplokokken erinnernder, lebhaft beweglicher Stäbchen. Die Agarkultur ist nach 24 Stunden, besonders in ihren oberen Schichten mit einem smaragdgrünen Rasen überzogen, in dem einzelne Kolonien nicht mehr zu unterscheiden sind. Der Nährboden der Umgebung ist in der gleichen Weise grün verfärbt. Mikroskopisch besteht der Rasen aus den gleichen Stäbchen wie die Bouillonkultur.

Mit dem durch Venenpunktion am 23. November gewonnenen Blutserum der Patientin werden mittelst einer 24 stündigen Agarkultur, die aus ihrem eigenen Ohr gewonnen war, Agglutinationsversuche angestellt. Noch bei $^1/_{100}$ Verdünnung war die Agglutination sehr stark. Agglutination bis zu $^1/_{50}$ wurde erzielt bei 2 Kulturen, deren eine von einer artefiziell erzeugten Kaninchenperichondritis und deren zweite von einer Bouillonkultur herrührte, die durch Zusatz von Borwasser tagelang in ihrem Wachstum gehemmt worden war. Bei $^1/_{70}$ Verdünnung zeigten die vom Kaninchen gewonnenen Stäbchen noch angedeutete Häufchenbildung. Soweit sie nicht in Häufchen lagen, waren sie völlig unbeweglich. Keine Agglutination, auch nicht in $^1/_{10}$ Verdünnung, konnte mit Kulturen des Mannes Gustav H. erzielt werden. Nur verloren auch hier die vorher lebhaft beweglichen Stäbchen bei Serumzusatz ihre Beweglichkeit.

Epikrise: Auch hier also handelte es sich um eine Verbindung von Otitis media mit diffuser Gehörgangsentzündung. Ob eine frische akute Mittelohrentzündung oder eine akute Exazerbation einer chronischen Eiterung vorlag, ließ sich nach dem otoskopischen Befund zunächst nicht entscheiden. Letztere Annahme erhielt nur durch die Anamnese einen gewissen Rückhalt, fand ihre volle Bestätigung aber erst durch den weiteren Verlauf mit der Feststellung der Perforation in der Schrapnellschen Membran und der aus dieser ausspülbaren Cholesteatomschuppen. Durch das Ergebnis der Parazentese war jedenfalls mit Sicherheit festzustellen, daß die zur Zeit der Untersuchung vorhandenen entzündlichen Veränderungen des Mittelohrs, wenn nicht durch den Pyocyancus verursacht, so doch jedenfalls durch ihn unterhalten wurden. Für die Aetiologie der gleichzeitig bestehenden diffusen Gehörgangsentzündung ist in erster Linie der mikroskopische und bakteriologische Befund von Pyocyaneus im Gehörgangseiter entscheidend, wenn auch, wie in den übrigen analogen Fällen, der letzte Schluß in der Beweisführung mangels fehlenden Nachweises des Erregers im Gewebe der Gehörgangsauskleidung nicht zu führen ist. Weiterhin spricht für den berührten Zusammenhang die auf Grund einer großen Anzahl von Fällen nunmehr feststehende Erfahrungstatsache, daß derartige Erkrankungen sich besonders gern und häufig an Pyocyaneusmittelohrerkrankungen anschließen sowie endlich — last not least — das Ergebnis der hier eingeschlagenen Behandlung. Während nämlich, solange Trockenbehandlung vorgenommen wurde, die äußerst schmerzhaften entzündlichen Erscheinungen im Gehörgang ungestört weiterbestanden, waren sie auf energische Borpulverinsufflationen hin sowohl nach der subjektiven wie objektiven Seite hin bald vollständig verschwunden und blieben es dauernd.

Daß der Pyocyaneus wirklich die ihm auf Grund des mitgeteilten

Befundes vindizierte Rolle eines invasiven pathogenen Organismus gespielt hat, erwies endlich das Ergebnis der mit dem Blutserum der Patientin angestellten Agglutinationsversuche. Ich verweise hinsichtlich der Deutung der dabei gewonnenen Resultate auf die in der Epikrise zum Fall Gustav H. gemachten Bemerkungen (s. S. 83/84).

32. Rechtsseitige Perichondritis der Ohrmuschel und doppelseitige Otitis externa diffusa.

Gustav H., 46 Jahre alt, Schriftsetzer. In poliklinische Behandlung genommen am 9. November 1904.

Anamnese: Im Juni 1903 ohne ihm bekannte Veranlassung Erkrankung mit Schmerzen in der Tiefe des rechten Ohrs. Der damals konsultierte Arzt soll Furunkel festgestellt und diesen operativ eröffnet haben. In etwa 4 Wochen Schwinden der Schmerzhaftigkeit, während Eiterung und Schwerhörigkeit bestehen blieben. Damals wurden $3^1/_2$ % Zucker im Urin festgestellt. Unter geeigneter Diät ging dieser Prozentsatz allmählich auf 0,3 % zurück.

Seit Mai 1904 sollen 5 mal roseartige Entzündungen beider Ohrmuscheln aufgetreten sein, die wechselweise die rechte und linke Seite betrafen, vorzugsweise aber die erstere. Im August 1904 befand er sich deshalb in Behandlung der diesseitigen Poliklinik. Nach Ausweis der Akten entsprach der Befund dem bei der diesmaligen Aufnahme. Die Entzündung soll stets mit Frösteln, Fieber und starken Rückenschmerzen eingeleitet worden sein. Das letzte Mal (Nacht vom 6. bis 7. November) will er unter den gleichen Erscheinungen, starkem Durstgefühl und dumpfen Schmerzen in der rechten Ohrmuschel erkrankt sein. Die Schwellung der Muschel habe bis zum 8. November zu-, seitdem abgenommen. Die Behandlung bestand in Salbenverbänden.

Status praesens: Gesund und kräftig aussehender Mann mit Klagen über Schmerzen in der rechten Ohrmuschel. Das Ohrläppchen, das gestern noch ganz weiß und schmerzlos gewesen sei, soll heute gleichfalls geschwollen und druckempfindlich sein.

Umgebung des Ohrs: Die Gegend der rechten Parotis ist diffus geschwollen und leicht druckempfindlich. Die entzündlich vergrößerte Parotis, von weicher Konsistenz, ist deutlich palpabel. Keine Druckempfindlichkeit vorm Tragus oder in der Gegend der unteren Gehörgangswand. Weichteile über dem rechten Warzenfortsatz geschwollen, nicht ödematös, Spitze druckempfindlich.

Ohrmuschel, äußerer Gehörgang und Trommelfell: Die Ohrmuschel ist im ganzen geschwollen und von blauroter Farbe. Letztere hebt sich gegen die des Ohrläppchens deutlich ab. Doch ist auch letzteres deutlich geschwollen, größer als das der anderen Seite und druckempfindlich. Die Gehörgangswände sind in ganzer Ausdehnung diffus gerötet und geschwollen, mit etwas gelblicheitrigem, deutlich nach Pyocyaneus riechendem Sekret belegt. Hyperostose der knöchernen Wände. Trommelfell ziemlich diffus, besonders aber in der Hammergegend gerötet und geschwollen, nur zum Teil zu übersehen. Perforation nicht sichtbar.

In der Tiefe des linken äußeren Gehörgangs etwas übelriechendes eitriges Sekret, Gehörgangswände in der Tiefe gerötet, starke Hyperostose der unteren

Wand. Trommelfell wie rechts diffus gerötet und geschwollen, gleichfalls nicht völlig zu übersehen. Perforation nicht sichtbar.

Hörprüfung: Flüstersprache beiderseits 5 m, nur 4 und 5 etwas schlechter gehört. We nicht lateralisiert, Ri beiderseits +, Schw. von normaler Länge.

Behandlung: Borwasserverbände um die Ohrmuschel.

Verlauf: 10. November 1904: Die Schwellung der Muschel seit gestern zurückgegangen, Parotisgegend noch deutlich geschwollen. In der Tiefe beider äußerer Gehörgänge etwas nach Pyocyaneus riechendes Sekret. Borpulverinsufflationen beiderseits, Borwasserverbände. Innerlich Acid. salicylic. 0,5 3stündlich.

15. November. Schwellung von Muschel und Parotisgegend vollständig verschwunden, desgleichen die des Warzenfortsatzes. Bis gestern bestand noch geringe isolierte Schmerzhaftigkeit des Ohrläppchens. Keine Druckempfindlichkeit mehr. Die entzündliche Rötung von Gehörgang und Trommelfell beiderseits nur noch gering. Absonderung findet nicht mehr statt. Gibt an, bedeutend besser hören zu können, will keinerlei Beschwerden mehr haben.

23. November. Gehörgänge und Trommelfelle vollständig abgeblaßt. Letztere etwas retrahiert, leicht getrübt. Flüstersprache beiderseits für sämtliche Zahlen 5 m. Zuckergehalt des Urins 0,3 %.

1. März 1905. Patient, der sich von Zeit zu Zeit wieder vorgestellt hat, ist völlig beschwerdefrei geblieben. Der Zuckergehalt seines Urins beträgt 0,1 %. Ohrmuschel, Gehörgänge und Trommelfelle zeigen keinerlei pathologische Veränderungen. Will seit Jahren nicht mehr so gut gehört haben wie jetzt.

Eine im Röntgen-Institut von Herrn Prof. Grunmach, dem ich für diese Liebenswürdigkeit meinen verbindlichsten Dank ausspreche, angefertigte Röntgenphotographie beider Ohrmuscheln (s. Fig. 24 u. 25) zeigt keinerlei Abnormitäten, speziell keine abnorm lange Cauda helicis oder versprengte Knorpelkeime im rechten Ohrläppchen.

Mikroskopischer und bakteriologischer Befund: Am 9. November (Tag der Aufnahme) werden aus dem Eiter jeden Gehörgangs je 3 Ausstrichpräparate angelegt. Sie sind sämtlich übersät von kleinen, schlanken Stäbchen, keine andersartigen Mikroorganismen nachweisbar.

Von beiden Seiten Anlegung

a) je einer Agarkultur,
b) je einer Bouillonkultur.

Erstere sind nach 24 Stunden mit einem schmutzig gelbgrauen Rasen überzogen, der gegen das Licht deutlich grünlich fluoresziert. Die Kolonien haben den typischen aromatischen Pyocyaneusgeruch. Mikroskopisch bestehen sie aus äußerst lebhaft beweglichen, kurzen, schlanken Stäbchen. Sie bilden kein Indol, röten Lakmusmolke nicht, vergären Zucker nicht und bringen Milch erst nach etwa 8 Tagen zur Gerinnung. Nach 48 Stunden zeigen die Nährböden in der Nachbarschaft der Rasen eine deutliche Grünfärbung. Die Bouillonkulturen waren nach 24 Stunden diffus getrübt, an der Oberfläche deutlich grün gefärbt. Sie hatten einen weißlichen Bodensatz und ein dünnes

Kahmhäutchen. Charakteristischer Pyocyaneusgeruch. Mikroskopisch finden sich nur kurze, schlanke Stäbchen von außerordentlicher Beweglichkeit.

Am 10. November wurde durch Venaepunktion etwas Blut aus der rechten Vena mediana entnommen. Das durch Zentrifugat gewonnene Blutserum agglutinierte die aus dem rechten und linken äußeren Gehörgang gewonnenen Pyocyaneuskulturen noch außerordentlich stark bei einer Verdünnung von $^1/_{100}$.

Eine zweite aus einem Tierversuch gewonnene Kultur wurde in einer Verdünnung von $^1/_{30}$ noch sehr stark agglutiniert, spurweise angedeutet war die Agglutination auch noch in einer Verdünnung von $^1/_{50}$, die Beweglichkeit der Einzelindividuen bei letzterer Verdünnung war fast vollkommen aufgehoben. Eine dritte aus dem Mittelohr der Patientin Martha Kü. gewonnene, 24 Stunden alte Pyocyaneusreinkultur, die sich durch besonders starke Farbstoffproduktion auszeichnete, wurde nicht einmal in einer Verdünnung von $^1/_{10}$ agglutiniert.

Am 23. November, nachdem alle krankhaften Erscheinungen an beiden Ohren abgelaufen waren, wurden die Agglutinationsversuche mit neu gewonnenem Blutserum und frischen 24 stündigen Kulturen wiederholt. Es stellte sich heraus, daß die den eigenen Ohren des Patienten entstammenden Kulturen nur noch bis zu einer Verdünnung von $^1/_{50}$ agglutiniert wurden, während bis zu einer Verdünnung von $^1/_{100}$ zwar die Beweglichkeit der Bazillen vollständig aufgehoben war, aber keine Häufchenbildung eintrat.

Mit 3 Kulturen verschiedener anderer Herkunft ließ sich nur eine schwache Agglutination bis $^1/_{10}$ Verdünnung erreichen.

Der Versuch einer Abimpfung von Epithelschuppen aus den äußeren Gehörgängen auf Bouillon am selben Tage hatte vollständig negativen Erfolg. Die Kulturen blieben steril.

Epikrise: Nach dem eben mitgeteilten Befund lautete die Diagnose auf rechtsseitige Perichondritis und doppelseitige diffuse Otitis externa und zwar auf Grund von Pyocyaneusinfektion. Bemerkenswert aus der Anamnese bleibt erstens einmal die Angabe, daß das Leiden mit einem Furunkel im rechten äußeren Gehörgang begonnen hat. Wenn sich auch mangels der bakteriologischen Untersuchung nachträglich nicht mehr feststellen läßt, ob bereits diese Furunkelbildung eine Folge der Pyocyaneusinfektion war und damit nur die erste Lokalisation des ganzen nachfolgenden Prozesses darstellte, so würde diese Annahme durch die Beobachtung anderer Autoren (Knapp, Politzer), die eine Perichondritis in dieser Form entstehen sahen, zweifellos an Wahrscheinlichkeit gewinnen, wenn es sich nicht um einen Diabetiker handelte, bei dem echte Furunkelbildung im äußeren Gehörgang ebensowie an anderen Körperstellen ein bekanntes Vorkommnis darstellt. Glaubhafter erscheint die Annahme, daß der bei dem Patienten vorhandene Diabetes als konstitutionsschwächendes Moment einer Pyocyaneus-Sekundärinfektion den Boden geebnet hat. Die Ähnlichkeit der Ohrmuschelaffektion mit Erysipel ferner, die wir außer in diesem noch in unserem Fall 17 (Ar.) konstatieren konnten, war auch in diesem Falle für den betreffenden Kollegen Veranlassung gewesen, das Leiden als erysipelatöses anzusprechen und zu behandeln. Die Verwechslung war umso erklärlicher, als auch die Parotisgegend in die Affektion einbezogen war. (Auf die Mitbeteiligung des Ohrläppchens an der Erkrankung, auf die ich später nochmals zurückkomme, möchte ich vorläufig nur kurz hinweisen.) Für uns stand die Diagnose mit dem Moment fest, in dem wir aus der Farbe und dem Geruch des Gehörgangseiters die Anwesenheit des Pyocyaneus erschlossen hatten, und diese unsere Vermutung durch den Ausfall der mikroskopischen und bakteriologischen Untersuchung bestätigt fanden. Das Resultat der von uns eingeleiteten als spezifisch erprobten Therapie war ein weiterer Beweis für die Richtigkeit unserer Annahme. Da der direkte Nachweis der Bakterien innerhalb des erkrankten Gewebes aber nicht zu erbringen war, so wäre unsere Diagnose trotz der gewichtigen angeführten Momente nur eine wahrscheinliche, wenn auch an Sicherheit grenzende, geblieben, wenn nicht die von dem Patienten geklagten Allgemeinsymptome, unter denen die Neuerkrankung der Ohrmuschel jedesmal eingesetzt haben soll, Veranlassung zu Agglutinationsversuchen gegeben hätte. Deren (oben mitgeteilter) Ausfall erst hat in einwandfreier Weise den Beweis erbracht, daß der lokale Krankheitsprozeß dem im Gehörgang vorgefundenen Pyocyaneus zuzuschreiben ist. Somit bildet dieser Fall einen weiteren Beweis für die invasive Natur des in Rede stehenden Organismus.

Wie sehr die Bildung der Agglutinine in direkter Abhängigkeit von dem lokalen Erkrankungsherd stand, geht aus der Tatsache hervor, daß die Agglutinationskraft des Blutes bedeutend abgenommen hatte, als die Affektionen des Gehörorgans abgeheilt waren. Nur einer interessanten Tatsache sei hierbei noch gedacht. Der Umstand, daß die aus dem eigenen Ohr des Patienten gezüchteten Kolonien am stärksten agglutiniert wurden, scheint an sich kaum etwas besonderes Auffälliges zu haben und dürfte seine Erklärung am einfachsten wohl in der Tatsache finden, daß ja gerade die Individuen dieser Kulturen die direkte Veranlassung zur Bildung von Abwehrstoffen im Organismus wurden. Sehr bemerkenswert hingegen ist der Umstand, daß die von der Patientin Martha Kü. stammenden Kulturen auch bei schwächster Verdünnung ($^1/_{10}$) nicht agglutiniert wurden. Ganz das Gleiche war der Fall, als Agglutinationsversuche mit dem Blutserum dieser Patientin und den Kulturen des in Rede stehenden Kranken vorgenommen wurden. Äußerlich unterschieden sich die betreffenden Kulturen dadurch voneinander, daß die des Patienten H. eine auffallend geringe, die von Martha Kü. eine auffallend starke Farbstoffbildung zeigten. Mit Kulturen anderer Provenienz zeigten beide Agglutinationsphänomene. Weitere Beobachtungen nach dieser Richtung hin werden vielleicht eine Erklärung für diese auffallende Tatsache bringen. Unwillkürlich lenkt sich der Blick dabei auf die von Ernst (28) seinerzeit vorgenommene Differenzierung des Bacillus pyocyaneus in zwei durch ihre Farbstoffbildung von einander unterschiedene Gruppen, eine Unterscheidung, die sich freilich keiner allgemeinen Anerkennung erfreute, im Gegenteil durch neuere Forschungen widerlegt schien [de la Camp (l. c.), Hinterberger und Reitmann (56)]. Von der mit der innerlichen Darreichung von Salizyl verfolgten therapeutischen Absicht soll später die Rede sein.

33. Doppelseitige chronische Mittelohreiterung.

Hans P., 11 Jahre, Schüler. In poliklinische Behandlung gekommen 24. August 1904.

Anamnese: Seit der Kindheit angeblich mit Unterbrechungen doppelseitiges Ohrenlaufen.

Status praesens: Im rechten äußeren Gehörgang obturierender Ceruminalpfropf; linkes Trommelfell retrahiert, im vorderen Abschnitt verkalkt; im hinteren Abschnitt randständige, oblonge, etwas eingesunkene Narbe. Hypertrophische Rachentonsille.

Hörprüfung: Flüstersprache beiderseits 1 m, We nicht lateral, Ri beiderseits —.

Nach Entfernung der Rachentonsille Hörfähigkeit für Flüstersprache links 6 m, rechts 4 m.

Nach dem Abspritzen rechtes Trommelfell retrahiert mit einem teils epidermisierten, teils granulierten Defekt im hinteren Abschnitt.

21. November. Rechtes Ohr trocken.

7. Dezember. Nach angeblich wenige Tage vorher erhaltener Ohrfeige wieder rechtsseitiges Ohrenlaufen. Im Gehörgang grünlich gelber, deutlich nach Pyocyaneus riechender Eiter. Trockenbehandlung:

12. Dezember. Soll am 10. und 11. d. M. Fieber und heftige linksseitige Kopfschmerzen gehabt haben. Borpulverinsufflationen.

13. Dezember. Sämtliche Beschwerden verschwunden.

19. Dezember. Das eingeblasene Borpulver vollständig trocken. Nach dem

Abspritzen läßt sich im oberen Teil des Defekts noch immer eine granulierende Partie erkennen. Wiederholung der Insufflation.

Drei Tage später nochmalige Vorstellung bei gleichem Befund. Patient entzieht sich weiterer Behandlung.

Mikroskopische und bakteriologische Untersuchung: Am 7. Dezember. Im Originalausstrichpräparat von dem Gehörgangseiter finden sich nur zahlreiche, kurze, schlanke Stäbchen. Auf einer davon angelegten Agarkultur nach 24 Stunden ein diffus mäßig grün gefärbter Rasen aus kleinsten schlanken, sehr beweglichen Stäbchen von typischem Pyocyaneusgeruch bestehend. Eine Bouillonkultur war nach 24 Stunden diffus hellgrün gefärbt, enthielt weißlichen Bodensatz und ein Kahmhäutchen und bestand mikroskopisch aus den gleichen Stäbchen wie die Agarkultur. Geruch typisch nach Pyocyaneus. 13. Dezember 1904. Venenpunktion.

14. Dezember 1904. Mit dem 24 Stunden alten, auf Eis konservierten Blutserum Vornehmen von Agglutinationsversuchen. Dabei werden die aus seinem eigenen Ohr stammenden Kulturen noch bei $^1/_{100}$ Verdünnung andeutungsweise agglutiniert, deutlich bei $^1/_{75}$. Zwei weitere Kulturen [a) aus einem Tierversuch, b) von Patientin Martha Kü. stammend] werden bis zu einer Verdünnung von $^1/_{50}$, eine dritte von Patient Hg. (Gehörgangseiter) stammende wird nicht agglutiniert, nur wird hier eine völlige Bewegungslosigkeit der Einzelindividuen bei $^1/_{10}$ Verdünnung hervorgerufen. Letztere Kultur, als Reinkultur aus dem Sekret einer rechtsseitigen chronischen Mittelohreiterung gewonnen, wurde, wie hier gleich hinzugefügt sei, auch von dem Blutserum des eigenen Patienten nur andeutungsweise agglutiniert.

19. Dezember. Der Versuch einer Abimpfung von Borpulverstäubchen und Epithelschüppchen aus dem äußeren Gehörgang hat einen negativen Erfolg. Die davon angelegten Kulturen blieben steril.

Epikrise: In diesem Falle interessiert die Tatsache, daß eine vollständig versiegte Mittelohreiterung anscheinend auf ein Trauma hin wieder aufflackerte, in deren Sekret lediglich der Pyocyaneus nachgewiesen werden konnte. Wie in oben zitierten ähnlichen Fällen soll auch hier die Frage nach der ursächlichen Rolle des in Rede stehenden Organismus für das Wiederauftreten der Eiterung unerörtert bleiben, da die Möglichkeit einer Überwucherung eines etwa ursprünglich vorhandenen andersartigen Erregers nicht mit Sicherheit auszuschließen ist. Für seine Pathogenität aber spricht diesfalls der Umstand,

1. daß er mikroskopisch und bakteriell als einziger Mikrobe nachzuweisen war;

2. daß die Eiterung auf die gegen den Pyocyaneus eingeleitete spezifische Therapie vollständig zum Stillstand kam;

3. daß noch in starken Verdünnungsgraden eine Agglutination des Bazillus durch das Blutserum des Patienten beobachtet werden konnte.

Namentlich muß das letztere Moment nach dieser Richtung als einwandfrei gelten. Somit bildet also auch dieser Fall ein weiteres Glied in der Kette derer, durch die die invasive Wirkung des Pyocyaneus erwiesen ist.

Klinisch haben wir, ähnlich wie im Falle H., in dem allgemeinen Unwohlgefühl und dem Fieber des Patienten den Hinweis auf die durch die biologische Reaktion erwiesene schwere Schädigung des betr. Organismus.

Der Nachweis der pathogenen Wirkung des Pyocyaneus war in diesem Fall fast auf rein experimentellem Wege zu erbringen. Der zwei Tage fortgesetzte Versuch einer Trockenbehandlung der Ohraffektion brachte nicht nur in dieser keinerlei Veränderungen hervor, sondern hatte Störungen des Allgemeinbefindens zur Folge, die gebieterisch ein energisches Eingreifen verlangten. Es wurden nunmehr reichliche Einstäubungen von Borpulver in Mittelohr und Gehörgang angewandt. Der Erfolg war geradezu ein zauberhafter. Sämtliche Beschwerden waren vom nächsten Tage ab verschwunden, um nicht (wenigstens während der Zeit der Beobachtung) wiederzukehren, während gleichzeitig die Ohreiterung völlig zum Stillstand kam.

34. Doppelseitige diffuse Gehörgangs-, rechtsseitige akute Mittelohrentzündung. Heilung.

Otto Z., Kutscher, 35 Jahre. In poliklinische Behandlung genommen am 3. März 1905.

Anamnese: Will seit einigen Tagen Schmerzen in beiden Ohren angeblich infolge Erkältung verspüren.

Status praesens: Auffallend kräftiger und gesund aussehender Mann.

Umgebung des Ohrs: Druckempfindlichkeit vor dem linken Tragus und an der Spitze des linken Warzenfortsatzes. Druckempfindlichkeit gegen die rechte untere Gehörgangswand.

Äußerer Gehörgang und Trommelfell: Beide äußere Gehörgänge geschwollen und spaltförmig verengt, rechts > links. Namentlich scheint die hintere obere Wand beteiligt. In der Tiefe beiderseits etwas eitriges, mit mazeriertem Epithel vermischtes, gelbliches, nach Pyocyaneus riechendes Sekret. Das Trommelfell beiderseits etwas getrübt, leicht retrahiert, Hammergriffgefäße injiziert.

Hörprüfung: Flüstersprache beiderseits auf 5 m verstanden.

Behandlung: Trockenbehandlung.

4. März 1905. Streifen in beiden äußeren Gehörgängen von hellgrüner Farbe. Keine Änderung der Beschwerden. Borpulverinsufflation in beide äußere Gehörgänge.

5. März. Beschwerden völlig verschwunden. Keine eitrige Absonderung mehr. Gehörgänge etwas abgeschwollen.

15. März. Hat sich bis heute der Behandlung entzogen. Der linke Gehörgang völlig trocken, linkes Trommelfell normal. Im rechten äußeren Gehörgang etwas eitriges Sekret. Gehörgänge beiderseits abgeschwollen, Umgebung nicht mehr druckempfindlich. Das rechte Trommelfell gleichmäßig diffus gerötet, in der Mitte des vorderen Abschnitts hirsekorngroße Perforation. Borpulverinsufflation.

Mikroskopische und bakteriologische Untersuchung. Die Ausstrichpräparate aus beiden äußeren Gehörgängen (3. März) zeigen das ganze Präparat überschwemmt mit zarten, kleinen Stäbchen und dazwischen liegenden vereinzelten Diplokokken.

Eine davon angelegte Bouillonkultur ist nach 24 Stunden diffus grün gefärbt mit reichlichem Bodensatz und zartem Kahmhäutchen. Mikroskopisch finden sich die gleichen zarten kurzen Stäbchen und Diplokokken wie im Originalausstrich.

Die Kultur nahm im Laufe der nächsten Tage eine tief smaragdgrüne Färbung an. Beim Ausschütteln mit Chloroform setzte sich am Boden des Reagenzglases ein tiefdunkelblauer Farbstoff (Pyocyanin) ab.

Auf den vom Gehörgangseiter angelegten Agarkulturen kamen nach 24 Stunden schmutzig gelbliche zusammenhängende Rasen mit deutlicher Grünfärbung der benachbarten Partien des Nährbodens zur Entwickelung. Kulturen zeigten den aromatischen Pyocyaneusgeruch in exzessiver Weise. Mikroskopisch fanden sich die gleichen Stäbchen und kokkenähnlichen Gebilde wie im Originalausstrich und der Bouillonkultur.

15. März. Erneuter Originalausstrich aus dem rechtsseitigen Gehörgangseiter. Mikroskopisch lediglich kurze, schlanke, bisweilen diplokokkenähnliche Stäbchen. Eine davon angelegte Bouillonkultur nach 24 Stunden diffus grün gefärbt mit leichtem Bodensatz und Kahmhäutchen. Mikroskopisch kurze, schlanke, sehr bewegliche Stäbchen mit bisweilen typischer Diplokokkenform. Auf Agar nach 24 Stunden Entwickelung eines schmutzig gelbgrünen Rasens mit leichter Grünfärbung des umgebenden Nährbodens aus den gleichen oft diplokokkenähnlichen Stäbchen wie die Bouillonkultur bestehend.

Eine am 21. März vorgenommene Abimpfung von Epithelschuppen aus dem Gehörgang auf Bouillon hat negatives Resultat. Die Kultur bleibt dauernd steril.

Mit dem am 21. März durch Venaepunktion entnommenen Blut werden Agglutinationsversuche angestellt. Es werden aber weder die von dem Patienten selbst stammenden Kulturen vom 3. März und 15. März noch die von dem Patienten Bi. stammenden Kulturen vom 15. März auch nur in Verdünnungen von $^1/_{10}$ agglutiniert. Deshalb werden zunächst neue Kulturen durch Weiterimpfung der Kulturen vom 3. März und 15. März hergestellt und am nächsten Tage (22. März) die Agglutinationsversuche wiederholt. Dabei ergab sich das überraschende Resultat, daß beide Male bis zu einer Verdünnung von $^1/_{50}$ positive Agglutination zu beobachten war.

Am 28. März wurden mit Blutserum zweier Individuen mit nervöser Schwerhörigkeit, von denen der eine (Kb.) an doppelseitiger Lungentuberkulose, der andere (Gk.) an Emphysem, Bronchitis, Arteriosklerose und Myocarditis, keiner von beiden aber an nachweisbarer Pyocyaneusinfektion litt, Kontrollversuche mit einer 24 stündigen Kultur Z. vorgenommen. Dabei ergab sich, daß letztere mit dem Serum des Patienten Gk. bei einer Verdünnung von $^1/_{10}$ deutliche, bei $^1/_{30}$ noch angedeutete Agglutination erkennen ließ.

Mit dem Blutserum des Patienten Kb. konnte nur bei $^1/_{10}$ Verdünnung Agglutination erzielt werden, von $^1/_{30}$ an nicht mehr.

Epikrise: Während für die doppelseitige Otitis externa diffusa sowohl nach dem klinischen Verlauf, dem Ergebnis der mikroskopischen und bakteriellen Untersuchung wie dem Erfolg der spezifischen Behandlung mit größter Wahrscheinlichkeit ein ursächlicher Zusammenhang der Entzündung mit dem allein vorgefundenen Pyocyaneus — die beobachteten Diplokokkenformen waren die bekannten Spielarten des Bazillus — angenommen werden darf, wenn auch hier, wie in den meisten der mitgeteilten analogen Fälle zum sicheren Beweis der nach Lage der Dinge nicht zu erbringende Nachweis dieses Erregers im Gewebe fehlt, so ist für die gleichzeitig vorgefundene Otitis media der betreffende Zusammenhang aus wiederholt erörterten Gründen nicht mit ähnlicher Sicherheit zu erweisen. Vor allem fehlte die Möglichkeit, den Zeitpunkt der Spontanperforation festzustellen.

Die Pathogenität des Bazillus konnte aus dem Agglutinationsergebnis erschlossen werden. Die betreffenden Versuche konnten aus äußeren Gründen erst zu einer Zeit vorgenommen werden, als sämtliche entzündliche Erscheinungen an den Ohren bereits abgelaufen waren. Interessant war diesfalls, daß die Agglutinationsversuche mit älteren Kulturen aus den eigenen Ohren des Patienten ein absolut negatives Resultat hatten, während mit frischen 24stündigen Kulturen eine spezifische Agglutination bis $^1/_{50}$ erzielt werden konnte. Jedenfalls ein Hinweis, sich nur letzterer zu diesen Versuchen zu bedienen und aus dem etwaigen negativen Ergebnis bei Verwendung älterer Kulturen keine voreiligen Schlüsse zu ziehen.

Daß bei den Kontrollversuchen mit dem Serum gesunder Individuen das eine Mal noch bei $^1/_{30}$ wenigstens eine Andeutung von Agglutination wahrgenommen werden konnte, mahnt dazu, die Grenze für die spezifische Agglutinierbarkeit entsprechend höher, also mindestens auf $^1/_{50}$ heraufzurücken.

35. Doppelseitige akute Mittelohreiterung. Zirkumskripte (furunkulöse) und diffuse Entzündung des rechten äußeren Gehörganges, umschriebene rechtsseitige Ohrmuschelentzündung.

Otto Bi., 17 Jahre, Telegraphenarbeiter. In poliklinische Behandlung gekommen 6. März 1905.

Anamnese: Seit 3 Wochen wegen Ohrenlaufens und Schwerhörigkeit in ärztlicher Behandlung. Ursache unbekannt. Früher angeblich nie ohrenkrank.

Status praesens: Kräftiger, gesund aussehender junger Mann mit leichter rechtsseitiger Spitzenaffektion.

Umgebung der Ohren: Druck vorm rechten Tragus und gegen die untere Gehörgangswand sehr empfindlich, keine Druckempfindlichkeit des Warzenfortsatzes.

Ohrmuschel, Gehörgang und Trommelfell: Die rechte Ohrmuschel in der Cavitas conchae blaurot, stark geschwollen. sehr druckempfindlich. Der äußere Gehörgang durch eine halbkugelige Anschwellung der vorderen Wand vollständig verlegt. In beiden äußeren Gehörgängen etwas eitriges, links übelriechendes Sekret. Linkes Trommelfell von diffus grauroter Farbe mit quergestelltem Defekt im unteren Abschnitt, in dessen Bereich die geschwollene und gerötete Paukenschleimhaut freiliegt. Rechts Einblick in die Tiefe nicht zu gewinnen.

Hörprüfung: Flüstersprache links $1^1/_2$ m, rechts 10 cm. We nicht lateral, Ri beiderseits —, Knochenleitung verkürzt.

Behandlung: Trockener Verschluß des rechten äußeren Gehörganges. Verband mit Burowscher Lösung, links Resorzineinträufelung.

Verlauf: 7. März angebliche Abnahme der Schmerzhaftigkeit rechts. Der im rechten äußeren Gehörgang steckende Gazestreifen intensiv grün gefärbt und typisch nach Pyocyaneus riechend. Einführung eines Alkoholgazestreifens rechts, Alkoholverband, links Wiederholung der Resorzineinträufelung.

8. März. Geringe Abschwellung rechts. Borpulverinsufflation.

10. März. Weitere Abschwellung der rechten Ohrmuschel und des Gehörgangs.

11. März. Keine Druckempfindlichkeit vorm Tragus und gegen die untere Wand mehr. Die halbkugelige Schwellung der Gehörgangswand vollständig verschwunden. In der Tiefe weißliche Massen, die durch Abspülung mit dem Paukenröhrchen nur teilweise entfernbar sind.

13. März. Durch Abspülung mit dem Paukenröhrchen werden große Epithellamellen ausgespült. Verband mit Burowscher Lösung.

15. März. Das linke Ohr vollständig trocken. Rechts will Patient noch zeitweise Stiche in der Tiefe verspüren. Gehörgang in der Tiefe spaltförmig verengt mit pulsierendem, serös-eitrigem Sekret.

17. März. Gehörgang in der Tiefe abgeschwollen, seine Wände gerötet, Trommelfell diffus gerötet und geschwollen, Hörfähigkeit $^1/_2$ m für Flüstersprache.

20. März. Ein 2 Tage im Ohr steckender Gazestreifen von serösem Sekret durchfeuchtet.

21. März. Durch Abspülen wieder große Epithellamellen entfernbar. Befund am Trommelfell wie am 17. März. Wiederholung der Borpulverinsufflation.

24. März. Nach dem Abspülen rechtes Trommelfell grauweiß, leichte Gefäßinjektion am Hammergriff. Vor dem Processus brevis stecknadelkopfgroße Perforation. Flüstersprache 6 m.

29. März. Perforation am rechten Trommelfell geschlossen, Gehörgang wie Trommelfell ohne alle Entzündungserscheinungen. Die Perforation im linken Trommelfell beginnt sich zu verkleinern.

Mikroskopischer und bakteriologischer Befund: 7. März. Anlegen eines Ausstrichpräparates aus dem rechten Gehörgangseiter. Es finden sich spärlich kurze, schlanke Stäbchen. Auf Agar sind nach 24 Stunden gelblich-grüne Rasen mit starker Grünfärbung des ganzen umgebenden Nährbodens gewachsen. Mikroskopisch bestehen diese aus sehr lebhaft beweglichen, kurzen, schlanken Stäbchen, bisweilen an Diplokokken erinnernd.

Eine von Agar angelegte Bouillonkultur färbte sich von Tag zu Tag grüner. Beim Schütteln mit Chloroform fiel ein azurblauer Farbstoff (Pyocyanin) aus.

15. März. Ausstrich aus dem Gehörgangssekret enthält noch immer kurze Stäbchen. Venaepunktion (rechte Vena mediana). Agglutinationsversuche mit dem durch Zentrifugieren gewonnenen Blutserum:

a) mit einer 24 Stunden alten Agarkultur von dem rechten Gehörgangseiter des Patienten. Die betreffende Kultur zeigt noch bei $^1/_{50}$ Verdünnung deutliche Häufchenbildung. Von $^1/_{70}$ an ist eine Beweglichkeit der Einzelindividuen nicht mehr vorhanden, Häufchenbildung tritt nicht mehr ein;

b) mit einer mehrere Tage alten Agarkultur des Patienten Otto Z. Bei dieser tritt eine deutliche Agglutination bis zu $^1/_{30}$ Verdünnung auf, doch ist sie schon bei $^1/_{10}$ nicht so ausgeprägt, wie in der gleichen Verdünnung bei a.

28. März. Kontrollversuche mit dem Blutserum der unter No. 34 geschilderten Individuen ergeben folgendes:

Mit dem Serum des Patienten Gk. konnte nur in einer Verdünnung von $^1/_{10}$ eine spurweise Neigung zur Agglutination festgestellt werden. Von $^1/_{30}$ an bestand keine Agglutination mehr.

Das Serum des Patienten Kb. ergab in einer Verdünnung von $^1/_{10}$ deutliche Agglutination, bei $^1/_{30}$ noch eine gewisse Neigung dazu, bei $^1/_{50}$ keine Agglutination mehr.

Eine am 27. März aus dem rechten äußeren Gehörgang vorgenommene Abimpfung auf Bouillon ließ den Nährboden vollkommen steril.

Epikrise: Das zunächst Auffallende in diesem Falle war die Mitbeteiligung der Ohrmuschel (Cavitas conchae) an der Entzündung, die vollständig den Eindruck einer beginnenden Perichondritis machte. Wir dachten deshalb sofort an die Möglichkeit einer Pyocyaneusinfektion vom äußeren Gehörgang aus, aber weder Geruch noch Farbe des dort vorgefundenen Sekrets gaben uns die gewünschte Aufklärung. Wir sahen deshalb zunächst von jeder spezifischen Therapie ab und legten nur einen trockenen Gazestreifen in den äußeren Gehörgang. Dessen intensiv grüne Farbe und eigentümlich aromatischer Geruch machten unsere ursprüngliche Vermutung am nächsten Tage zur Gewißheit, die durch die mikroskopische und bakteriologische Untersuchung bestätigt wurde. Infolge der nunmehr eingeleiteten spezifischen Behandlung gingen die entzündlichen Erscheinungen sowohl an der Ohrmuschel wie im Gehörgang allmählich zurück.

Bis zur vollen Heilung aber bedurfte es eine Zeit lang regelmäßiger Ausspülungen der sich im Gehörgang immer aufs neue bildenden Epithellamellen.

Es handelte sich also um eine diffuse Gehörgangsentzündung mit gleichzeitiger Furunkelbildung. Letztere unterschied sich in nichts von der eines Furunkels gewöhnlicher Aetiologie. Ebensowenig wie im vorausgehenden Fall war ein aetiologischer Zusammenhang zwischen dem Befund von Pyocyaneus und der Mittelohrentzündung mit Sicherheit nachweisbar, da es sich um einen Spontandurchbruch handelte, bei dem eine sekundäre Überwucherung des etwaigen ursprünglichen Entzündungserregers durch den vom äußeren Gehörgang eindringenden Pyocyaneus immerhin zu den Möglichkeiten gehört. Bei der durch die Agglutination nachgewiesenen Pathogenität dieses Mikroorganismus im vorliegenden Falle verlöre allerdings ein derartiges Vorkommnis viel von seiner ihm sonst zukommenden Bedeutung.

Von dem Wunsche geleitet, gegenüber den durch mehrfache Untersuchungen erwiesenen positiven Ergebnissen der Agglutination

Fälle aufzufinden, in denen eine solche nicht zu beobachten war, stellte ich am 15. März mit dem Serum des Patienten erneut derartige Untersuchungen an.

Trotz der anscheinend geringgradigen lokalen, von uns auf den Pyocyaneus bezogenen Veränderungen war eine starke Agglutinationswirkung zu beobachten, die sich an den aus dem eigenen Ohr des Patienten gewonnenen Kulturen bis zu $^1/_{50}$, bei einer Kultur anderer Provenienz bis zu $^1/_{30}$ erstreckte. Da sich bei den Kontrolluntersuchungen mit dem Blutserum gesunder Individuen noch bei $^1/_{30}$ das eine Mal eine spurweise Agglutination nachweisen ließ, mahnt dieser Fall wie der vorige, die Grenze für die spezifische Agglutination erst bei $^1/_{50}$ beginnen zu lassen.

Damit war also in diesem Falle der einwandfreie Beweis einer durch den Pyocyaneus hervorgerufenen Infektion erbracht, die nach Lage der Sache im Ohr ihren Sitz haben mußte.

36. Linksseitige diffuse Gehörgangsentzündung. Heilung.

Leutnant W., 22 Jahre alt. In Behandlung genommen 22. März 1905.

Anamnese: Will seit 2 Tagen angeblich infolge Erkältung an linksseitigen Ohren- und Kopfschmerzen leiden. Früher nie ohrenkrank.

Status praesens: Auffallend blühend und gesund aussehender, sehr kräftiger muskulöser Mann.

Umgebung des Ohrs: Druck vor den linken Tragus und gegen die untere Gehörgangswand sehr empfindlich. Warzenfortsatz o. B.

Äußerer Gehörgang und Trommelfell: Der linke äußere Gehörgang ist allseitig geschwollen und bei Einführung des Trichters sehr schmerzempfindlich. An den Wänden etwas eitriges Sekret. In der Tiefe weißlich gelbe Rasen, die das Trommelfell bedecken. Rechts normaler Befund.

Hörprüfung: Flüstersprache beiderseits 6 m, We nach links lateralisiert, Ri beiderseits +, Knochenleitung von normaler Dauer.

Behandlung und Verlauf: Ausspülung des linken Gehörgangs mit dem Paukenröhrchen. Das darnach sichtbar werdende Trommelfell völlig normal. Einführen eines mit Burowscher Lösung getränkten Gazestreifens.

23. März. Der Streifen im äußeren Gehörgang grünblau verfärbt. Schmerzhaftigkeit unverändert. Borpulverinsufflation.

24. März. Schmerzhaftigkeit wesentlich geringer. Schwellung etwas zurückgegangen.

25. März. Will keinerlei Kopf- und Ohrenschmerzen mehr verspüren. Mäßige Absonderung von serös-eitrigem Sekret aus dem Gehörgang.

27. März. Gehörgang vollständig abgeschwollen, keine Absonderung mehr. Beschwerden nicht mehr vorhanden. Wiederholung der Borpulverinsufflation mit der Anweisung, sich nach einigen Tagen wieder vorzustellen.

30. März. Objektiv krankhafte Veränderung nicht mehr nachweisbar. Flüstersprache 6 m, We nicht mehr lateralisiert. Patient ist dauernd beschwerdefrei. Geheilt entlassen.

Mikroskopischer und bakteriologischer Befund: Der am Tage der Aufnahme aus dem linken Gehörgang entnommene, deutlich nach Pyocyaneus riechende Eiter wird

a) auf einen Objektträger ausgestrichen,

b) auf Agar verimpft.

a) enthält sehr zahlreiche kurze, etwas plumpe, an den Enden abgerundete Stäbchen;

b) ist nach 24 Stunden mit einem grüngrauen Rasen bedeckt. Nährboden der Umgebung lebhaft grün gefärbt. Mikroskopisch bestehen die Rasen aus den gleichen, äußerst lebhaft beweglichen Stäbchen wie der Originalausstrich.

Eine von Agar angelegte Bouillonkultur nahm eine schöne hellgrüne Farbe und den charakteristischen Pyocyaneusgeruch an. Beim Schütteln mit Chloroform fiel ein intensiv hellblauer Farbstoff (Pyocyanin) aus.

Am 25. März. Blutentnahme durch Venaepunktion. Mit dem Serum Agglutinationsversuche

1. mit einer 24 Stunden alten Pyocyaneuskultur aus dem eigenen Ohr des Patienten. Dieselbe wird noch in einer Verdünnung von 1 : 150 stark agglutiniert;
2. mit einer ebenfalls 24 Stunden alten Kultur des Patienten Z. Hier ist eine Agglutination bis zu $^1/_{50}$ feststellbar.

Kontrollversuche: Am 28. März werden mit einer wiederum frisch angelegten, 24 Stunden alten Kultur des Leutnants W. Agglutinationsversuche vorgenommen mit frischem Blutserum der zwei unter No. 34 näher beschriebenen Patienten mit nervöser Schwerhörigkeit.

Mit dem Serum des ersten dieser Kranken, Gk., in einer Verdünnung von $^1/_{10}$ zeigten die von Leutnant W. stammenden Kulturen eine spurweise Neigung zur Agglutination. Von einer Verdünnung von $^1/_{30}$ an war keine Agglutination mehr nachweisbar.

Mit dem Serum des zweiten Patienten, namens Kb., konnte in einer Verdünnung von $^1/_{10}$ eine Agglutination der Kulturen von Leutnant W. nicht erzielt werden.

Eine am 30. März von Gehörgangsschüppchen angelegte Bouillonkultur blieb steril.

Epikrise: In diesem Falle sind alle Bedingungen dafür erfüllt, daß nur der Pyocyaneus als Erreger der vorliegenden Ohraffektion in Frage kommen kann. Denn erstens konnte sowohl mikroskopisch wie kulturell nur seine Anwesenheit im Ohreiter festgestellt werden, zweitens lieferte der Ausfall der Agglutination den einwandfreien Beweis seiner Pathogenität durch die außerordentlich hohe Verdünnungsgrenze, innerhalb deren eine deutliche Agglutination nachweisbar blieb, und drittens hatte die angewandte spezifische Therapie (Borpulverinsufflationen) den gewünschten — auch durch Kulturversuche bestätigten — Erfolg.

Auch hier fand sich ähnlich wie in den vorausgehenden beiden Fällen bei Kontrollversuchen mit dem Blutserum zweier nicht mit Pyocyaneus infizierter Menschen, daß das eine Mal in einer Verdünnung von $^1/_{10}$ eine spurweise Neigung zur Agglutination vorhanden war. Gleichfalls also ein Hinweis, die Grenze für die spezifische Agglutination entsprechend heraufzurücken.

Bemerkenswert ist in diesem wie im Fall 34 der Umstand, daß es sich beide Male um kräftige, blühende, im übrigen völlig gesunde Männer handelte, die von der Infektion heimgesucht wurden. Jedenfalls ein Beweis, daß sich die Pathogenität des Pyocyaneus nicht auf in ihrer Widerstandskraft geschwächte Individuen beschränkt.

37. Umschriebene Phlegmone der linken Ohrmuschel.

Alwin Jl., 8 Jahre alt. In poliklinische Behandlung genommen 25. März 1905.

Anamnese: Soll nach Angabe der Mutter vor etwa 8 Tagen eine Ohrfeige bekommen haben. Im Anschluß daran sei die betreffende Ohrmuschel allmählich angeschwollen.

Status praesens: Kleiner rachitischer, ziemlich elend aussehender Knabe.

Die linke Ohrmuschel steht flügelförmig vom Kopfe ab und ist auf ihrer medialen Seite blaurot gefärbt und geschwollen. Die gleiche Schwellung und Verfärbung im oberen Teil der lateralen Seite, nach vorn und unten vom Anthelix und Antitragus begrenzt. Entsprechend der höchsten Erhebung des Helix erscheint die Haut glänzend, straff gespannt, z. T. gelblich durchscheinend. Die betreffende Partie zeigt deutliche Fluktuation.

Äußerer Gehörgang und Trommelfell beiderseits normal.

Behandlung und Verlauf: In Chloroformnarkose Eröffnung des Abszesses, aus dem sich etwa $1^1/_2$ Theelöffel dickrahmiger nicht übelriechender Eiter entleert. Das Unterhautbindegewebe in seinem Bereich nekrotisch zerfallen. Der Knorpel überall mit einer durchscheinenden Bindegewebsschicht überzogen, nirgends freiliegend.

Jodoformgazetamponade, trockener steriler Verband.

27. März. Wunde hat sich gut gereinigt, keine Eiterentleerung mehr. Die Ohrmuschel ist vollständig abgeschwollen, nirgends mehr entzündlich gerötet und druckempfindlich.

28. März. Gutes Aussehen der Wunde. Das Kind hat keinerlei Beschwerden mehr.

7. April. Wunde geheilt.

Mikroskopischer und bakteriologischer Befund: Im Originalausstrich Staphylokokken, Diplokokken, vereinzelt kurze Stäbchen.

Bouillonkultur nach 24 Stunden diffus getrübt mit dünnem Kahmhäutchen enthält Staphylokokken, Diplokokken, große plumpe, zum Teil wetzsteinförmige, unbewegliche Stäbchen mit zahlreichen Sporen im Innern sowie kleine, schlanke, sehr bewegliche Stäbchen.

Auf Agar kamen nur ockergelbe Kolonien aus Staphylococcus aureus und weiße aus Staphylococcus albus zur Entwickelung.

Weiterimpfung der Bouillonkultur auf Agar ließ gleichfalls nur die beschriebenen beiden Arten von Staphylokokken aufgehen.

Epikrise: Das hier vorliegende Bild unterschied sich weder äußerlich noch bei der Inzision in irgend etwas von einer abszedierenden Unterhautbindegewebsentzündung an anderen Körperstellen. Der mikroskopische und bakteriologische Befund des Eiters mit dem Nachweis von Staphylokokken entsprach dem vollkommen. Demgegenüber glaube ich dem Stäbchenbefund, der nach der Bouillonkultur zu schließen z. T. sogar auf Verunreinigungen zu beziehen war, keine aetiologische Bedeutung beilegen zu sollen. Es gelang auch durch Weiterimpfung auf Agar nicht, die betr. Arten zu differenzieren. Insbesondere muß die Frage, ob es sich bei den beweglichen Kurzstäbchen etwa um Pyocyaneus gehandelt hat, in suspenso bleiben.

Fassen wir das Ergebnis der mitgeteilten Untersuchungen zusammen, so ergibt sich hinsichtlich des Vorkommens des Bacillus pyocyaneus, daß er nachgewiesen wurde in Fällen

1. von Ohrmuschelentzündung (Perichondritis),
2. von Furunkel (Abszeß) im äußeren Gehörgang,
3. von Otitis externa diffusa,
4. von Otitis externa haemorrhagica,
5. von Otitis externa crouposa,
6. von Otitis media acuta,
7. von Otitis media chronica,
8. von Mastoiditis,
9. von subperiostalem Abszeß,
10. von retropharyngealem Abszeß,
11. von Hirnabszeß,
12. von Sinusthrombose,
13. von durch Ohrenerkrankung vermittelter Allgemeininfektion,
14. von Allgemeinerkrankung mit sekundärer Mitbeteiligung des Gehörorgans.

Für einen Teil der mitgeteilten Fälle nun hoffe ich im weiteren Verfolge der bei den Einzelfällen gemachten epikritischen Bemerkungen den Nachweis zu führen, daß die dabei konstatierte Anwesenheit des

Bacillus pyocyaneus in aetiologischem Zusammenhang mit der betr. Affektion steht. Damit wäre auch für das Ohr die Frage nach der Pathogenität dieses bisher vielfach nur als Saprophyt eingeschätzten Organismus und zwar in bejahendem Sinne entschieden, eine Tatsache, deren Bedeutung darin läge, daß nach unseren Beobachtungen kaum ein Teil des Gehörorganes von einer Infektion durch Pyocyaneus verschont bleibt, und ein Übergreifen dieser Infektion nicht nur auf lebenswichtige Nachbarteile, sondern auf den gesamten übrigen Körper festgestellt werden konnte.

Wir beginnen, indem wir dabei den topographischen Beziehungen der einzelnen Abschnitte des Gehörorgans folgen, mit der Ohrmuschel und zwar derjenigen ihrer Erkrankungen, die gemeinhin als Perichondritis bezeichnet wird. Unter diesem Namen werden seitens verschiedener Autoren ganz verschiedene Prozesse zusammengefaßt. In erster Linie sind es Othämatome mit klarem bernsteingelben Inhalt, die wegen dieser ihrer Besonderheit vielfach als akute seröse Perichondritiden angesprochen worden sind. Es sind dieselben Geschwülste, die Hartmann (44, 45, 46) als Zysten bezeichnet wissen will. Unter die Autoren, die sich der oben erwähnten Nomenklatur in Einzelfällen bedient haben, gehören beispielsweise auch Knapp (70) und Haug (50).

Ersterer spricht von den beiden Formen der Perichondritis: der seröseitrigen und der hämorrhagischen (Othämatom) Form. Letzterer hat unter der Diagnose Perichondritis einen Fall publiziert, aus dessen klinischem Verlauf nur gefolgert werden kann, daß es sich dabei um einen dem Othämatom anderer Autoren vollständig analogen Prozeß gehandelt hat. Wenn Fischenich (32) davon spricht, daß seröse Perichondritiden der Ohrmuschel nicht so selten beobachtet werden, so dürfte dies gleichfalls in der Auffassung von der Identität der genannten beiden Prozesse seinen Grund haben.

In den letzten Jahren ist Möller (101) nochmals für die Berechtigung des Begriffs Perichondritis serosa für die geschilderten Affektionen eingetreten.

Schon Schwartze (136, S. 75) und Gruber (39) aber haben sich gegen eine derartige Auffassung gewandt und bezeichnen sie als falsch und unstatthaft. Passow (113, S. 14) betont neuerdings, daß es sich in den Hartmannschen Fällen wahrscheinlich entweder um Lymphorrhagien oder um entzündliche Exsudate handelt. Während erstere nach ihm unter den Begriff Othämatom fallen und traumatischen Ursprungs sind, hält er das Vorkommen einer echten exsudativen Perichondritis, die sich in ihren klinischen Erscheinungen nur schwer von den Othämatomen trennen läßt, aber keineswegs mit dem Begriff der Hartmannschen Zysten deckt, für höchst wahrscheinlich. Er basiert seine Annahme auf einen im vorigen Jahre in der Charité-Ohrenklinik zur Beobachtung gelangten Fall eines Studenten, bei dem sich im Verlauf einer fieberhaften, influenzaähnlichen Allgemeinerkrankung an der für Othämatom charakteristischen Stelle beiderseits schmerzhafte, fluktuierende, symmetrische Anschwellungen entwickelten, aus deren serösem Inhalt Reinkulturen Fränkelscher Kapseldiplokokken gezüchtet wurden. Unter Inzision und innerlicher Darreichung von Aspirin kam es zu vollständiger Heilung ohne Deformität und Schwund sämtlicher Allgemeinerscheinungen.

Aus den auffallenden Allgemeinsymptomen, dem Verlauf, der Doppelseitigkeit des Prozesses und dem bakteriologischen Befund dieses Falles folgert Passow, daß es sich nicht um Othämatome gehandelt haben kann und gibt die Möglichkeit zu, daß bei einigen als spontane Othämatome bei Geistesgesunden und als Zysten beschriebenen Fällen ähnliche exsudative Perichondritiden vorhanden gewesen sind. Diese Deutung scheint am ehesten Giltigkeit für einen von Gradenigo (35) beschriebenen und vielfach als Prototyp einer Perichondritis serosa zitierten Fall zu besitzen, bei dem die Affektion gleichfalls doppelseitig war, während allerdings die bakteriologische Untersuchung ein negatives Resultat ergab. Wegen dieses letzteren Ergebnisses freilich kann die Gradenigosche Diagnose einen Anspruch auf Unanfechtbarkeit nicht machen, da auch doppelseitige Othämatome vorkommen (Brunner, Oliver, Wagenhäuser). Einen derartigen Fall hatten auch wir vor kurzem Gelegenheit zu beobachten bei einem Manne, der die Entstehung der Affektion auf allzu handgreifliche Zärtlichkeiten seitens seiner Braut zurückführte.

In einer demnächst im Archiv für Ohrenheilkunde zu veröffentlichenden Arbeit[1]) hoffe ich ein neues Streiflicht auf die viel diskutierte Frage Othämatom, Zyste oder Perichondritis serosa zu werfen.

Sehen wir hier von den genannten Arten von Erkrankungen ab, so ist es der nunmehr allein zu behandelnde Prozeß, dessen Deutung als Perichondritis bisher keinerlei Widerspruch erfahren hat.

Die Beschreibung der klinischen Erscheinungsformen dieser Affektion seitens der verschiedenen Autoren ist freilich keine einheitliche. Nach Politzer (117) handelt es sich um eine auf die vordere Fläche der Ohrmuschel beschränkte, gerötete oder blaurote, unebene, fluktuierende Geschwulst, welche den größten Teil der Concha und der

---

1) Anmerkung bei der Korrektur: Inzwischen im LXVII. Bd. des Archivs für Ohrenheilkunde erschienen.

Fossa helicis einnimmt und nach unten an der Grenze des Ohrläppchens scharf abgesetzt erscheint. Letzteres Moment wurde als differential-diagnostisch gegenüber der einfachen diffusen Entzündung der Ohrmuschel zum ersten Mal von Knapp (68) hervorgehoben. Er glaubte diese Beobachtung mit der Tatsache in Verbindung bringen zu sollen, daß es im Ohrläppchen einen Knorpel nicht gibt. Demgegenüber erwähnt Gruber (l. c.), daß er mehrere Fälle beobachtet habe, in denen die Entzündung von der Knorpelhaut ausging und das Läppchen in Mitleidenschaft zog. Bei der Entzündung der hinteren Muschelfläche sei dies ausnahmslos der Fall. Hier also die Angabe, daß neben dem Läppchen auch die hintere Muschelfläche an der Entzündung beteiligt sein kann. Dem entspricht auch die Angabe von Schwartze (l. c., S. 76), daß „der bei Perichondritis anfänglich unveränderte Hautüberzug sich erst im späteren Verlauf und meist nur an umschriebenen Stellen an der Entzündung beteilige, auch an der Hinterfläche der Ohrmuschel". Eine Mitbeteiligung des Ohrläppchens scheint, soweit ich die Literatur überblicke[1]), nur noch Roosa (140) beobachtet zu haben. Bürkner (16) versieht diese und die Gruberschen diesbezüglichen Mitteilungen mit einem Fragezeichen und ist der Ansicht, daß das Ohrläppchen diesfalls wohl ausnahmsweise einen langen Knorpelfortsatz enthalten müsse. Habermann (42) stellt sich auf den Gruber-Roosaschen Standpunkt, wenn er sagt, daß die infolge der Perichondritis sich bildende othämatomähnliche Geschwulst „manchmal auch auf das Läppchen übergreift".

Gleich Politzer (l. c.) sind Bürkner (l. c.), Jacobson (58) und Hartmann (43) der Ansicht, daß sich die Entzündung auf die konkave (vordere) Muschelfläche beschränke.

Pomeroy (118) spricht sich dahin aus, daß außer der spontanen Entstehung an der Vorderfläche der Ohrmuschel die Perichondritis auch vom Gehörgang aus im Anschluß an akute und chronische Entzündungsprozesse entstehen und sich über den größten Teil der Muschel ausdehnen könne.

---

1) Die Angabe Steinbrügges (139, S. 23), daß auch in dem Schwabachschen (134) Fall eine Mitbeteiligung des Lobulus vorhanden gewesen sei, ist irrtümlich. In dem betreffenden Passus steht ausdrücklich: „Die ganze Ohrmuschel mit Ausnahme des Ohrläppchens, hochgradig geschwollen." Ferner: „Das Ohrläppchen ist frei von jeder sichtbaren Abnormität und auch bei Berührung nicht schmerzhaft."

Der genauer beschriebene Fall von Grüning (40), in dem „auch der Lobulus in die rote, geschwollene, unförmige Masse, in die die übrige Ohrmuschel verwandelt war, aufgegangen war", wird von diesem Autor als diffuse phlegmonöse Entzündung der Ohrmuschel aufgefaßt (s. u.).

Kirchner (64) beschreibt die Erkrankung als rasch zunehmende Anschwellung der ganzen Ohrmuschel mit Ausnahme des Läppchens, so daß alle Furchen und Vertiefungen derselben ausgeglichen werden. Die Haut über der Geschwulst sei prall gespannt, gerötet, fühle sich wärmer an. Die Geschwulst sei anfänglich von teigiger Konsistenz, Fluktuation trete erst später ein.

Bei Passow (l. c.), der seinem Thema entsprechend nur die infolge operativer Knorpeldurchtrennungen bei Radikaloperationen auftretenden Formen traumatischer Perichondritis schildert, findet sich die Angabe, daß an irgend einer Stelle der Muschel, meist in unmittelbarer Nähe einer bei der Operation gesetzten Knorpelwunde, unter meist subfebrilen Temperaturen intensive Schmerzen, Rötung und Schwellung auftreten, die in den meisten Fällen die ganze Ohrmuschel mit Ausnahme des Läppchens zu befallen pflegten.

Was die pathologisch-anatomische Grundlage der beschriebenen Affektion anlangt, so ist nach Schwartze (l. c., S. 76) der Inhalt der Geschwulst das vom Perichondrium gelieferte Exsudat, anfänglich der Synovia ähnlich, späterhin eitrig. Nach der Inzision sei der bloßgelegte Knorpel sichtbar und die Ablösung der Haut vom Knorpel mit der Sonde fühlbar. In einigen Fällen erfolgte die Heilung ohne Hinterlassung einer Deformität des Ohrknorpels [Schwartze, Chimani (21)], in anderen von Pomeroy (l. c.), Pooley (119) und Knapp (l. c.) publizierten Fällen seien ähnliche Verdickungen und narbige Schrumpfungen der Ohrmuschel zurückgeblieben, wie sie beim Othämatom die Regel bildeten. Exfoliation des Knorpels habe er nie gesehen, wohl aber Herde von käsiger und kalkiger Degeneration des Knorpels. Ganz ähnlich lautet die Habermannsche (l. c.) Schilderung (Schw. Handb., S. 219), nach der sich bei Spaltung der Geschwulst das Perichondrium vom Knorpel abgelöst und ein anfangs synoviaähnliches, später eitriges Exsudat findet. Der Verlauf pflege ein langwieriger zu sein und könne es zur Bildung von Fistelgängen, zu umschriebener Nekrose des Knorpels und auch zur Verkalkung desselben kommen. Der Ausgang deckt sich mit dem von Schwartze beschriebenen. Nach Gruber (39) führt die Knorpelhautentzündung mitunter zur Bildung von großen Abszessen an der hinteren Muschelfläche. Fistulöse Öffnungen an der Ohrmuschel im Verlauf einer Perichondritis haben Schwartze (l. c.) und Bürkner (l. c.) beobachtet. Die Beschreibungen von Kirchner (l. c.), Steinbrügge (l. c.), Hartmann (l. c.), Politzer (l. c.), Jacobson (l. c.), Roller (124) und Passow (l. c.) deckt sich in den Hauptzügen mit dem von Schwartze und Habermann entworfenen Bilde.

Einigkeit herrscht unter den Autoren auch darüber, daß die spontane Form der Perichondritis entweder ohne bekannte Ursache oder im Anschluß an zirkumskripte und diffuse Entzündungen des äußeren Gehörgangs- bzw. an eitrige Mittelohrentzündungen zur Entwickelung kommt. Das in den letzten Jahren seit der Ausführung der sog. Radikaloperation chronischer Mittelohreiterungen mit anschließender Gehörgangsplastik häufigere sekundäre Auftreten der Erkrankung wird allgemein auf eine Infektion des in größerer Ausdehnung dabei operativ freigelegten Perichondriums von der Wundhöhle aus bezogen.

Letzteres sind die Fälle, in deren Eiter Leutert, Körner und Tatsusaburo Sarai den Pyocyaneus nachgewiesen haben, den sie für den Erreger der Affektion zu halten geneigt sind. Nach Passows Ansicht erscheint diese Annahme zwar sehr wahrscheinlich, ist aber noch nicht ganz spruchreif.

Bei diesem gegenwärtigen Stand der Dinge dürfte die Beibringung weiteren Materials ihre Berechtigung haben.

Unter unseren oben mitgeteilten Fällen befinden sich im ganzen 12, bei denen die in Rede stehende Erkrankung teils in zirkumskripter, teils in diffuser Form zur Beobachtung gelangte, und zwar sind dies

No. 2, Luise W. — No. 11, Elisabeth Kr. — No. 12, Hans We. — No. 13, Julius Kö. — No. 14, Wilhelm Ho. — No. 15, Friederike Schz. — No. 17, Ernst Ar. — No. 22, Frau Sch. — No. 25, Gustav Du. — No. 30, Paul Schr. — No. 32, Gustav H. — No. 35, Otto Bi.

Von diesen Fällen ist die Erkrankung 6 mal primär, d. h. ohne voraufgegangenen Eingriff am Gehörgang, 6 mal sekundär im Anschluß an operative Maßnahmen (Gehörgangsplastik) entstanden.

Von den ersteren waren drei (2, 30, 32) mit diffuser Entzündung des äußeren Gehörgangs, je einer mit umschriebener Gehörgangs- und akuter Mittelohrentzündung (35), mit diffuser Gehörgangs- und akuter Mittelohrentzündung (25) und endlich mit diffuser Gehörgangsentzündung und chronischer Mittelohreiterung (17) kombiniert.

Die Erkrankung der Muschel war in den Fällen 25 und 35 umschrieben und betraf nur die dem äußeren Gehörgang angrenzenden Partien der Cavitas conchae. Die betreffenden Stellen waren blaurot verfärbt, stark diffus geschwollen, von teigiger Konsistenz und außerordentlich druckempfindlich. Die darüber gelegene Haut war prall gespannt und glänzend. Bei dem ersten dieser Kranken ging die entzündliche Affektion der Muschel kontinuierlich in die entzündliche Schwellung der unteren Gehörgangswand über, während bei den andern Kranken die Gehörgangserkrankung ausschliesslich die vordere Wand betraf und als Furunkel imponierte.

In den Fällen 2, 17 und 30 war die ganze Ohrmuschel, mit Ausnahme des Lobulus, an der Entzündung beteiligt. Die Erkrankung war in den Fällen 2 und 17 keine sehr hochgradige und bestand in Schwellung und Rötung sowie starker Schmerzhaftigkeit der Muschel, ohne dass jedoch die normalen Furchen und Höcker an der konkaven Seite verstrichen gewesen wären. Fall 2 war anfänglich von leichtem Fieber (38,1) begleitet, das wegen der gleichzeitig bestehenden Gehörgangsentzündung z. T. aber auch auf diese zu beziehen gewesen sein dürfte. Unter Borwasserverbänden war die ganze Affektion in Fall 17 in etwa 24 Stunden vollständig abgeklungen, während in Fall 2 unter der gleichen Behandlung hierzu einige Tage nötig waren. Beide Male kam es zu vollständiger Restitutio ad integrum, die in Fall 2 eine dauernde blieb, während Fall 17 nach dieser Richtung deshalb keine Beweiskraft besitzt, weil Patient kurze Zeit darauf an einer fortschreitenden Encephalitis nach Schläfenlappenabszess zu grunde ging.

In Fall 30 handelte es sich um eine entzündliche Muschelschwellung stärkeren Grades, die zu einem Verstreichen der normalen Gruben in der oberen Hälfte der konkaven Seite geführt hatte. Auffallend, und nur noch in einem Falle postoperativer Perichondritis (No. 12, We.) beobachtet, war die Abhebung von mit seröser Flüssigkeit gefüllten Epidermisblasen in der Cavitas conchae.

Fall 32 endlich (Gustav H.) nimmt insofern eine besondere Stelle ein, als bei ihm eine Beteiligung des Lobulus an der Entzündung durch entzündliche Rötung, Schwellung, Hitzegefühl und Druckempfindlichkeit desselben zu konstatieren war. Die Schmerzempfindlichkeit in ihm hielt sich sogar auffallend lange, länger jedenfalls, als in den übrigen Teilen der Muschel. Eigentümlich war nun, daß trotz dieser Mitbeteiligung des Läppchens ein charakteristischer Farbenunterschied zwischen den knorpelhaltigen Abschnitten der Muschel und dem Lobulus bestand, indem erstere mehr blaurot, letzterer bedeutend blasser aussah. Diese Beobachtung legt den Gedanken nahe, ob nicht ähnliche Fälle auch sonst bisweilen vorgekommen und nur infolge dieser in die Augen springenden Farbendifferenzen in dem Sinne gedeutet sein mögen, als sei das Läppchen von der Erkrankung nicht mitbetroffen.

Andererseits allerdings belegen unsere sämtlichen übrigen Beobachtungen von diffuser Perichondritis die von der Mehrzahl der Autoren betonte Tatsache, daß das Läppchen an dem Prozeß meist unbeteiligt ist.

Der Standpunkt derjenigen, die im Freibleiben des Lobulus ein differentialdiagnostisches Kennzeichen der Perichondritis gegenüber andersartigen Entzündungen der Ohrmuschel erblicken, geböte eigentlich, Fälle wie den vorliegenden nicht unter diese Kategorie von Erkrankungen einzureihen. Will man aber auf eine derartige Rubrizierung nicht verzichten und ließe infolgedessen lieber in Übereinstimmung mit Habermann, Gruber und Roosa dieses Merkmal als unwesentlich für den in Rede stehenden Prozeß fallen, so schwände damit das markanteste klinische Symptom, das der Perichondritis in der Pathologie der Ohrmuschelaffektionen ihre Sonderstellung anweist. Ob eine solche in der Tat berechtigt ist, soll weiterhin Gegenstand unserer Untersuchungen sein.

In Zusammenhang damit möchte ich auf die Mitbeteiligung der Parotis an dem entzündlichen Prozeß im Falle H. hinweisen, wie sie durch deren schmerzhafte Anschwellung zum Ausdruck kam. Sie bildet ein gewisses Analogon zu ähnlichen Beobachtungen von Schwartze (l. c., S. 76) und Kretschmann (79), bei denen es gleichfalls im Anschluß an Perichondritis zu schweren Infektionen der Nachbarorgane kam, während in unserm Falle der Verlauf im ganzen ein entschieden gutartiger war. Ob die Vermittelung der Infektion bei unserm Kranken auf den Lymph- oder Blutwegen des Unterhautzellgewebes oder per contiguitatem durch die Incisurae Santorini erfolgt ist, bleibe dahingestellt. Jedenfalls haben wir nach dem klinischen Verlaufe Grund zu der Annahme, daß der ursprüngliche Sitz der Erkrankung der äußere Gehörgang war, von dem aus sowohl die Perichondritis wie Parotitis induziert waren.

Zur Beurteilung der Schwere dieser Ohrmuschelerkrankung sei nur noch hinzugefügt, daß der betreffende Spezialkollege, aus dessen Kliente der Patient stammte, die zur Zeit seiner Behandlung vorhanden gewesenen Schwellungszustände als direkt elephantiastische bezeichnete.

Als klinisch bedeutsam möchte ich noch auf die in diesem Falle aufgetretenen zahlreichen Rezidive der Ohrmuschelerkrankung verweisen. Offenbar trug der chronische Charakter der Gehörgangsaffektion und dadurch bedingte Exazerbationen der Entzündung daran die Schuld.

Die Untersuchung der für alle diese Erkrankungen charakteristischen und gemeinsamen Merkmale führt uns zunächst auf die Frage nach der Art und dem Ausgangspunkt dieses Leidens.

Wir hatten bei den genannten Fällen nur ein einziges Mal Gelegenheit, uns von den der Erkrankung zu Grunde liegenden pathologischen Gewebsveränderungen durch den Augenschein zu überzeugen und zwar war dies bei dem Kranken Du. (Fall 25), dessen Affektion Veranlassung zu operativem Eingreifen bot.

Die vorgenommene Inzision lieferte blutig-seröses, nicht eitriges Sekret. Im Bereiche der Schnittwunde konnte nur eine diffuse ödematöse Infiltration des Unterhautbindegewebes, keine makroskopisch sichtbare Erkrankung von Knorpelhaut und Knorpel festgestellt werden. Unter Borpulverinsufflationen in die Wunde und den Gehörgang kam es binnen wenigen Tagen zum Verschwinden aller entzündlichen lokalen Erscheinungen und reaktionslosen Wundverschluß.

In allen übrigen — diffusen wie zirkumskripten — Fällen kam, wie hier gleich anhangsweise bemerkt sei, die Affektion teils nur unter Anwendung feuchter Verbände mit Borwasser oder Burowscher Lösung (Fall 17) um die Ohrmuschel, meist, namentlich grundsätzlich, sobald der Charakter der Erkrankung als Pyocyaneusinfektion wahrscheinlich gemacht oder erwiesen war, unter gleichzeitigen Borpulverinsufflationen in den äußeren Gehörgang zu Heilung. Nicht in einem einzigen der mitgeteilten Fälle primärer Entzündung kam es zu nachträglichen Difformitäten an der Muschel.

In sämtlichen Fällen nun sind Untersuchungen auf die dabei vorhandenen Mikroben vorgenommen worden. Diese Untersuchungen zerfallen in zwei Gruppen, nämlich

1. solche, bei denen eine direkte Untersuchung der Gewebsflüssigkeit der erkrankten Ohrmuschel stattfand;
2. solche, bei denen sich die Untersuchung auf das Gehörgangs- bzw. Mittelohrsekret beschränkte.

Ad 1. Derartige Untersuchungen konnten nach Lage der Sache nur bei den Patienten Du. (25) und Schr. (30) vorgenommen werden.

Die Untersuchung des Wundsekrets bei Du. fand einen Tag nach der Operation statt und ergab mikroskopisch im Originalausstrich kurze, schlanke, neben einzelnen längeren, schlanken Stäbchen, kulturell (auf Bouillon und Agar) Reinkulturen von Pyocyaneus, die mikroskopisch den gleichen Polymorphismus von kürzeren und längeren, schlanken Stäbchen erkennen ließen wie das Originalausstrichpräparat.

Das vor der Operation angelegte Ausstrichpräparat vom Gehörgangseiter hatte nur sehr reichlich kurze, schlanke Stäbchen aufgewiesen. Die im weiteren Verlauf der Erkrankung wiederholt mikroskopisch und kulturell vorgenommenen Untersuchungen des Gehörgangssekrets hatten auch hier stets das gleiche Resultat: Reinkulturen von Pyocyaneus.

In diesem Falle darf also der Beweis und zwar allen technischen Anforderungen entsprechend, als erbracht gelten, daß der Pyocyaneus der Erreger der Ohrmuschelentzündung, und daß ein aetiologischer Zusammenhang zwischen dieser Erkrankung und dem gleichzeitig vorhandenen Mittelohrprozeß im höchsten Grade wahrscheinlich ist.

Der zweite derjenigen Fälle, in dem wir eine bakteriologische Untersuchung der Ohrmuschelgewebssäfte vornehmen konnten, ist der Patient Paul Schr. (30). Allerdings betraf diese nicht das Sekret von Inzisionswunden in die tieferen Gewebsschichten, sondern den Inhalt der bei ihm vorhandenen subepidermoidalen Blasen in der Cavitas conchae. Mehrere davon angelegte Originalausstriche ergaben keinerlei bakterielle Beimengungen. In Bouillon entwickelten sich im Verlauf von 48 Stunden Reinkulturen von Kapseldiplokokken, während auf Agar große, weiße und gelbe Kolonien aus großen, nicht pathogenen Diplokokken zur Entwicklung kamen. Letztere hatten wir umso mehr Grund als Verunreinigung aufzufassen, als die Nadel bei der Abimpfung nachweislich mit den bedeckenden Hautschichten in Berührung gekommen war.

Ein Originalausstrich vom Gehörgangseiter ergab zahlreiche, zum Teil sehr große Diplokokken, plumpe dickere, gerade und lange schlanke, zum Teil leicht gekrümmte, in ihrer Form an Diphtheriebazillen erinnernde Stäbchen mit starker Polfärbung. Auf Bouillon wuchsen überwiegend Kapseldiplokokken, ferner Haufen großer dicker Kokken und schlanke lange, unbewegliche Stäbchen.

In diesem Falle bestehen zunächst Zweifel darüber, auf welchen der in dem Inhalt der Blasen nachgewiesenen Mikroorganismen die ganze Erkrankung zurückzuführen ist. In Betracht kämen aus den oben angeführten Gründen mit Wahrscheinlichkeit nur die in Bouillon gezüchteten Kapseldiplokokken. Das negative Ergebnis des Originalausstrichs beweist, daß diese nur ganz vereinzelt vorhanden und, wie aus dem spärlichen und langsamen Wachstum auf Bouillon und dem ganzen klinischen Verlauf der Affektion hervorgeht, nur von geringer Vitalität und Virulenz gewesen sein können. Wenn auch ein aetiologischer Zusammenhang im angedeuteten Sinne viel Wahrscheinlichkeit für sich hat, und unser im folgenden zu besprechender Fall Ge. den Beweis liefert, daß Pneumokokken in der Tat derartige Affektionen hervorzubringen imstande sind, wie sie auch lokale Eiterungen an anderen Körperstellen verursachen können [Hayo (51)], so vermag meines Erachtens doch mehr als eine solche hohe Wahrscheinlichkeit eines Zusammenhangs aus dem geschilderten Befunde nicht gefolgert zu werden. Andererseits würde das überwiegende Vorkommen von Kapseldiplokokken im Gehörgangseiter, wie es kulturell festgestellt wurde, ähnlich wie in den vorausgehenden Fällen, die Abhängigkeit des Ohrmuschelleidens von der Gehörgangsentzündung durchaus erklärlich machen können.

Die zweite Kategorie von Fällen sind diejenigen, in denen

mangels geeigneten Materials aus der Ohrmuschel selbst, nur das Gehörgangs- bzw. Mittelohrsekret der bakteriologischen Untersuchung unterworfen werden konnte. Es handelt sich um No. 2 (Luise W.), No. 17 (Ernst Ar.), No. 32 (Gustav H.) und No. 35 (Otto Bi.). Sämtliche 4 Mal wurde Pyocyaneus in Reinkultur, die beiden ersten Male nur kulturell, in den beiden letzten Fällen mikroskopisch und kulturell nachgewiesen. Der strengen Kritik hinsichtlich der aetiologischen Rolle des Pyocyaneus für die vorliegende Erkrankung halten also nur die beiden letzten Fälle stand. In diesen haben wir aber durch den Ausfall der Agglutinationsversuche dasjenige Beweismittel in der Hand, welches die pathogene Rolle des Bazillus hier über allen Zweifel erhebt. Auf der Höhe der Erkrankung war bei dem Patienten H. vollkommene Agglutination der aus seinem eigenen Ohr gezüchteten Kulturen noch in einer Verdünnung von $^1/_{100}$ nachweisbar. Weitere Verdünnungsgrade wurden daraufhin nicht untersucht, weil der spezifische Charakter der Agglutination damit hinreichend erwiesen schien. Bei einer Kultur anderer Provenienz reichte die betreffende Grenze bis $^1/_{50}$. Hinsichtlich des Umstandes, daß bei einer dritten Kultur von Fall 31 (Martha Kü.) nicht einmal bei $^1/_{10}$ Agglutination eintrat, verweise ich auf meine oben dazu gemachten Bemerkungen.

Auch die Abnahme der Agglutinationskraft des Blutes bei dem Kranken H. nach eingetretener Heilung des Lokalleidens fand durch die Tatsache eine sinnfällige Illustration, daß etwa 8 Tage nach Verschwinden der letzten objektiven Veränderungen am Ohr das Blutserum des Patienten seine eigenen Kulturen nur noch bis zu $^1/_{50}$, andere nur noch andeutungsweise bei $^1/_{10}$ Verdünnung agglutinierte.

Bei dem Patienten Bi. betrug die Verdünnungsgrenze, bis zu der eine Agglutination der von ihm selbst herrührenden Bazillen nachgewiesen werden konnte, $^1/_{50}$, bei Kulturen anderer Herkunft nur $^1/_{30}$. Gerade an den Kulturen dieses Patienten aber wurde die an anderer Stelle (Fall 34) wiederholte Erfahrung gemacht, daß auch Blutserum von nicht an Pyocyaneusinfektion erkrankten Patienten bei $^1/_{30}$ noch eine spurweise Agglutinationswirkung erkennen läßt. Auf diese Beobachtung gründet sich mein oben gemachter Vorschlag, die Grenze für eine spezifische Agglutination nicht wie dies Achard, Löper und Grénet (l. c.) tun, schon bei $^1/_{30}$, sondern erst bei $^1/_{50}$ anzunehmen. Diese unterste Grenze aber wurde in unserem letzten Fall einwandfrei erreicht.

Trotz der zweifellos pathogenen Wirkung des Bazillus in diesen beiden Fällen fehlt es doch an dem sicheren Beweis dafür, daß auch die Ohrmuschelerkrankung eine Folge der auf diese Weise nachgewiesenen Pyocyaneusinfektion war. Hier muß die klinische Beobachtung ergänzend eingreifen.

Erinnern wir uns dabei in erster Linie, daß das auch von uns in unsern sämtlichen Fällen von Perichondritis beobachtete gleichzeitige Vorkommen einer Otitis externa oder media bzw. beider bereits von den älteren Beobachtern in ursächlichen Zusammenhang mit der Ohrmuschelerkrankung gebracht worden ist. Ihre Stütze erhält diese Annahme durch die Eindeutigkeit des bakteriologischen Befundes in den beiden in Rede stehenden Fällen. Es handelte sich um das alleinige Vorhandensein eines Mikroorganismus im Gehörgangseiter, der, wovon gleich die Rede sein soll, von uns wiederholt aus dem Wundsekret postoperativer Perichondritiden in einwandfreier Weise in Reinkultur gezüchtet und damit als Erreger dieser Affektion nachgewiesen werden konnte. Durch diese Beobachtungen gewinnt der Rückschluß, daß der im Gehörgangssekret unserer beiden Fälle in Reinkultur vorgefundene gleiche Mikrobe für die gleichzeitig vorhandenen perichondritischen Prozesse ursächlich verantwortlich zu machen ist, entschieden an Wahrscheinlichkeit.

Weiteres Beweismaterial hierzu liefert die Betrachtung des Verlaufs. Während wir nämlich im Fall Bi. — ebenso übrigens in dem nur kulturell untersuchten Fall W. — die Ohrmuschelaffektion gleichzeitig mit der unterm Einfluß der eingeleiteten Behandlung (Borpulverinsufflation) zurückgehenden Gehörgangsentzündung schwinden sahen, ist es im Fall H. das durch eine jetzt 6 monatige Beobachtung verbürgte Ausbleiben jeden Rezidivs an der Ohrmuschel nach definitiver Beseitigung der Gehörgangsentzündung, das das Abhängigkeitsverhältnis der Muschelerkrankung von der Gehörgangsentzündung aufs deutlichste illustriert.

Mit der sich hieran anschließenden postoperativen Perichondritis gelangen wir zu der Reihe derjenigen Fälle, deren, wie erwähnt, häufigeres Auftreten in der Aera der Radikaloperationen die allgemeine Aufmerksamkeit dem bis dahin selten [Schwartze (l. c.), Lucae (92), Habermann (l. c.), Kirchner (l. c.)] beobachteten Krankheitsbild der Knorpelhautentzündung zugewandt hat. Als Erfolg dieser erhöhten Beachtung sind einerseits die bakteriologischen Untersuchungen des perichondritischen Wundsekrets und deren Ergebnisse, wie sie von Leutert inauguriert und von Körner und seinen Schülern fortgesetzt wurden[1]), andererseits die dagegen vorgeschlagenen therapeutischen

1) Einen weiteren Fall dieser Art hat Lermoyez in der Jahresversammlung 1905 der Société française d'Otologie, de Rhinologie, de Laryngologie mitgeteilt. Die Infektion soll von einer auf Pyocyaneus bezogenen Entzündung des äußeren

Maßnahmen zu betrachten, wie sie am energischsten von Passow vertreten werden.

Unsere diesbezüglichen Erfahrungen basieren auf im ganzen 6 Fällen
No. 11 (Elisabeth Kr.) — No. 12 (Hans We.) — No. 13 (Julius Kö.) — No. 14 (Wilhelm Ho.) — No. 15 (Friederike Schz.) — No. 22 (Frau Sch.) —

Der letzte dieser Fälle, bei dem die Entzündung umschrieben blieb, soll später seine genauere Mitteilung finden. Die verbleibenden 5 Fälle sind sämtlich solche diffuser Entzündungen, bei denen nur der Lobulus frei blieb. Der erste von ihnen ähnelt in seinem klinischen Verhalten und Verlauf den oben besprochenen No. 2 (Luise W.) und No. 17 (Ernst Ar.). Wie bei diesen erreichte die entzündliche Schwellung nicht die höchsten Grade und war im Verlaufe von fünf Tagen unter Borpulverinsufflationen in die Wundhöhle und feuchten Verbänden um die Muschel abgelaufen, ohne Difformitäten an der Ohrmuschel zu hinterlassen. Bemerkenswert war, daß die Ohrmuschelerkrankung erst über 4 Wochen nach der Radikaloperation auftrat, als die Wundhöhle schon größtenteils epidermisiert war. Die grüne Verfärbung der Gazestreifen in der Wunde am Tage vorm Auftreten der Ohrmuschelentzündung gab Veranlassung zur kulturellen Untersuchung des Wundsekrets und Feststellung von Pyocyaneus in Reinkultur in ihm. Das zeitliche Zusammentreffen dieser Beobachtung mit der Ohrmuschelentzündung legt den Gedanken an eine Sekundärinfektion der Wunde mit dem genannten Erreger nahe. Da jedoch das Mittelohrsekret bei der Aufnahme nicht bakteriologisch untersucht worden war, ist ein sicherer Entscheid hierüber unmöglich. Jedenfalls scheint auch in diesem Falle eine von der Wundhöhle ausgehende Pyocyaneusinfektion die Ohrmuschelerkrankung veranlaßt zu haben.

Die verbleibenden 4 Fälle postoperativer Perichondritis haben sowohl in ihrem klinischen Bild, ihrem Verlauf sowie der Art und dem Ergebnis der dabei angestellten bakteriologischen Untersuchungen soviel Übereinstimmendes, daß ihre gemeinsame Besprechung angezeigt erscheint. Den verhältnismäßig mildesten Verlauf zeigte die Erkrankung bei Friederike Schz. Hier begann 5 Tage nach der Radikaloperation eine Rötung, Schwellung und Schmerzhaftigkeit in der Gegend des Crus helicis, die unter feuchten Verbänden mit Borwasserlösung

---

Ohrs ihren Ausgang genommen haben. Der genannte Autor hat auch experimentell am Kaninchenohr Perichondritis hervorgerufen (s. u.). Das betr. Referat erschien ebenso wie eine ausführliche Abhandlung des gleichen Verfassers über „Affections pyocyaniques de l'oreille“ in den Annales des maladies de l'oreille erst nach Fertigstellung dieser Arbeit.

und Borpulverinsufflation in die Wundhöhle anfänglich spontan zurückzugehen schien. Allmählich breitete sich aber auch hier der Prozeß auf die übrigen Teile der Ohrmuschel aus und machte mehrfache, zum Teil die Dicke der ganzen Muschel durchsetzende Inzisionen nötig, durch die freier Eiter und Granulationen, aber kein nekrotischer Knorpel entleert wurden. Die Difformität war infolgedessen auch eine nur ganz geringfügige. In den 3 andern Fällen breitete sich die Entzündung sehr rasch über die ganze Muschel, mit Ausnahme des Lobulus, aus und führte durch Verstreichung der normalen Gruben und Furchen auf der lateralen Seite und außerordentlich starke Schwellung der ganzen Muschel zu ähnlichen unförmigen Entstellungen, wie wir sie im Falle Ge. gesehen haben. Bei den in allen 3 Fällen vorgenommenen Inzisionen fand sich dünnflüssiges, zum Teil flockiges eitriges Sekret, Granulationen, weitreichende Fistelgänge und Knorpelnekrosen, die im Fall Ho. fast die ganze Muschel betrafen und hier infolgedessen auch die ausgedehnteste Entstellung hinterließen, während bei den beiden andern Patienten nur einzelne Abschnitte des Knorpels der Aufzehrung bzw. Nekrose verfielen.

Die in sämtlichen 4 Fällen vom Ohrmuschelsekret und zwar ausnahmslos unmittelbar im Anschluß an die ersten Inzisionen angelegten Originalausstriche enthielten lediglich kurze, schlanke Stäbchen, während die betreffenden Kulturen stets Pyocyaneus in Reinkultur aufgehen ließen.[1]) Somit ist, da die Leutertschen — mit Ausnahme vielleicht des einen Falles — und Körnerschen Untersuchungen nicht frei von technischen Mängeln sind, hier zum ersten Mal der Beweis als einwandfrei geführt anzusehen, daß nur der Pyocyaneus in dem Sekret vorhanden und deshalb als Erreger der Affektion anzusehen war.

Im Falle Ho. wurden mit dem Blutserum des Patienten und zwar mittelst Kulturen anderer Herkunft Agglutinationsversuche mit dem

1) In einem nach Abschluß dieser Arbeit von mir beobachteten Fall (Ferdinand Bu.) postoperativer Ohrmuschelentzündung bestand eine Zeit lang eine diffus teigige Schwellung, die auf der medialen Seite auch auf den Lobulus übergriff. Die ersten Inzisionen förderten lediglich wäßriges, kein eitriges Sekret zu Tage, die durchschnittenen Weichteile waren stark ödematös durchtränkt, der z. T. gleichfalls durchtrennte Knorpel völlig intakt. Im weiteren Verlauf aber nahm das Sekret die oben beschriebene eitrige Beschaffenheit an, es bildeten sich Granulationen und Fistelgänge und der Knorpel verfiel größtenteils der Aufzehrung. Das Sekret hatte nie den charakteristischen Geruch oder die Farbe von Pyocyaneuseiter, obwohl die von den ersten Inzisionen angelegten Ausstriche nur vereinzelte bald als Stäbchen bald als Kokken imponierende Mikroorganismen aufwiesen, und die kulturelle Untersuchung lediglich Pyocyaneus in Reinkultur zutage förderte. Der histologische Befund erinnerte vollständig an das Bild experimentell erzeugter Ohrmuschelentzündung beim Kaninchen (s. u.).

Erfolg vorgenommen, daß Agglutination bei $^1/_{10}$ Verdünnung eintrat. Da das Blutserum eines nicht mit Pyocyaneus infizierten Individuums die gleichen Kulturen gar nicht agglutinierte, so ist dieser hier vorhandene Grad vielleicht schon als spezifisch aufzufassen, wenn auch eine derartige Deutung deshalb den Rahmen einer Vermutung nicht überschreitet, weil, wie wir oben gesehen haben, das Blutserum anderer, nicht mit Pyocyaneus infizierter Individuen bisweilen bei $^1/_{30}$ noch Agglutination aufweisen kann.

Eine Erklärung für den geringen Grad der beobachteten Agglutination vermag vielleicht auch der Umstand zu geben, daß dieselbe erst 4 Wochen nach Entstehung der Perichondritis, nachdem der Prozeß größtenteils abgelaufen war, vorgenommen wurde. Diese späte Vornahme der Probe hat ihren Grund darin, daß es sich lediglich um eine Kontrolluntersuchung für andere Zwecke dabei handelte.

Zweimal (Fall 12 und 13), war bereits bei der Aufnahme, d. h. also vor der Operation, die Anwesenheit des Pyocyaneus im Gehörgangseiter festgestellt worden. 2 mal gab erst das Auftreten der Perichondritis selbst den Anlaß zu bakteriologischen Untersuchungen (14 u. 15). Jedenfalls beweisen die erstgenannten Fälle, daß man kein Recht hat, unter allen Umständen etwa mangelnde Asepsis bei der Operation oder Nachbehandlung für das Auftreten von Pyocyaneus im Wundsekret und dadurch entstehende Infektionen verantwortlich zu machen. Es wird, wie erwähnt, im Gegenteil von chirurgischer Seite fast allgemein [Schimmelbusch (l. c.), Lexer (l. c.)] anerkannt, daß die Weiterverbreitung der Infektion durch Instrumente oder Verbandstoffe ein entschieden seltenes, daß hingegen die Resistenz des Pyocyaneus gegenüber den üblichen Desinfektionsmaßnahmen eine außerordentlich große ist [Schmieden (133)], so daß auch die peinlichste antiseptische Reinigung des Operationsterrains mit den dafür üblichen Mitteln die Sekundärinfektion einer Wunde durch Pyocyaneus nicht zu hindern vermag. Ist nun gar, wie in den beschriebenen Fällen, von vornherein eine Infektion des Ohrs mit Pyocyaneus vorhanden, ohne daß dessen Abtötung gelingt oder versucht wird, so ist der betreffende Patient nie vor einer nachträglichen Erkrankung seiner Ohrmuschel gesichert.

Der Zeitpunkt, zu dem die Ohrmuschelerkrankung in unsern Fällen eintrat, war einmal der vierte Tag nach der Operation (No. 14), einmal der fünfte (No. 15), einmal der sechszehnte (No. 13) und einmal der achtzehnte (No. 12). Auffallenderweise sind es gerade die beiden letzten Patienten, bei denen die Anwesenheit des Bazillus bereits ante operationem im Ohr nachgewiesen war. Wodurch diese

Spätinfektion zu erklären ist, entzieht sich unserer Kenntnis. Jedenfalls beweisen diese Fälle, daß der Pyocyaneus, wie ja auch aus seinem Verhalten in vitro hervorgeht, eine außerordentlich lange Lebensdauer besitzt und man mithin noch mehrere Wochen nach der Operation auf die Möglichkeit des Eintritts einer Infektion gefaßt sein muß.

Der verhältnismäßig kurze Zeitraum von wenigen Tagen, der in den ersten beiden Fällen von der Operation bis zum Auftreten der ersten Symptome an der Ohrmuschel vorging, läßt vermuten, daß hier der Pyocyaneus zurzeit der Operation gleichfalls in dem Mittelohrsekret bereits vorhanden war. Nur die Unterlassung einer diesbezüglichen Untersuchung also trägt vermutlich schuld daran, daß wir nicht für den größten Teil unserer Fälle mit postoperativer Ohrmuschelentzündung einwandfrei beweisen können, daß die betreffenden Patienten den Pyocyaneus bereits ante operationem beherbergten.

Daß die Art der gewählten Gehörgangsplastik eine etwaige Ohrmuschelinfektion weder besonders begünstigen noch verhüten kann, geht daraus hervor, daß in unserem Fall 11 Panse-Körnersche, in Fall 12 Stackesche, in Fall 14 und 15 Passowsche und in Fall 13 einfache T-förmige Plastik angewandt wurde. Alle waren von Perichondritis gefolgt.

Andererseits verdient die Tatsache Hervorhebung, daß wir zweimal im Mittelohrsekret vor der Operation Pyocyaneus nachweisen konnten (Fall 7 und 9), ohne daß sich der Gehörgangsplastik eine Perichondritis angeschlossen hätte. Und zwar trat dieses günstige Ergebnis ein, ohne daß eine spezifische Behandlung der Pyocyaneusinfektion stattfand.

Die Affektion ist aber eine so schmerzhafte, meist so langwierige und vielfach von so häßlichen Entstellungen begleitet, daß der Wunsch des Arztes, ihr nach Möglichkeit vorzubeugen, ein ebenso begreiflicher ist wie der unserer Patienten, von ihr verschont zu bleiben.

Da es sich in allen bisher beobachteten Fällen postoperativer Perichondritis, wie es nunmehr auch auf Grund unserer Beobachtungen feststeht, um Pyocyaneusinfektionen handelt, so müssen sich unsere Abwehrmaßregeln augenscheinlich ausschließlich gegen diesen Mikroorganismus richten. Die bisher gegen ihn vorgeschlagenen Maßnahmen sind 2—5%ige Argentumlösungen [Körner (l. c.)] und mit essigsaurer Tonerdelösung getränkte Jodoformgazestreifen [Heine (52)][1]). Geheimrat

1) Anmerkung bei der Korrektur: Neuerdings wird von Heile und Heine die Wirkung des Isoforms auf Pyocyaneus sehr gerühmt (cfr. Heine, Zeitschr. f. Ohrenh., Ll. Bd., 2. Heft, S. 202).

Passow hat sich seit Jahren mit Erfolg der Salizylsäure dagegen bedient. Außerdem haben wir in der Charité-Ohrenklinik das schon mehrfach erwähnte Borpulver angewandt. Ich komme später nochmals eingehend auf diese Mittel zurück. Erfolgversprechend wären sie im Ohr nur für diejenigen Fälle, in denen die infizierten Partien, z. B. Gehörgang oder das Mittelohr nach Zerstörung des Trommelfells mit dem betreffenden Mittel in direkte Berührung gebracht werden könnten. Greift die Infektion über das Mittelohr hinaus, z. B. in den Warzenfortsatz über, so würden wir erst nach einer eventuellen Operation die betreffenden Partien einer direkten Behandlung zugängig machen können. Wir haben nun eine ganze Reihe von teils schon erwähnten, teils noch zu erwähnenden Fällen der Insufflation von Borpulver mit dem Erfolg unterzogen, daß die vorhandene Pyocyaneusinfektion in der Tat dadurch zum Schwinden kam, und es würde sich in nicht zu dringlichen Fällen gewiß empfehlen, aus prophylaktischen Rücksichten vor der Operation mittels eines der angegebenen Medikamente den Versuch zu machen, den Pyocyaneus abzutöten. Ich bin diesem Grundsatze seither wiederholt mit dem besten Resultate gefolgt. Da aber die Mitbeteiligung des Warzenfortsatzes an der Infektion in derartigen Fällen den Erfolg der gekennzeichneten Behandlung einigermaßen problematisch erscheinen läßt, dürfen unsere Maßnahmen dabei jedenfalls nicht stehen bleiben, sondern zweckmäßigerweise nach der Operation, d. h. nach Aufdeckung der genannten Partien entweder ihre Fortsetzung finden oder ihren Anfang nehmen müssen.

Von diesem Gedanken geleitet, sind wir in den Fällen 21 (Alma Je.) und 22 (Frau Sch.), in denen wir mikroskopisch und kulturell vor der Operation die Anwesenheit von Pyocyaneus im Mittelohrsekret festgestellt hatten, so verfahren, daß wir nach der Totalaufmeißelung zunächst beide Male auf die sofortige Ausführung der Gehörgangsplastik Verzicht leisteten. Im ersten Fall stäubten wir außerdem sofort nach der Operation reichlich Borpulver in die Wunde, während wir im zweiten beschlossen, den Effekt unseres Vorgehens zunächst abzuwarten. Während sich nun ersteren Falls der Verlauf nach jeder Richtung hin günstig gestaltete, eine erneute bakteriologische Untersuchung des Wundsekrets nach einiger Zeit dessen vollständige Keimfreiheit ergab und daraufhin die sekundäre Plastik vorgenommen wurde, die zu reaktionsloser Heilung des ganzen Prozesses führte, kam es im zweiten Fall zu einer Perichondritis am Crus helicis und im Bereich des vorderen Wundrandes, die es glücklicherweise durch energische Borsäuretherapie zu bekämpfen gelang. Erst als auch hier eine nochmalige bakteriologische Untersuchung das Verschwinden des

Pyocyaneus aus dem Wundsekret nachgewiesen hatte, wurde die Gehörgangsplastik nachgeholt. Nunmehr auch hier glatte Heilung. Allerdings ist zu letzterem Fall zusätzlich zu bemerken, daß sich die Diagnose: Ohrmuschelentzündung durch Pyocyaneusinfektion nur auf den Umstand der Anwesenheit des Pyocyaneus im Warzenfortsatzinhalt stützt und dadurch namentlich im Hinblick auf die vorher besprochenen Fälle zwar viel an Wahrscheinlichkeit, aber keine unbedingte Sicherheit gewinnt.

Der Verlauf dieser beiden Fälle beweist jedenfalls, daß die Unterlassung der Gehörgangsplastik allein zur Verhütung einer Infektion der Ohrmuschel nicht genügt. Bei der Einfachheit und Unschädlichkeit der von uns geübten Borsäuretherapie dürfte eine Kombination mit dieser in ähnlichen Fällen sehr empfehlenswert sein.

In einem weiteren Fall, in dem ich die Anwesenheit des Pyocyaneus aus der Verfärbung der Watte im Gehörgang und dem charakteristischen Geruch des Sekrets feststellen konnte, habe ich nach der Radikaloperation die Gehörgangsplastik ausgeführt, die Wundhöhle aber gleichzeitig reichlich mit Borpulver versorgt. Es gelang, eine Ohrmuschelentzündung hintanzuhalten, wenn auch die völlige Abtötung des Bazillus, wie wenigstens Farbe und Geruch an einigen außenliegenden Verbandstücken erkennen ließ, erst durch mehrmalige Wiederholung der Prozedur zu erzielen war. Eine später vorgenommene mikroskopische Untersuchung des Wundsekrets ließ bakterielle Beimengungen nicht mehr erkennen, die bakteriologische Untersuchung ergab Pseudodiphtheriebazillen, keinen Pyocyaneus mehr. Die daraufhin vorgenommene Transplantation der Wundhöhle hatte dementsprechend vollsten Erfolg. Das letzteren Falls geübte Vorgehen dürfte schon deshalb den Vorzug vor den eben genannten verdienen, weil es einen zweiten Eingriff überflüssig macht. Vielleicht gelingt es auf diese Weise, Ohrmuschelinfektionen in Zukunft gänzlich vermeidbar zu machen.

Soweit die von uns bisher angewandten prophylaktischen Maßnahmen.

Ist eine Entzündung der Ohrmuschel aber erst einmal eingetreten, so stehen wir vor der doppelten Aufgabe, diese zu beheben und ihre Ursachen aufzudecken und unschädlich zu machen. Letzteres deshalb, weil die Entzündung von diesen Stellen aus entweder unterhalten oder immer aufs neue angefacht werden kann. Ersterem Zwecke suchen wir zunächst durch die bekannten antiphlogistischen Maßnahmen: Umschläge mit Borwasser, essigsaurer Tonerdelösung oder Alkohol um die entzündete Ohrmuschel zu genügen. Diese Behandlungsmethode hat uns in den Fällen W., Ar., Kr., Schr., Sch., Bi., also in Fällen, bei denen teils Pyocyaneus-, teils Pneumokokkeninfektion ursächlich in Frage kam, gute Dienste geleistet. In den Fällen W., Kr., Sch., Bi. wurden allerdings gleichzeitig energische Borpulverinsufflationen in den äußeren Gehörgang bzw. die Radikaloperationswundhöhle in Anwendung gezogen, um unserer zweiten Forderung nach Bekämpfung des ursächlichen Herdes gerecht zu werden. Dieser Art Behandlung dürfte wohl der Hauptanteil an der Heilung zuzuschreiben sein.

Letztere Behandlungsmethode ging auch in den mit Pyocyaneus infizierten Fällen nebenher, in denen sich die oben geschilderten Maßnahmen zur Bekämpfung der Ohrmuschelerkrankung als nicht ausreichend erwiesen. Sie wurden diesfalls ergänzt bzw. ersetzt durch Inzisionen und zwar energische Inzisionen, sowohl was deren Zahl, Länge und Ausdehnung anlangt. Daß diese sich nicht nur auf eine Seite der Muschel zu beschränken, sondern, wenigstens teilweise, deren ganze Dicke zu durchsetzen haben, ist gleichfalls schon erwähnt. Ausgeführt ist diese Durchstechung, soviel ich aus der Literatur ersehe, bisher von Knapp (69) und Grüning (40), während neuerdings Passow (l. c.) diesen Vorschlag in etwas veränderter Form durch die Empfehlung großer Inzisionen und Gegenöffnungen auf der anderen Seite wieder aufgenommen und erweitert hat. Die Richtigkeit dieses Vorgehens erhält durch die klinische Beobachtung, die ihre Ergänzung in dem Ergebnis der gleich näher zu beschreibenden Tierversuche findet, ihre Stütze, wonach die Erkrankung der Muschel sich häufig, im Anschluß an Gehörgangsplastik fast regelmäßig, zu beiden Seiten des Knorpels etabliert und demnach auch nur ausnahmsweise durch lediglich einseitige Inzisionen ausreichend bekämpft werden kann.

Bisweilen sind Auskratzungen von Granulationen und operative Entfernung sequestrierter Knorpelstücke im weiteren Verlaufe nicht zu umgehen.

Auch in der Nachbehandlungsperiode haben wir in den Fällen mit nachgewiesener Pyocyaneusinfektion mit Vorteil von reichlichen Borpulveraufstreuungen auf die Wunden Gebrauch gemacht.[1])

1) Anmerkung bei der Korrektur: In künftigen Fällen dürfte die Biersche Stauungstherapie zur Bekämpfung der in Rede stehenden Affektion in erster Linie heranzuziehen sein. Stenger, der eine Perichondritis derart zu behandeln Gelegenheit hatte, konnte kürzlich im Verein für wissenschaftliche Heilkunde in Königsberg i. Pr. über ein auch in kosmetischer Hinsicht sehr befriedigendes Ergebnis berichten.

Gegen die infolge der Knorpelzerstörung nachträglich eintretenden Entstellungen der Muschel hat Alt (1) neuerdings mit angeblich günstigem kosmetischen Resultat Paraffininjektionen angewandt.

Auf die Frage, an welchen Merkmalen sich eine Pyocyaneusansiedelung im Ohre kenntlich macht, gibt es eigentlich nur eine sichere Antwort: an dem kulturellen Nachweis des Bacillus pyocyaneus. Da dieser im allgemeinen aber wohl nur in Kliniken zu erbringen sein dürfte, in denen ich die Ausführung einer derartigen Untersuchung möglichst in jedem Fall von Radikaloperation zur Vermeidung der beschriebenen Schädlichkeit für wünschenswert halte, muss sich der Praktiker mit Notbehelfen begnügen. Darunter gehören erstens genaue Aufmerksamkeit auf die Farbe und — nach unseren Erfahrungen wichtiger, weil seltener irreführend — den Geruch des Ohrsekrets. Man versäume deshalb nie, das trocken abgetupfte Sekret unter die Nase zu halten. Der eigentümlich süßlich-aromatische Geruch hat uns in der weitaus größten Mehrzahl unserer sämtlichen Fälle von Pyocyaneusinfektion den ersten Hinweis auf das Vorhandensein einer solchen gegeben. Grüne oder blaue Verfärbung des Sekrets selbst kommt vor, ist aber bedeutend seltener als das eben erwähnte Symptom. Meist ist die Farbe des Pyocyaneuseiters ein schmutziges Gelbgrau, bisweilen mit hämorrhagischen Beimengungen, oft aber auch durch keinerlei Farbdifferenzen von Eiter anderer Aetiologie zu unterscheiden. Wichtiger ist, dem Aussehen etwaiger im oder am Ohr befindlicher Verbandstücke (Watte, Gazestreifen) seine Aufmerksamkeit zu schenken, da deren blaue oder grüne Verfärbung einen zuverlässigen Hinweis auf die Anwesenheit von Pyocyaneus bildet. In dritter Linie kann die mikroskopische Untersuchung zur Diagnose Verwendung finden, wenngleich die Vielgestaltigkeit des Bacillus, wie erwähnt, hierbei oft zu Täuschungen Veranlassung gibt.

Die letzte Aufklärung über die Rolle, die nach den mitgeteilten Untersuchungsergebnissen der Bacillus pyocyaneus sowie der Pneumokokkus für eine gewisse Art von Erkrankungen der menschlichen Ohrmuschel offenbar spielen, schien aber nur mit Hülfe des Tierexperiments erhältlich zu sein. Die Frage, die noch der Lösung harrte, war die, ob sich an der Ohrmuschel von Tieren künstlich ein der menschlichen Perichondritis ähnlicher Prozeß hervorrufen lasse. Zur Beantwortung derselben wurde folgendermaßen verfahren:

1. Am 23. September 1904 wurde nach vorausgegangener sorgfältiger Desinfektion in die linke Ohrmuschel eines mittelgroßen Kaninchens und zwar unter die leicht verschiebliche Haut am oberen und unteren eingerollten Muschelrand der lateralen (unbehaarten) Seite

je $^1/_2$ ccm einer 24 Stunden alten Pyocyaneus-Bouillonreinkultur eingespritzt. Heftpflasterverband.

24. September. Das Kaninchen läßt die linke Ohrmuschel hängen. An der Stelle der Einspritzungen und deren nächster Umgebung starke diffuse Rötung und Schwellung unter Temperaturerhöhung und lebhafter Schmerzempfindlichkeit bei Berührungen.

25. September. Die ganze linke Ohrmuschel ist stark diffus teigig geschwollen und blaurot verfärbt.

26. September. Die Schwellung bereits wieder im Rückgang begriffen.

In den folgenden Tagen weitere Abnahme der Muschelschwellung. Im Bereich der oberen Injektionsstelle beginnt ein kirschgroßes Hautstück nekrotisch zu werden.

28. September. Die nekrotische Partie setzt sich scharf gegen ihre Umgebung ab und beginnt sich an einer Stelle von der Unterlage abzulösen. Von dem darunter gelegenen gelblich-weißen eitrigen Sekret wird ein Originalausstrich angelegt, der neben reichlichen polynukleären Leukozyten in spärlicher Menge schlanke dünne Stäbchen und ein diplokokkenähnliches Gebilde aufweist.

Die von dem Eiter angelegte Bouillonkultur war nach 24 Stunden schwach diffus grünlich verfärbt und enthielt ein zartes Kahmhäutchen. Mikroskopisch fanden sich sehr lebhaft bewegliche kurze schlanke Stäbchen und Diplokokken. Sämtlich Gram-negativ.

Die vom Eiter angelegte Agarkultur enthielt nach 24 Stunden schmutzig-weißgraue, rundliche Kolonien aus den gleichen Gram-negativen Stäbchen und Diplokokken bestehend wie die Bouillonkultur. Der Nährboden zeigte in den folgenden Tagen eine intensiv gelbgrüne Verfärbung der Umgebung.

Die Grünfärbung der Bouillon wurde nach weiteren 1—2 Tagen immer intensiver.

Auf der von der Bouillonkultur am 29. September angelegten Agarkultur wuchsen die gleichen Kulturen aus Stäbchen und Diplokokken wie auf der vom Eiter direkt angelegten Agarplatte.

30. September. In der Gegend der Injektionsstellen derbe, strangförmige, anscheinend nicht druckempfindliche Verdickungen fühlbar.

1. Oktober. Das nekrotische Weichteilsstück läßt sich mit der Pinzette leicht abziehen. Hiernach läßt sich aus verschiedenen von der Wundstelle ausgehenden Fistelgängen hellgelb-weißliches, dünnflüssiges eitriges Sekret herausdrücken. Der aus den Fisteln ausgedrückte Eiter enthält mikroskopisch einzelne schlanke Stäbchen.

Die Ohrmuschel ist fast nur noch an der oben beschriebenen und in der Umgebung der zweiten Injektionsstelle wesentlich verdickt.

11. Oktober 1904. Die Stelle der Muschel, an der sich das nekrotische Gewebsstück abstieß, ist mit einem flachen Substanzverlust verheilt. An der betreffenden Stelle besteht eine kaum merkbare Verdickung. An der 2. Injektionsstelle hat sich ein haselnußgroßer, fluktuierender Abszeß gebildet. Nach Spaltung desselben dringt aus ihm etwa 1 Teelöffel hellgelber Eiter. In einem davon angelegten Ausstrichpräparat finden sich vereinzelte schlanke, kurze Stäbchen. Die davon angelegte Bouillonkultur war nach 24 Stunden nur schwach diffus getrübt und enthielt mikroskopisch ziemlich spärliche, lebhaft bewegliche kurze schlanke Stäbchen, die z. T. fadenförmig aneinander liegen.

15. Oktober. Vollständige Vernarbung der Inzisionswunde.

7. November. Tötung des Kaninchens, Resektion und Einbettung der Ohrmuschel in Paraffin.

2. Am 3. November 1904 wird in beide Ohrmuscheln eines jungen Kaninchens auf der lateralen (unbehaarten) Seite sowohl in Gegend der Randwülste wie in die flache Konkavität der Muschel nahe dem Meatus audit. ext. subkutan je 1 ccm einer 24stündigen Pyocyaneusbouillonreinkultur injiziert.

4. November 1904. Das Kaninchen läßt beide Ohren hängen. Die Umgebung der Einstichstellen sehr stark geschwollen, blaurot verfärbt und augenscheinlich sehr druckempfindlich.

5. November. Die Schwellung und Verfärbung hat sich beiderseits über die ganze Muschel verbreitet und betrifft sowohl die mediale wie die laterale Seite. Die geschwollenen Partien haben eine teigige Konsistenz und zeigen Pseudofluktuation. An der Spitze ist die Schwellung beiderseits am geringsten. Die äußeren Gehörgänge sind frei davon. Tötung des Kaninchens durch Äther. Abtrennung der Muscheln und Zerlegung derselben mit ausgeglühtem Messer.

Bei der Durchschneidung findet sich zu beiden Seiten des Knorpels ein außerordentlich hochgradiges Ödem des Unterhautbindegewebes. Keine makroskopisch sichtbaren Veränderungen am Knorpel.

Aus den ödematösen Partien werden angelegt:

1. Ausstrichpräparate (Methylenblau). Sie zeigen ziemlich reichlich schlanke kurze Stäbchen.
2. Agar- und Bouillonkulturen.

   Auf ersteren findet sich nach 48 Stunden ein breiter smaragdgrüner Rasen, besonders in den der Öffnung des

Röhrchens zunächst gelegenen Partien des schräg erstarrten Nährbodens. Der Nährboden in der Umgebung der Kolonien ebenfalls stark grün gefärbt.

Die Bouillonkulturen sind namentlich an der Oberfläche tief grün gefärbt. Sie enthalten ein dünnes Kahmhäutchen und weißlichen Bodensatz.

Mikroskopisch bestehen sowohl die Agar- wie die Bouillonkulturen aus Reinkulturen schlanker dünner, außerordentlich lebhaft beweglicher Stäbchen.

Einbettung in Paraffin.

3. Am 29. November 1904 wird in die linke Ohrmuschel eines mittelgroßen Kaninchens und zwar unter eine Hautfalte des oberen eingerollten Ohrmuschelrandes der lateralen Seite 1 ccm einer 24 Stunden alten Pyocyaneusreinkultur eingespritzt. Es entsteht eine halbkugelige Vorwölbung an der betreffenden Stelle von Halbkirschgröße. Aus der Injektionsstelle fließt nachträglich Blut und ein Teil der Injektionsflüssigkeit wieder ab.

In die rechte Ohrmuschel desselben Kaninchens werden an 2 verschiedenen Stellen an der Basis der Muschel auf deren unbehaarter Seite je $^{3}/_{4}$ ccm der gleichen Kultur subkutan eingespritzt.

30. November 1904. Das Kaninchen läßt beide Ohrmuscheln hängen. Die linke Ohrmuschel ist in der Umgebung der Injektionsstelle stark geschwollen und blaurot verfärbt. Der übrige Teil der Ohrmuschel vollständig normal.

Die rechte Muschel ist fast in ganzer Ausdehnung stark diffus teigig geschwollen.

1. Dezember 1904. Schwellung in der Umgebung der Injektionsstelle links unverändert. Im Bereich der oberen Hälfte der Ohrmuschel genau bis zu der die Ohrmuschel in der Längsachse durchsetzenden Umschlagsfalte mäßige, ziemlich derb anzufühlende Schwellung bis in die Spitze. Ohrmuschel im Bereich der Schwellung weniger durchscheinend wie an den anderen Stellen. Die Schwellung der rechten Muschel hat noch etwas zugenommen.

2. Dezember 1904. An der Injektionsstelle auf der lateralen Seite der linken Muschel bildet sich eine trockene Gangrän der Haut in Linsengröße mit scharfen Grenzen gegen die Umgebung aus. In der Mitte der Basis der lateralen Ohrmuschelseite entwickelt sich eine kleinerbsengroße Anschwellung. Die Schwellung an der Injektionsstelle und die im Bereich der oberen Muschelhälfte ist zurückgegangen.

An der rechten Ohrmuschel ist die Schwellung im ganzen praller geworden, außerdem hat sich die Spitze der Muschel anscheinend infolge entzündlicher Veränderungen im Unterhautbindegewebe nach medianwärts d. h. nach der behaarten Seite zu umgeschlagen. An der unbehaarten lateralen Seite sind zahlreiche Unebenheiten, Höcker und Gruben, entstanden, besonders nach der Spitze zu. Die Muschel erscheint im ganzen kleiner und verunstaltet gegen die der anderen Seite. Im Bereich der mittleren Injektionsstelle hat sich auf der medialen (behaarten) Seite eine ebensolche trockene Gangrän von etwa 2 cm Länge und 1,5 cm Breite ausgebildet wie links.

3. Dezember 1904. Weiterer Rückgang der Schwellung links. Rechts nimmt die Verunstaltung durch immer stärker werdende Ausbildung der beschriebenen Unebenheiten weiter zu.

4. Dezember. Die nekrotische Stelle an der linken Muschel nimmt an Größe zu, ebenso die kleine umschriebene Geschwulst in der Mitte der Muschelkonkavität. Die Schwellung in der oberen Muschelhälfte noch als schwach diffuse, ziemlich derbe Verdickung fühlbar. Rechts Befund wie am 3. Dezember.

5. Dezember. Unterhalb der linksseitigen nekrotischen Partie läßt sich etwas gelblicher Eiter herausdrücken, ebenso aus der kleinen Geschwulst in der Muschelbasis. Mikroskopisch enthält der Eiter beider Stellen außer zahlreichen Eiterkörperchen ganz vereinzelte kurze schlanke Stäbchen.

6. Dezember. Die von dem Eiter angelegten Bouillonkulturen waren nach 24 Stunden diffus getrübt, leicht grünlich gefärbt und enthielten ein Kahmhäutchen. Mikroskopisch fanden sich in ihnen kurze schlanke, oft diplokokkenähnliche, sehr lebhaft bewegliche Stäbchen. Auf Agar wuchsen nach 12 Stunden rundliche graugelbe Kolonien, die nach 24 Stunden deutlich grün gefärbt sind. Sie bestehen aus den gleichen beweglichen, oft diplokokkenähnlichen Stäbchen wie die Bouillonkultur.

12. Oktober Obduktion. Die nekrotische Partie links hat sich in Bohnengröße abgehoben und fällt bei leichter Berührung vollständig ab. Darunter kommt eine mit frischen Granulationen besetzte Geschwürsfläche zum Vorschein. Aus verschiedenen Fisteln in deren Bereich läßt sich eitriges Sekret ausdrücken.

Rechts hat die Muschel nach der Spitze zu wieder normale Konfiguration angenommen. Man fühlt nur noch an der unteren Randpartie eine geringe diffuse Schwellung. Die nekrotische Stelle auf der behaarten Seite ragt über das umgebende Niveau heraus, unter ihr läßt sich Eiter herausdrücken, der im Ausstrich einzelne schlanke Stäbchen, in den Agarkulturen typische grüne Rasen aus beweglichen Pyocyaneusstäbchen aufweist. Der gleiche Befund wird aus dem Eiter eines Abszesses erhoben, der bei der Obduktion im Bereich der oben beschriebenen diffusen Schwellung gefunden wird.

Einbettung beider Muscheln in Paraffin.

4. Am 3. Dezember 1904 wird einem braunen jungen Kaninchen in die linke Ohrmuschel und zwar in das lockere Unterhautbindegewebe der lateralen Seite, entsprechend der oberen Umschlagsstelle der Muschel 1 ccm einer 24stündigen Pneumokokkenreinkultur injiziert. Es entsteht eine haselnußgroße fluktuierende Anschwellung.

Rechts 2 Injektionen ins Unterhautbindegewebe der lateralen (unbehaarten) Seite der Muschelbasis von je 0,5 ccm Pneumokokkenreinkultur.

4. Dezember. Die Injektionsstelle links sehr stark geschwollen, blaurot verfärbt. Die obere Hälfte der Muschel genau bis zu der in der Längsachse verlaufenden Umschlagsstelle gleichmäßig teigig geschwollen, undurchsichtiger als die untere Hälfte.

Rechts ist die Gegend der beiden Injektionen diffus geschwollen, Haut blaurot verfärbt. Bei durchscheinendem Licht erscheinen die betreffenden Partien diffus gerötet.

5. Dezember. Links ist die Schwellung bedeutend stärker geworden, auch der bis jetzt freie untere Teil der Ohrmuschel ist mäßig diffus geschwollen, Haut blaurot verfärbt. Die Muschelveränderungen ähneln vollständig denjenigen bei dem am 29. November mit Pyocyaneus geimpften Kaninchen. Das Kaninchen läßt das Ohr dauernd hängen. Abtragung der linken Ohrmuschel in Narkose, Vernähung der Wunden. Kollodiumverband.

Bei der Obduktion der linken Muschel zeigt sich das Unterhautbindegewebe in der unteren (weniger geschwollenen) Hälfte auf der behaarten Seite sehr stark ödematös, auf der unbehaarten ist Ödem makroskopisch nicht erkennbar. In der stärker geschwollenen oberen Hälfte ist sowohl das Unterhautbindegewebe der behaarten Seite (stärker) als das der unbehaarten Seite (weniger stark) ödematös durchtränkt. An der Injektionsstelle ist makroskopisch deutliche Eiteransammlung im Unterhautbindegewebe nachweisbar.

Paraffineinbettung der Muschel.

Mikroskopisch fanden sich in der Ödemflüssigkeit an verschiedenen Stellen vereinzelte kleine zarte Diplokokken.

Die davon angelegte Bouillonkultur war nach 24 Stunden schwach diffus getrübt ohne Häutchenbildung und Bodensatz und enthielt Reinkultur Gram-positiver Kapseldiplokokken. Auf Agar kamen tautropfenförmige zarte Kolonien aus den gleichen Diplokokken zur Entwickelung. In der Nacht vom 5. bis 6. Dezember starb das Kaninchen. Resektion und Einbettung auch der rechten Muschel.

Das klinische Krankheitsbild, wie es sich zunächst im Anschluß an die subkutane Einverleibung der Pyocyaneusreinkulturen an der Kaninchenohrmuschel entwickelte, war darnach etwa folgendes:

24 Stunden nach der Injektion, deren Menge zwischen $1/2$—3 ccm an der betreffenden Ohrmuschel schwankte, entwickelte sich, zunächst meist auf die Umgebung der Injektionsstelle beschränkt, eine starke, blaurote, druckempfindliche Anschwellung. Nach weiteren 24 Stunden war meist die ganze Muschel nnd zwar sowohl auf ihrer medialen wie lateralen Seite in die Schwellung einbezogen. Dabei waren die normalen Furchen und Gruben auf der konkaven Seite meist verstrichen und die ganze Muschel in einen unförmigen blauroten Klumpen verwandelt, der sich heiß anfühlte; die Schwellung trug einen ausgesprochen teigigen Charakter. Sich selbst überlassen, ging dieselbe nach anfänglicher Zunahme allmählich zurück unter Hinterlassung einzelner Hautnekrosen meist an den Injektionsstellen, in deren Bereich man nach den verschiedensten Richtungen in eiternde Fistelgänge gelangte, und zirkumskripter Abszeßbildungen im Bereich der Konkavität. Nach vollständiger Heilung blieben einzelne verdickte und geschrumpfte Partien zurück, die eine gewisse Difformität der Muschel verursachten.

Mikroskopisch war dieser Verlauf in seinen Hauptphasen folgendermaßen gekennzeichnet:

An den Injektionsstellen, die der konkaven Seite der Muschel oder deren Übergangsstellen in die Konvexität angehörten, war nach 48 Stunden eine meist auf die Gegend der Injektion und deren Nachbarschaft ausgedehnte diffuse Infiltration mit polynukleären Leukozyten zu beobachten, die, soweit solches vorhanden, das gesamte Unterhautbindegewebe zwischen Korium und Perichondrium betraf. Am stärksten war diese Infiltration durchgängig in den ans Perichondrium angrenzenden Teilen. Letzteres war entweder nur in seinen dem Korium oder Unterhautbindegewebe benachbarten Partien oder in seiner ganzen Dicke, so daß die Leukozyten bis an die großen Knorpelzellen heranreichten, oder in einzelnen sein parallelfasriges Gewebe in der Längsrichtung durchsetzenden Zügen von der Infiltration mitbetroffen. An anderen Stellen reichte die Infiltrationszone nur bis ans Perichondrium heran, um sich in scharfer Linie von ihm abzusetzen. Meist war im Protoplasma und Kernen der perichondritischen Zellen wie an denen vom Unterhautbindegewebe eine deutliche Größenzunahme erkennbar.

An den konkaven Teilen der Ohrmuschel, an denen die elastischen Fasern des Koriums ziemlich kontinuierlich ohne das Zwischenglied eines eigentlichen Unterhautbindegewebes in die des Perichondriums übergehen — ich fand allerdings nicht zu selten ganz in Übereinstimmung mit den von Schwalbe (144) für die menschliche Ohrmuschel gemachten Befunden beim Kaninchen auch auf dieser Seite kleine Fettträubchen — zeigte die Infiltration im Perichondrium das eben beschriebene Bild, betraf außerdem, soweit solche vorhanden, die Maschen des subkutanen Gewebes und erstreckte sich nicht selten bis in die angrenzenden Koriumpartien. Die darüber gelegenen Teile des Koriums waren ödematös durchtränkt, die Epidermis aufgelockert. Die vorhandenen Gefäße, besonders die kleineren Venen meist prall gefüllt, an einzelnen Stellen zum Teil sehr erhebliche Blutaustritte. Die von den Injektionsstellen weiter abliegenden Teile der konkaven sowie die ganze konvexe Seite der Ohrmuschel zeigten im Bereich von Unterhautbindegewebe und Korium ein außerordentlich starkes Ödem mit starker Füllung der Gefäße, in deren Lumen, teils randständig, teils den roten Blutkörperchen beigemengt, öfter zahlreiche polynukleäre Leukozyten erkennbar waren. Im Bereich der ödematösen Partien, häufig um Gefäße oder Drüsen herum, zahlreiche Herde kleinzelliger Infiltration.

Bei Färbung mit Löfflerschem Methylenblau — Weigertsche Färbung wurde mit Rücksicht auf das Gram-negative Verhalten des Bacillus pyocyaneus vermieden — fanden sich in den zellig infiltrierten Teilen nur sehr spärliche bzw. gar keine Stäbchen, in den ödematösen Partien von Unterhautbindegewebe und Korium waren dieselben außerordentlich zahlreich und meist unregelmäßig über das ganze Gewebe zerstreut, bisweilen aber auch in mehr zylindrischen Anhäufungen, die den Eindruck kleinster Embolien in Blut- oder Lymphgefäßen machten. Während in einzelnen Präparaten die schlanke Stäbchenform vorherrschte, glaubte man in anderen ein Gemisch von Kokken und Stäbchen vor sich zu haben. In der Epidermis lagen sie an gewissen Stellen in dicken Schwaden zwischen dem Epithel, nicht selten auch in der Hornschicht. Auch im Perichondrium waren sie in gewissen Abschnitten, oft ziemlich zahlreich erkennbar.

Präparate eines späteren Zeitabschnitts zeigten vielfach eitrige Einschmelzungen und zwar sowohl an den Injektionsstellen wie in davon entfernteren Gegenden und zwar in sämtlichen die Ohrmuschel zusammensetzenden Gewebsschichten. Einerseits sah man diese die Oberfläche nach Nekrotisierung der Epidermis erreichen und in größerer oder geringerer Ausdehnung nach außen durchbrechen, während andererseits Perichondrium und Knorpel ganz oder teilweise der eitrigen Aufzehrung verfielen. Im Eiter schwammen nicht selten kleine, allseitig eitrig angenagte nekrotische Knorpelstücke. War der Knorpel an einer Stelle teilweise oder ganz eingeschmolzen, so konnte man die Eiterung auf die andere Seite der Muschel einbrechen sehen. In anderen Präparaten war eine gleichzeitige eitrige Einschmelzung des Knorpels von beiden Seiten aus erkennbar.

Die restierenden Verdickungen an der Muschel nach Abheilung des Prozesses präsentieren sich mikroskopisch teils als kleinste umschriebene Vorbuckelungen an dem im übrigen glattrandigen Knorpel, teils als mehr flächenförmige und endlich als mehr höckrige Knorpelneubildungen, die als solche an den mit großem, bläschenförmigen Kern versehenen Knorpelzellen, aus denen sie sich zusammensetzen, erkennbar sind. Zwischen denselben finden sich stärkere Bindegewebszüge. Das Perichondrium im Bereich dieser Partien ist teils unregelmäßig verdickt, teils durch Narbengewebe ersetzt.

Neben diesen Knorpelneubildungen finden sich Knorpeldefekte. Der ursprünglich vorhanden gewesene Knorpel fehlt entweder vollständig oder ist nur noch in vereinzelten kleinsten Resten auffindbar. Ähnlich das Perichondrium. Die derart entstandenen Lücken im Gewebe werden bisweilen nur von einzelnen strafferen Bindegewebszügen durchzogen oder auch von solchen gänzlich ausgefüllt.

Soweit der histologische Befund. Beweis dessen, daß die beschriebenen entzündlichen Veränderungen wirklich nur die Produkte des injizierten Pyocyaneus waren, ist der mikroskopische und kulturelle Nachweis des Bazillus in Reinkultur aus dem Wundsekret sämtlicher mitgeteilter Fälle. Der teilweise histologisch erhobene Befund von Kokken und Stäbchen im Gewebe ist demnach, wie so oft, lediglich der Ausdruck des Polymorphismus unseres Bazillus.

Die mitgeteilten mikroskopischen Befunde nun ergeben einwandfrei, daß es in der Tat gelungen ist, auf dem angegebenen Wege experimentell den als Perichondritis bezeichneten Prozeß beim Kaninchen hervorzurufen. Klinisch deckt sich der Verlauf und Ausgang der Erkrankung in seinen Hauptzügen mit dem Bilde, wie wir es bei der Perichondritis am Menschen kennen: Die anfängliche zumeist erst zirkumskripte, dann bald diffuse Schwellung der ganzen Muschel, die Neigung zur Abszeß- und Fistelbildung, die mehr oder minder weitreichende Einschmelzung des Knorpels, die nachträglichen Verdickungen und Schrumpfungen der Ohrmuschel — das alles sind so typische Analoga, daß es kaum noch dieses Hinweises bedarf, um sie als solche zu kennzeichnen. Die Identität des Erregers in beiden Arten von Fällen gibt uns weiterhin ein gewisses Recht, auch für die menschliche Perichondritis infolge Pyocyaneusinfektion ähnliche histologische Veränderungen zu substituieren, wie sie am Kaninchenohr bei dieser Affektion nachweisbar sind.

Ist dem aber so, dann wäre mit den mitgeteilten Tierversuchen zunächst einmal deren Hauptzweck: einen der menschlichen Perichondritis analogen Prozeß auf experimentellem Wege zu erzeugen, erfüllt.

Die mitgeteilten pathologisch-anatomischen Befunde an der Kaninchen-Ohrmuschel aber scheinen mir nach den verschiedensten Richtungen hin noch eines etwas näheren Eingehens zu bedürfen, zumal sie geeignet erscheinen, auf die ganze bisherige Auffassung des analogen Krankheitsbildes beim Menschen sowie verschiedene dabei beobachtete klinische Begleitsymptome ein klärendes Licht zu werfen.

Zunächst lehrt die Tatsache, daß sich bei Pyocyaneusinjektionen das Perichondrium und dessen unmittelbarste Nähe stets als die Zone der hochgradigsten entzündlichen Infiltration erwies, daß die ganze Affektion hier ihren Hauptsitz hatte. Hieraus muß notwendigerweise eine besondere Affinität des Pyocyaneus zum Perichondrium und seiner Nachbarschaft gefolgert werden.

Für eine solche spricht auch der Umstand, daß die Lokalisation der Erkrankung bei Pneumokokkeninjektionen, die unter genau den gleichen Bedingungen wie die Pyocyaneusinjektionen vorgenommen wurden, eine von der oben erwähnten völlig verschiedene war. Hier blieb das Perichondrium völlig intakt, die entstehenden zirkumskripten entzündlichen Herde saßen ausschließlich im Unterhautbindegewebe bezw. Corium.

K l i n i s c h präsentierten sich beide Prozesse — wenigstens in ihren Anfangsstadien, die bei Pneumokokkoinjektionen ausschließlich untersucht wurden — hingegen als völlig analoge. Höchstens, daß die entzündliche Anschwellung der Muschel bei den Pneumokokkeninjektionen vielleicht nicht die allerstärksten Grade zu erreichen schien.

Diese Identität des klinischen Bildes ist zurückzuführen auf die in beiden Fällen erfolgende ödematöse Durchtränkung von Unterhautbindegewebe und Corium, die bei Pyocyaneusinjektionen hauptsächlich die Folge bakterieller Invasion, bei Pneumokokkeneinspritzungen die Folge toxischer Reizwirkung zu sein scheint (cfr. den Reichtum der betr. Gewebsteile an Bakterien im einen und das fast völlige Fehlen von solchen im anderen Falle).

Diese bei Perichondritiden infolge Pyocyaneusinjektion festgestellte Mitbeteiligung der übrigen Muschelweichteile an der Entzündung, die den an der menschlichen Ohrmuschel gelegentlich von Operationen perichondritischer Prozesse erhobenen Befunden vollständig entspricht, gibt der ganzen Affektion ihre Stelle in der Reihe der phlegmonösen Prozesse. Aus diesen wird sie m. E. zu Unrecht vielfach herausgehoben.

So beispielsweise von Kirchner (l. c.) und Habermann (l. c.), die beide Prozesse als zwei von einander völlig verschiedene Affektionen behandeln, letzterer Autor, obwohl er, wie schon erwähnt, von einer bei der Perichondritis bisweilen vorkommenden Mitbeteiligung des Läppchens spricht. Steinbrügge (l. c., S. 23 ff.) macht den gleichen Unterschied. Auch bei Politzer (l. c., S. 148 und 180) und Jacobson (l. c., S. 152 und 154) finden wir dieselbe Trennung, in beiden Lehrbüchern schon äußerlich durch den räumlichen Abstand, in dem die beiden Prozesse zur Abhandlung gelangen, als von einander differente deutlich markiert. Allerdings will Politzer unter Dermatitis phlegmonosa des äußeren Ohres nur die durch das Eindringen pyogener Mikroorganismen, als deren Vertreter er nur Streptococcus und Staphylococcus pyogenes nennt, hervorgerufenen entzündlichen Prozesse verstanden wissen.

Bei v. Tröltsch (155) findet sich weder eine Erwähnung des einen noch des anderen Krankheitsbildes. Er spricht nur von hochgradigen Mißbildungen der Muschel infolge chronischen Ekzems.

Dagegen kennt Gruber (l. c.) neben Perichondritis keine besondere phlegmonöse Entzündung der Ohrmuschel, während Hartmann (43) akute Entzündung der Ohrmuschel mit Perichondritis identifiziert.

Daß der Standpunkt der letzteren Autoren ebenso anfechtbar ist wie der der zuerst genannten, ergibt beispielsweise unser Fall 37 (Alwin Jl.), bei dem sich eine — allerdings nur zirkumskripte — Affektion der Ohrmuschel fand, deren Charakter als phlegmonöse Entzündung mit allen ihren auch für andere Körperstellen typischen Sondermerkmalen allseitig unbestritten sein dürfte, während eine Mitbeteiligung des Perichondriums dabei, wie der Operationsbefund eindeutig erwies, mit Sicherheit auszuschließen war.

Nur bei einem einzigen Autoren finden wir in dieser Frage den Standpunkt vertreten, wie er sich uns auf Grund unserer Untersuchungen als der allein berechtigte aufgedrängt hat, bei Urbantschitsch (146). In seinem Lehrbuch der Ohrenheilkunde bespricht er die phlegmonösen Entzündungen der Ohrmuschel und nennt als eine besondere Unterart derselben solche, „welche auf einer Perichondritis beruhen“. Unsere Anschauungen differieren nur darin, daß wir nicht, wie er es zu tun scheint, mit Knapp ein Freibleiben des Lobulus für ein integrierendes Symptom dieser Affektion zu halten vermögen.

Man könnte nun vielleicht einwenden, daß diese bei den Tierversuchen festgestellte Mitbeteiligung von Haut und Unterhautbindegewebe die Folge des bei den Experimenten gewählten Infektionsmodus der subkutanen Einverleibung des Giftstoffes sei, daß also das beim Kaninchen auf diesem Wege erzeugte Krankheitsbild nicht das vollständig entsprechende Gegenstück zu demjenigen sei, welches wir beim Menschen unter dem gleichen Namen zu verstehen pflegen. Für die Anhänger der Anschauung, daß Freibleiben oder Mitbeteiligung des Lobulus für die Rubrizierung der Erkrankung in die eine oder andere Kategorie das Entscheidende sei, fände sich gegen die Richtigkeit unserer Annahme von der Identität der gekennzeichneten Prozesse beim Kaninchen und Menschen vielleicht in der Tatsache ein weiteres Argument, daß infolge Fehlens des Lobulus beim Kaninchen dieses Tier zur Entscheidung der betreffenden Frage überhaupt nicht geeignet sei.

Bleiben wir zunächst bei dem zuerst erhobenen Einwurf stehen, so glaube ich auch in den klinischen Erscheinungen bei der menschlichen Perichondritis Beweise dafür zu entdecken, daß die Erkrankung ihren Weg in die Muschel häufig durchs Unterhautbindegewebe findet. Das belegen eine ganze Anzahl unserer oben angeführten und später ausführlich zu erörternden Fälle, bei denen sich im Anschluß an Gehörgangsentzündungen eine Perichondritis der Ohrmuschel entwickelte. Jacobson (l. c.), der sich dabei auf Pomeroy, Knapp, Jacobi und Kretschmann stützt, behauptet, daß diesfalls die Entzündung in der Regel vom Perichondrium des äußeren Gehörgangs ihren Ausgang nimmt, so daß im Beginn eine Verwechslung mit einem Gehörgangsfurunkel möglich ist.

Es liegt mir ferne, einen Weg der bezeichneten Art völlig in Abrede stellen zu wollen. Was ich aber entschieden bezweifle, ist die Annahme, daß dieser Ausgang der Entzündung vom Perichondrium des Meatus aud. ext. die Regel bilde. Für diese ihre Auffassung scheint mir seitens der betr. Autoren nur ein „Beweis“ möglich und der lautet: weil sich an die betr. Gehörgangserkrankung eine Perichondritis der Ohrmuschel angeschlossen hat, deshalb muß auch die ursprünglich als zirkumskripte oder diffuse Gehörgangsentzündung imponierende Erkrankung eine solche des Perichondriums gewesen sein. Für die Berechtigung einer solchen Annahme aber fehlt es bisher an den nötigen pathologisch-anatomischen Unterlagen. Aus der klinischen Beobachtung gewinnt man jedenfalls den Eindruck, daß es sich diesfalls häufiger nur um eine Entzündung von Haut und Subkutangewebe handelt, die das Perichondrium keinesfalls immer in Mitleidenschaft zu ziehen braucht. Andererseits aber ist wohl kaum daran zu zweifeln, daß, ähnlich wie an der Muschel, auch im Gehörgang die Perichondritis vollständig unter dem Bilde einer phlegmonösen Entzündung anderer Art verlaufen und dann in der Tat zu Verwechslungen im genannten Sinne Veranlassung geben kann, ein Vorkommnis, das nur als weiterer Beweis für die enge Zusammengehörigkeit der beiden in Rede stehenden Affektionen zu betrachten wäre.

Die Verschiedenheit im weiteren Verlauf, speziell das Übergreifen oder Nichtübergreifen des Prozesses auf die Ohrmuschel bzw. die besondere Art von deren Entzündung gegenüber Phlegmonen anderer Aetiologie beruht vermutlich lediglich in der Verschiedenheit der die Gehörgangsentzündung verursachenden Erreger. Unter letzteren scheint nach unseren klinischen Erfahrungen der Bacillus pyocyaneus als einer derjenigen, die die Ohrmuschel mit Vorliebe zu ergreifen pflegen, eine besondere Rolle zu spielen.

[Eine Infektion der Ohrmuschel durch Tuberkelbazillen, die Haug (49) bei einem Fall von Perichondritis nachgewiesen hat, haben wir, wie hier anhangsweise bemerkt sei, nicht beobachtet.]

Unter dem Gesichtspunkt, daß die Perichondritis nur die Teilerscheinung eines phlegmonösen, unter Umständen den gesamten bindegewebigen Anteil der Ohrmuschel betreffenden Prozesses ist, erhält auch eine dabei wiederholt gemachte Beobachtung ihre einfache Aufklärung: die nämlich, die wir gleichfalls einmal zu machen Gelegenheit hatten (Fall H.), daß das Ohrläppchen bisweilen an der Entzündung mitbeteiligt ist. Knapp glaubte bekanntlich, und ihm ist die größte Zahl der Autoren darin gefolgt, dessen gewöhnliches Freibleiben von entzündlichen Erscheinungen gelegentlich einer Perichondritis damit erklären zu sollen, daß der Lobulus keinen Knorpel besitzt. Politzer, der in seinem Lehrbuch den gleichen Standpunkt vertritt, nimmt von den gegenteiligen Beobachtungen Roosas und Grubers überhaupt keine Notiz. Jacobson tut dies zwar, ohne aber dem auffälligen Vorkommnis gegenüber einen Versuch der Erklärung zu geben. Bürkner versieht, wie schon erwähnt, die Beobachtungen der beiden Autoren mit einem Fragezeichen und glaubt — deren Richtigkeit vorausgesetzt — sie mit der ausnahmsweisen Anwesenheit eines langen Knorpelfortsatzes im Lobulus vom Helix her (cauda helicis) in Verbindung bringen zu müssen.

Ich habe, um zunächst diesem letzteren Einwand zu begegnen, in unserem Fall das betreffende Ohrläppchen aufs genaueste untersucht und von einer derartig besonders ausgeprägten Cauda helicis nichts entdecken können. Außerdem hat Herr Professor Grunmach auf meine Bitte hin liebenswürdigerweise von beiden Muscheln Röntgenaufnahmen angefertigt, die gleichfalls eine Bestätigung dieser Bürknerschen Annahme nicht ergeben haben. (s. Fig. 24 und 25.)

Daß sich aber ein phlegmonöser Prozeß, der nicht ausschließlich ans Perichondrium gekettet ist, bis in das subkutane Gewebe des Lobulus hinein fortpflanzen kann, bedarf keiner besonderen Erklärung. Der kontinuierliche Übergang von Haut und Unterhautbindegewebe der Konvexität der Muschel in die des Ohrläppchens macht es auch verständlich, warum Gruber (l. c.) bei der Entzündung der hinteren Muschelfläche fast ausnahmslos das Läppchen mitbeteiligt sah.

Während wir also im Vorausgehenden bei Perichondritiden unter Umständen eine Mitbeteiligung des Ohrläppchens an der Entzündung feststellen konnten, beweist umgekehrt der Fall 16 unserer Beobachtungen (Marie Ge.), daß bei phlegmonösen Prozessen anderer Art das Ohrläppchen von der Affektion verschont bleiben kann.

Das Recht, die bei der betreffenden Patientin beobachtete Erkrankung der Ohrmuschel als Phlegmone und nicht als Perichondritis zu bezeichnen, trotzdem die Affektion im Bereich der Muschel sich klinisch in nichts von dem Bild der Perichondritis unterschied, leite ich aus dem Umstande ab, daß bei einer größeren Reihe sich später bei ihr folgender Rezidive die Entzündung entweder von der Muschel ausging und kontinuierlich auf die Weichteile von Hals und Warzenfortsatz übergriff oder umgekehrt an letzteren Stellen ihren Ausgang nahm und sekundär zu einer Mitbeteiligung der Muschel führte, um dort die bekannten Erscheinungen einer schweren Perichondritis unter steter Freilassung des Lobulus zu entwickeln. Andere Male aber blieben die entzündlichen Erscheinungen auf die Gegend des Warzenfortsatzes und Halses beschränkt. Ihre Unterstützung fand unsere Auffassung in dem Ergebnis einer zweimaligen Operation, die beide Male eine starke entzündliche ödematöse Schwellung des Unterhautbindegewebes, nie eine Miterkrankung von Perichondrium oder Knorpel erkennen ließ, drittens endlich in dem schließlichen Ausgang des Leidens, indem lediglich die durch die Operationsnarben verursachten geringgradigen Veränderungen, keinerlei sonstigen Verdickungen oder Schrumpfungen der Muschel restierten.

Wollen wir also die klinische Einheitlichkeit des gekennzeichneten Bildes nicht gewaltsam zerstören, indem wir etwa als Sitz des Prozesses, soweit er sich (primär oder sekundär) außerhalb der Muschel abspielte, das Unterhautbindegewebe, innerhalb derselben aber das

Perichondrium annehmen, wozu aber, wie gesagt, schon auf Grund des Operationsbefundes keinerlei Berechtigung vorliegt, so bleibt nichts anderes übrig, als eine Identität beider Prozesse anzunehmen, wie sie nach unserem Dafürhalten den dabei tatsächlich spielenden Vorgängen entspricht.

Für den höchst eigentümlichen Verlauf des Leidens bei der Patientin Ge. dürfte der aus dem Ohrmuschelsekret wiederholt in Reinkultur gezüchtete Pneumokokkus Fränkel verantwortlich zu machen sein. Aus unseren Tierversuchen wissen wir, daß der Pneumococcus die Affinität des Pyocyaneus zum Perichondrium nicht teilt, so daß sein alleiniges Vorhandensein im Wundsekret weiterer Beweis dafür ist, daß der Prozeß diesfalls mit Perichondritis nicht identisch ist. Sein überaus spärliches Vorkommen im Wundsekret (cf. Originalausstrich!), sein langsames und spärliches Wachstum auf Bouillon, die ausbleibende Entwickelung auf Agar und endlich seine völlig negative Wirkung auf Mäuse sind Zeichen seiner außerordentlich geringen Vitalität und Virulenz und helfen es erklären, warum der Prozeß — das zweite Mal sogar trotz wochenlanger Dauer — keine gröberen pathologischen Veränderungen an den Geweben verursacht hat als die oben mitgeteilten.

In dieser Übereinstimmung zwischen den klinischen Erscheinungen und pathologisch-anatomischen Gewebsalterationen einer- und den morpho-biologischen Eigenschaften des gefundenen Mikroorganismus andererseits liegt gleichzeitig ein weiterer Beweis für die aetiologischen Beziehungen des letzteren zu der vorgefundenen Erkrankung. Der Befund des gleichen Erregers auch im Mittelohrsekret gibt außerdem einen gewissen Anhalt für den vermutlichen Zusammenhang beider Prozesse.

Fassen wir die Ergebnisse der mitgeteilten Untersuchungen betreffs der Rolle des Pyocyaneus bei Ohrmuschelerkrankungen nochmals zusammen, so ergibt sich folgendes:

Bei zirkumskripten oder diffusen Entzündungen des äußeren Gehörgangs — nicht selten mit akuten oder chronischen Mittelohrentzündungen kombiniert —, in deren Sekret der Bazillus, meist mikroskopisch und kulturell in Reinkultur, nachgewiesen wurde, kann es zu umschriebenen oder diffusen Entzündungen der Ohrmuschel kommen. Erstere sind auf die dem äußeren Gehörgang benachbarten Teile der Ohrmuschel (Crus helicis, Cavitas conchae) beschränkt und gehen mit der Abheilung des Prozesses im äußeren Gehörgang gleichfalls entweder spontan oder durch gleichzeitige operative Inangriffnahme zurück, ohne — wenigstens makroskopisch — Knorpelhaut oder Knorpel nachweisbar tangiert zu haben. Eine Difformität der Muschel ist demnach hierbei nicht beobachtet.

Die diffusen Entzündungen der Muschel traten unter dem Bilde der sogenannten Perichondritis teils ohne, teils mit Beteiligung des Lobulus auf. Die entzündlichen Erscheinungen können von mäßiger Stärke und auffallender Flüchtigkeit sein. Wegen des letzteren Momentes neige ich zu der Annahme, daß es sich dabei um auf rein toxischer Basis beruhende kollaterale Ödeme handelt, wie wir sie ähnlich bei Mittelohreiterungen nach der entgegengesetzten Richtung hin, d. h. nach dem Schädelinnern zu, unter dem Bilde der Meningo-Encephalitis serosa auftreten sehen (Merkens 99).

In schwereren, länger dauernden oder sich häufig wiederholenden Fällen dürfte eine plötzliche Überschwemmung des Unterhautgewebes der Ohrmuschel mit Bakterien der Grund der Entzündung sein. In den von uns beobachteten Fällen dieser Art kam es unter entsprechender konservativer Therapie zum Spontanrückgang der Erscheinungen. Die in der Literatur niedergelegten Beobachtungen von Perichondritiden im Anschluß an Gehörgangs- und Mittelohraffektionen, die zu schweren Zerstörungen in der Muschel geführt haben (Pomeroy l. c., Knapp l. c., Schwabach l. c.), entbehren sämtlich der bakteriologischen Untersuchung, auch des Gehörgangs- oder Mittelohreiters. Sie sind deshalb zur Beantwortung der Frage, ob es sich dabei um Pyocyaneusinfektionen gehandelt hat, nicht verwertbar. Es fehlt mithin vorläufig noch an sicheren Beweisen dafür, daß auch schwerste diffuse Ohrmuschelentzündungen im Anschluß an Pyocyaneusinfektionen vom Gehörgang oder Mittelohr aus vorkommen.

Durch zwei unserer Beobachtungen steht fest, daß das klinische Bild der Perichondritis jedenfalls auch durch andere Mikroorganismen als den Pyocyaneus hervorgerufen werden kann. Einmal war es sicher, das andere Mal mit großer Wahrscheinlichkeit der Pneumokokkus Fränkel, der die Infektion verursacht hatte. Nach dem klinischen Verlauf und dem Operationsbefund in einem der zuletzt genannten Fälle sowie auf Grund des histologischen Ergebnisses an entsprechend behandelten Kaninchenohrmuscheln befindet sich aller Wahrscheinlichkeit nach die primäre Lokalisation bei Pneumokokkeninfektionen auch der menschlichen Muschel im Unterhautbindegewebe, nicht im Perichondrium.

Die Ähnlichkeit des klinischen Bildes bei Pyocaneus- und Pneumokokkeninfektionen beruht auf der in Form eines hochgradigen Ödems zu Tage tretenden Mitbeteiligung von Unterhautbindegewebe und Haut in beiden Fällen. Dieses Ödem macht bisweilen am Lobulus Halt, um ihn in anderen Fällen in Mitleidenschaft zu ziehen.

Letzteres scheint namentlich bei einer Beteiligung der medialen Ohrmuschelfläche an der Entzündung der Fall zu sein.

Auf Grund des technisch einwandfreien Untersuchungsergebnisses in unseren 4 diesbezüglichen Fällen ist erwiesen, daß postoperative Perichondrititen durch den Pyocyaneus hervorgerufen werden können. Diese Tatsache gewinnt dadurch erhöhte Bedeutung, daß andere als diese Mikroorganismen bei der in Rede stehenden Erkrankung bisher überhaupt noch nicht gefunden worden sind. Bei einem weiteren inzwischen auf unserer Klinik beobachteten Fall habe ich gleichfalls mikroskopisch und kulturell Pyocyaneus in Reinkultur aus dem Wundsekret züchten können. Der Fall ist für die vorliegende Frage nach der Aetiologie deshalb nicht verwertbar, weil die Affektion zur Zeit der Untersuchung bereits einige Wochen alt war. Bemerkenswert war aber, daß die Verbandstoffe keinerlei Grün- oder Blaufärbung und der Eiter eine ausgesprochen dickrahmig gelbe Beschaffenheit ohne jeden charakteristischen Geruch zeigte. Gerade das war Veranlassung zur Untersuchung für mich, da ich glaubte, es zum ersten Male mit einer andersartigen Infektion zu tun zu haben. Das Ergebnis aber war, wie erwähnt, nur eine Bestätigung der bisherigen Resultate.

Die postoperativen, durch Pyocyaneus verursachten Ohrmuschelentzündungen nun sind es, die sich fast regelmäßig durch einen besonders schweren und protrahierten Verlauf auszeichnen und infolge mehr oder minder ausgedehnter entzündlicher Veränderungen und eitriger Einschmelzung von Knorpelhaut und Knorpel zu Difformitäten an der Ohrmuschel zu führen pflegen. Die Ursache für die Schwere der Infektion in solchen Fällen ist zweifellos in der durch die üblichen Gehörgangsplastiken vorgenommenen ausgedehnten Eröffnungen des Ohrmuschelbindegewebes einschl. des Perichondriums zu suchen, durch die der Infektion breite und bequeme Eingangspforten zu beiden Seiten des Knorpels geschaffen werden. —

Entzündungen des äusseren Gehörgangs.

Derjenige Teil des Ohres nun, der sowohl für die primäre wie sekundäre Infektion durch den Bacillus pyocyaneus wie für deren Weiterverbreitung in besonderem Maße in Betracht zu kommen scheint, ist der äußere Gehörgang.

Es sind vier Arten von Erkrankungen desselben, die für die vorliegende Frage von Bedeutung sind: die zirkumskripte (Furunkel, Abszeß), die diffuse, die hämorrhagische und die kruppöse Form der Entzündung.

Über das, was wir unter den genannten Erkrankungen zu verstehen haben, herrscht unter den Autoren Übereinstimmung, so daß sich ein näheres Eingehen hierauf erübrigt. Nur hinsichtlich des Punktes, daß die beiden erstgenannten Affektionen bisweilen zu Verwechselungen mit Perichondritis des Gehörgangs Veranlassung geben, vermag ich mich der bisher darüber bestehenden oder jedenfalls nie ernstlich bestrittenen Anschauung nicht gänzlich widerspruchslos anzuschließen und verweise dieserhalb auf meine oben (S. 125 f.) darüber gemachten Bemerkungen.

Als allgemein anerkannt darf des weiteren gelten, daß zirkumskripte und diffuse Gehörgangsentzündungen entweder — und zwar erstere häufig, letztere selten, — ohne bekannte Ursache, erstere ferner als Folge von dyskrasischen Zuständen (Diabetes), oder endlich beide auf Grund bestimmter äußerer Reize, besonders mechanischer Natur, entstehen können. Die genannten Umstände spielen aber nur die Rolle prädisponierender Momente, auf Grund deren die im Gehörgang vorhandenen oder hineingelangenden Bakterien ihre krankmachende Wirkung entfalten können. Ihren Weg in den Gehörgang finden letztere besonders häufig durch Vermittelung des ausfließenden eitrigen Sekrets bei akuten und chronischen Mittelohrentzündungen.

Diese gemeinsamen Ursachen erklären es, warum beide Affektionen neben einander im gleichen Ohre desselben Individuums vorkommen können.

Seit Kirchners (66), Löwenbergs (91), und Schimmelbuschs (132), diesbezüglichen Untersuchungen gilt es für die Gehörgangsfurunkel als erwiesen, daß sie durch Einreibung der pyogenen Staphylokokken (aureus et albus) in die Haarbälge entstehen. Maggiora und Gradenigo konnten dem, wie erwähnt, den Bacillus pyocyaneus hinzufügen, den sie in Reinkultur in Gehörgangsfurunkeln nachwiesen und als Erreger der genannten Affektion ansprachen.

Über die Erreger der auf bakterieller Basis entstehenden (nicht kruppösen) Form der diffusen Gehörgangsentzündung liegen, soweit ich die Literatur übersehe, nur recht spärliche Angaben vor.

v. Bezold (8, S. 42 f.) spricht vorwiegend Fäulnisorganismen als Ursache an und schließt aus deren Vielgestaltigkeit, sowie aus den verschiedenen durch sie hervorgebrachten Färbungen auf die Reichhaltigkeit der sich hier entwickelnden Arten.

Auf Grund des nicht seltenen Nebeneinanders von Otitis ext. circumscripta und diffusa scheint mir eine gewisse Berechtigung dafür zu bestehen, die bei jener nachgewiesenen pyogenen Staphylokokken auch für diese verantwortlich zu machen. Daß aber auch damit die

Reihe der in Betracht kommenden Erreger noch nicht erschöpft sein dürfte, scheinen zum mindesten die Befunde und experimentellen Beobachtungen Grubers zu beweisen, der, wie oben erwähnt, in Fortsetzung der Zaufalschen Versuche mit grünem Eiter durch Verimpfung des Bacillus pyocyaneus auf das eitrige Sekret von mit perforativer Mittelohrentzündung behafteten Individuen Otitis ext. hervorzurufen vermochte.

Die hämorrhagische Form der Gehörgangsentzündung wird als Begleiterscheinung hauptsächlich der akuten Influenza-Otitis [Politzer (l. c., S. 158)] oder der akuten Pyocyaneus-Otitis (Körner) beschrieben, ohne daß aber über den event. bakteriellen Inhalt dieser Blasen bisher Untersuchungen angestellt zu sein scheinen.

Hinsichtlich der kruppösen Gehörgangsentzündungen lauten die bisherigen Publikationen dahin, daß aus den Membranen der Streptococcus pyogenes (Löwenberg, cit. nach Politzer, S. 159), der Staphylococcus pyogenes aureus [v. Bezold (8, S. 47)], und der Bacillus pyocyaneus [v. Bezold (8), Guranowski, l. c., Helmann, l. c., Ruprecht, l. c.], — ob stets in Reinkultur wird nicht in allen Fällen ausdrücklich erwähnt — gezüchtet werden konnte. Während aber Bezold die Entscheidung darüber, ob dem letzteren eine aetiologische Bedeutung für die Entstehung der Otitis ext. crouposa zugeschrieben werden darf, in suspenso läßt, da er außerdem wiederholt die charakteristische Blaufärbung der Epidermis im knöchernen Gehörgang gesehen haben will, ohne daß es zu heftigen Entzündungserscheinungen mit Bildung von kruppösen Exsudatmembranen kam, geht Helmann, wie schon erwähnt, soweit, nur diesem Mikroorganismus die ursächliche Rolle für die in Rede stehende Erkrankung zuzuschreiben und daraus die Berechtigung zu dem Vorschlag abzuleiten, das ganze Krankheitsbild in Zukunft nur noch als Otitis ext. pyocyanica zu bezeichnen. Die auf Grund der bisherigen Erfahrungen dagegen geltend zu machenden Einwände sind bereits oben an anderer Stelle diskutiert, und ich hoffe im nachfolgenden einen weiteren Beweis für die Berechtigung dieses unseres ablehnenden Standpunktes beizubringen.

Unsere diesen Gegenstand betreffenden Beobachtungen sind in unserer obigen Aufzählung enthalten. Ein Teil der mit einer Affektion dieses Abschnittes des Gehörorgans behafteten Patienten hat bereits im Vorausgehenden wegen der gleichzeitig dabei vorhandenen Ohrmuschelerkrankung Erwähnung gefunden. Es handelt sich im ganzen um 19 Fälle und zwar die folgenden:

No. 1, Else F. — No. 2, Luise W. — No. 3, Artur K. — No. 4, Walter A. — No. 5, Hans Ki. — No. 12, Hans We. — No. 13, Julius Kö. — No. 17, Ernst Ar. — No. 18, Frau Se. — No. 20, Franz M. — No. 25, Gustav Du. — No. 26, Berta Gs. — No. 28, Hermann Gu. — No. 29, August Hg. — No. 31, Martha Kü. — No. 32, Gustav H. — No. 34, Otto Z. — No. 35, Otto Bi. — No. 36, Leutnant W.

Ausgelassen dabei ist der Fall No. 8, August G., bei dem sich in der Anamnese in typischer Weise Schmerzen vorm Tragus angegeben finden, da diese bei der Aufnahme ebensowenig mehr festzustellen waren wie objektive entzündliche Symptome im Gehörgang. Angeführt ist ferner nicht No. 27 Berthold E., bei dem sich eine deutliche Druckempfindlichkeit vorm Tragus und eine leichte Rötung der Gehörgangswände fand. Da aber erstere auf die an der betreffenden Stelle vorhandenen Lymphdrüsenschwellungen bezogen werden konnte, und letztere vielleicht nur die bei Mittelohrentzündungen auch sonst beobachtete leichte entzündliche Reizung der Gehörgangswände darstellte, glaubte ich den Fall für die vorliegende Frage außer Spiel lassen zu sollen.

Aber auch ohne diese drei Fälle ist es über die Hälfte unserer sämtlichen Beobachtungen, bei der eine Mitbeteiligung des Gehörgangs an der Erkrankung in der einen oder anderen Form zu konstatieren war.

Unter der Zahl der zirkumskripten und diffusen Entzündungen fand sich eine idiopathische Form der Erkrankung, d. h. eine solche, deren Entstehung mit Sicherheit nicht auf Ausfließen des eiterhaltigen Mittelohrsekrets zurückzuführen war, im ganzen 5 mal und zwar am reinsten in den Fällen 32 (H.) und 36 (Leutnant W.), weil hier nachweislich jede komplizierende Erkrankung von seiten des Mittelohrs und Warzenfortsatzes fehlte, während bei den nachfolgenden 3 Patienten Luise W. (2), Berta Gs. (26) und Otto Z. (34), entweder solche vorausgegangen waren, oder zur Zeit der Gehörgangserkrankung nachgewiesen werden konnten.

Im ersten Falle (H.) sollte die Erkrankung des einen Ohrs mit einem Furunkel begonnen haben, der ärztlicherseits eröffnet wurde. Da es sich um einen Diabetiker handelte, ist nachträglich nicht mit Sicherheit festzustellen, ob hier die bei derartigen Individuen bekannte dyskrasische Disposition, wie so oft, den Staphylokokken den Boden zur Entfaltung ihrer pathogenen Eigenschaften ebnete, auf dem dann weiterhin die Ansiedlung des später in Reinkultur nachgewiesenen

Bacillus pyocyaneus erfolgte, oder ob dieser Furunkel bereits als ein spezifisches Produkt der Pyocyaneusinfektion zu betrachten ist. Daß die zur Zeit der Untersuchung bestehende doppelseitige diffuse Gehörgangsentzündung aber jedenfalls nicht durch eine gleichzeitige Mittelohrentzündung hervorgerufen oder unterhalten wurde, ging einwandfrei aus dem Fehlen jeder Perforation, den geringgradigen entzündlichen Erscheinungen am Trommelfell und deren konform mit der Gehörgangsentzündung beobachtetem Rückgang, sowie dem Ergebnis der Hörprüfung hervor.

In Fall 36 war eine direkte Ursache der Erkrankung noch weniger auffindbar. Aus den eben mitgeteilten Momenten konnte auch hier eine Affektion des Mittelohrs mit Sicherheit ausgeschlossen werden.

Bei Luise W. (2) war die vorhanden gewesene Mittelohraffektion zur Zeit der Entstehung der mit Ohrmuschelentzündung einhergehenden Gehörgangsentzündung bereits abgeheilt, so daß eine solche auch hier für letztere Prozesse aetiologisch nicht mehr in Betracht kommt. Die Infektion des Gehörganges war augenscheinlich von der schlecht heilenden Antrumswunde ausgegangen, deren Verbandstoffe eine zeitlang vorher eine deutliche Grünfärbung aufgewiesen hatten.

In Fall 26 war zwar, wie sich aus dem Untersuchungs- und Funktionsbefund ergab, das Mittelohr auf der in Betracht kommenden Seite augenscheinlich mitbeteiligt, doch glaube ich hier mit einem gewissen Recht, das sich auf ähnliche Beobachtungen bei Furunkulose stützt, den umgekehrten Weg, d. h. ein von der Gehörgangsentzündung induziertes Mittelohrleiden annehmen zu dürfen. Vielleicht handelte es sich, wie ich bereits in der Epikrise zu diesem Fall erwähnt habe, um ein kollaterales Ödem im Sinne Scheibes, wenn man nicht der Annahme einer gleichzeitigen Entstehung beider Prozesse infolge der gleichen Ursache, wie in den später zu besprechenden Fällen hämorrhagischer Entzündung, den Vorzug geben will.

Sicher festgestellt konnte der hier nur vermutete Gang der Infektion von außen nach innen im Falle Z. (No. 34) werden. Während nämlich bei der ersten Untersuchung beide Trommelfelle nachweislich intakt und die Hörfähigkeit für Flüstersprache beiderseits eine gleich gute war, fand sich bei einer späteren Untersuchung der Prozeß unter der bei uns üblichen spezifischen Therapie auf der einen Seite vollkommen abgeheilt, während auf der anderen eine lebhafte Entzündung und Perforation des Trommelfells, die vorher nicht bestanden hatten, nachweisbar waren.

In den Fällen K. (No. 3), Du. (No. 25), Bi. (No. 35), bei denen von vornherein aus dem objektiven Befund oder, wo ein solcher infolge der Gehörgangsstenose am Trommelfell nicht zu erheben war, aus dem Funktionsergebnis und weiteren Verlauf das Bestehen einer akuten perforativen Mittelohrentzündung neben der Gehörgangsaffektion, mit Sicherheit oder Wahrscheinlichkeit zu erschließen war, ist der Entscheid darüber, ob sich die Erkrankung der beiden Abschnitte unabhängig voneinander als Wirkung der gleichen Ursache entwickelt hat, oder ob bzw. welche Aufeinanderfolge der beiden Affektionen anzunehmen ist, unmöglich. Die zweifellos größere Häufigkeit einer Gehörgangsentzündung als Folge eines eitrigen Mittelohrleidens macht auch hier diesen Weg sehr wahrscheinlich.

Um ein zweifelloses Nebeneinander beider Erkrankungen aber handelt es sich in unserem Falle 4 (A.). Die bereits vor Eröffnung des Trommelfells bestehende Mitbeteiligung des Gehörgangs überschritt zunächst nicht das Maß derjenigen, wie wir sie auch sonst in Begleitung foudroyanter Otitiden auftreten sehen. Die nachträgliche Desquamation des ganzen Gehörgangsschlauches aber bewies, daß die Entzündung einen höheren Grad, als unserer anfänglichen Annahme entsprach, erreicht haben mußte.

In sämtlichen übrigen Fällen aber waren die entzündlichen Gehörgangserscheinungen Folgen der bestehenden chronischen Mittelohreiterung. Es handelt sich um

No. 1, Else F. — No. 12, Hans We. — No. 13, Julius Kö. — No. 17, Ernst Ar. — No. 28, Hermann Gu. — No. 29, August Hg. — No. 31, Martha Kü.

Andererseits beweist eine größere Anzahl später zu erwähnender, hauptsächlich chronischer Mittelohreiterungen, in deren Sekret Pyocyaneus nicht nur in Reinkultur gefunden, sondern auch auf Grund des Verlaufs und (einmal) des Agglutinationsergebnisses als pathogen angesprochen wurde, daß eine Mitbeteiligung des Gehörgangs an der Entzündung in solchen Fällen nicht unumgänglich ist.

In umschriebener Form trat die Erkrankung streng genommen nur einmal und zwar bei Else F. (No. 1) auf. Bei der Patientin, bei der $1^1/_2$ Monate vorher aus dem Mittelohrsekret, allerdings nur kulturell, aber auf Bouillon und Agar völlig übereinstimmend, Pyocyaneus in Reinkultur gezüchtet worden war, entwickelte sich im äußeren Gehörgang eine als Furunkel imponierende, halbkugelige, sehr druckempfindliche Vorwölbung, die sich allmählich vergrößerte und deutlich elastische Konsistenz aufwies. Bei der Eröffnung entleerte sich reichlich gelblichgrüner dünnflüssiger Eiter. In diesem konnte sowohl mikroskopisch (einen Tag nach der Eröffnung) wie bakteriologisch (die betreffende Nadel war sofort in Bouillon verimpft worden) Pyocyaneus in Reinkultur nachgewiesen werden. Der Befund fand durch wiederholte kulturelle Untersuchungen im weiteren Verlaufe noch öfter seine Bestätigung. Sowohl auf Grund der elastischen (fluktuierenden) Beschaffenheit des Tumors vor der Operation, des bei letzterer gewonnenen Befundes (es entleerte sich nur reichlich dünnflüssiger Eiter, weder damals noch später ein nekrotischer Gewebspfropf) und des trotz aller Behandlung so auffallend protrahierten Verlaufs glaube ich den ganzen Prozeß mehr als zirkumskripte abszedierende Phlegmone, wie als Furunkel ansprechen zu sollen. Die Eigenartigkeit der Affektion und der auffallende Verlauf dürften dem vorgefundenen besonderen Erreger zuzuschreiben sein. Eine Neigung, auf Perichondrium oder Knorpel von Gehörgang oder Ohrmuschel überzugreifen, war im Laufe der Behandlung nicht festzustellen, die Heilung erfolgte ohne jede Difformität an der betreffenden Stelle unter Hinterlassung einer kaum sichtbaren Narbe.

Der zweite hierher gehörige Fall betrifft den Patienten Bi. (No. 35). Hier bestand eine echte furunkulöse halbkugelige Anschwellung der vorderen Gehörgangswand, die den Gehörgangseingang vollständig verlegte. Nach deren baldiger Abheilung zeigte sich die Tiefe des Gehörgangs diffus geschwollen und spaltförmig verengt. Erst nach wiederholter Abspülung großer Epidermislamellen und reichlichen Borpulverinsufflationen kam der Prozeß auch hier zur Heilung. Es handelte sich also um eine Verbindung einer furunkulösen mit diffuser Gehörgangsentzündung bei gleichzeitig bestehender (akuter) Mittelohreiterung. Ein aetiologischer Zusammenhang dieser Affektionen mit dem aus dem Gehörgangssekret mikroskopisch und kulturell in Reinkultur gezüchteten Bacillus pyocyaneus wurde durch den bereits oben ausführlich beschriebenen Ausfall der Agglutinationsversuche im höchsten Grade wahrscheinlich gemacht, da als Eintrittspforte für den hierdurch als pathogen charakterisierten Bazillus nach Lage der Dinge nur das Ohr in Betracht kam.

In allen übrigen Fällen handelte es sich um diffuse, die Gehörgangswände in mehr oder minder großer Ausdehnung betreffende entzündliche Schwellungszustände schwereren oder leichteren Grades unter gleichzeitiger Rötung besonders der tiefer gelegenen Abschnitte des knöchernen Gehörgangs, sowie Abschilferung kleinster oder Desquamation großer Epithellamellen und, soweit dies nicht durch gleichzeitige Mittelohreiterungen verdeckt wurde, mäßiger Absonderung von serösem oder eitrigem Sekret.

Fieber wurde nur einmal — im Falle W. (Nr. 2) — beobachtet,

doch konnte dies, wegen Mitbeteiligung der Ohrmuschel an der Entzündung, nicht lediglich auf die Otitis ext. bezogen werden.

Daß die Affektion nicht selten doppelseitig auftritt, erhellt aus den beiderseits bakteriologisch untersuchten Fällen 32 (H.) und 34 (Z.). Im Falle 26 (Gs.) fehlt zum einwandfreien Beweis nach dieser Richtung die bakteriologische Untersuchung des zweiten (sekundär) erkrankten Ohres, die infolge Fehlens von Sekret nicht ausführbar war. In einem weiterhin von uns beobachteten Fall doppelseitiger Entzündung bei einem Wärter der Charité wurde die Diagnose beiderseits aus dem charakteristischen Geruch des Sekrets gestellt und eine bakteriologische Untersuchung infolgedessen unterlassen.

Vermutlich dürfte es sich dabei meist um eine Autoinfektion des zweiten Ohres handeln.

Die Entstehung der nicht unbeträchtlichen doppelseitigen Gehörgangshyperostosen, wie sie in dem sich über mehrere Monate erstreckenden Fall H. konstatiert werden konnten, kann sehr wohl auf die vorausgegangene doppelseitige Entzündung bezogen werden. Das Ausbleiben persistenter ähnlicher Veränderungen in den übrigen Fällen dürfte seinen Grund in deren akutem Ablauf haben.

Zur Beantwortung der Frage nach den durch die Affektion hervorgerufenen Beschwerden, sind natürlich nur die Fälle verwertbar, in denen das Leiden nicht mit einer Ohrmuschel- oder Mittelohrerkrankung kombiniert war. (No. 32, H., links, No. 34, Z., links, No. 36, Leutnant W.). Dabei ist auseinanderzuhalten, ob es sich um eine akute (Z., Leutnant W.) oder chronische (H.) Form des Leidens handelt. In akuten Fällen besteht meist eine nicht unerhebliche Schmerzhaftigkeit im Ohr und dessen nächster Umgebung, die so stark werden kann, daß sie selbst nicht empfindlichen Patienten (Leut. W.) den Schlaf raubt. Objektiv ist diese meist daran kenntlich, daß Druck vor den Tragus und gegen die untere Gehörgangswand sehr empfindlich ist. Die Druckschmerzhaftigkeit der genannten Stellen ist zweifellos auch in den Fällen auf die Gehörgangsentzündung zu beziehen, die mit Otitis media einhergehen. Meist pflegt dabei auch die Einführung des Trichters sehr unangenehm empfunden zu werden. In manchen Fällen wurde außerdem über auf die Seite der Entzündung lokalisierte Druckempfindlichkeit der Warzenfortsatzspitze und einseitige Kopfschmerzen geklagt (Leut. W.). Eine Herabsetzung der Hörfähigkeit konnte in den beiden in Betracht kommenden Fällen nicht festgestellt werden, doch ist dazu zu bemerken, daß es sich hier auch nicht um besonders extreme Grade der Entzündung handelte. Letztere dürften schon durch die dabei erfolgende Gehörgangsverlegung zweifellos Hörstörungen im Gefolge haben. Schließen sich an die Affektion Mittelohrentzündungen an, bzw. entstehen solche mit dem Gehörgangsleiden zu gleicher Zeit (Fall Gs. und Z.), so sind vorhandene Hörstörungen lediglich oder hauptsächlich von diesen abhängig.

Bei der doppelseitigen chronischen Affektion H. sollen während des größten Teils der von Ohrmuschelentzündung freien Zeit Schmerzen nicht bestanden haben. Die bei jedesmaligem Beginn der Ohrmuschelentzündung von ihm geklagten Beschwerden waren offenbar nur auf diese zu beziehen. Damit stimmte überein, daß jede Druckempfindlichkeit an den oben genannten Stellen des äußeren Ohres und zwar selbst auf der mit Ohrmuschel- und Parotisentzündung affizierten rechten Seite vollständig fehlte. Die Klagen H.s lauteten mehr auf bisweilen auftretendes Jucken, ein dumpfes Gefühl in beiden Ohren und Schwerhörigkeit. Letztere, nicht sehr erheblichen Grades, dürfte ihren Grund in der gleichzeitig bestehenden chronischen Trommelfellentzündung gehabt haben und war mit deren Ablauf verschwunden.

Die Berechtigung nun, die eben besprochenen Fälle diffuser Entzündung unter dem gleichen Gesichtspunkte zu betrachten, leite ich aus dem dabei übereinstimmend erhobenen bakteriologischen Befunde ab. Es fand sich nämlich bei allen der Bacillus pyocyaneus in Reinkultur. Allerdings wurde dieser Befund in den Fällen 2 (W.), 3 (K.), 12 (We.), 13 (Kö.) und 17 (Ar.) nur kulturell erhoben, so daß diese Fälle der strengen Kritik bei der Frage nach dem aetiologischen Zusammenhang nicht Stand halten, obwohl dieser Mangel sein Korrelat einigermaßen darin fand, daß im Fall 3 der genannte Befund übereinstimmend auf 3 verschiedenen Nährböden erhoben, daß in Fall 12 und 13 im Sekret der postoperativen Ohrmuschelentzündung der Pyocyaneus sowohl mikroskopisch wie kulturell als der allein anwesende Erreger festgestellt wurde, und daß endlich im Fall 17 der kulturelle Befund eines gleichzeitig bestehenden subperiostalen und retropharyngealen Abszesses ein mit dem genannten übereinstimmendes Ergebnis hatte.

In den übrigen Fällen aber

No. 4 (A.) — No. 25 (Du.) — No. 26 (Gs.) — No. 28 (Gu.) — No. 29 (Hg.) — No. 31 (Kü.) — No. 32 (H.) — No. 34 (Z.) — No. 36 (Leut. W.)

war der kulturellen eine mikroskopische Untersuchung des vorhandenen Sekrets vorausgegangen, deren Resultat sich mit dem des Kulturversuchs deckte.

Nur ein einziges Mal allerdings (Fall Du.) war es möglich, das Sekret zur Untersuchung dem Gehörgangsgewebe direkt zu entnehmen und zwar infolge des hier gemachten operativen Eingriffs. Diese Art der Abimpfung sichert diesem Fall in aetiologischer Hinsicht die erste Stelle.

Ihm reihen sich diejenigen an, bei denen infolge Fehlens einer perforativen Mittelohraffektion das der Oberfläche der entzündeten Gehörgangswände aufliegende und zur Untersuchung benutzte Sekret nur ein Produkt dieser Entzündung sein konnte (Gs., H., Z. und Leutn. W.). In den letzten 3 genannten Fällen endlich kam noch weiter hinzu, daß die pathogene Rolle des Pyocyaneus bei ihnen durch den Ausfall der Agglutinationsversuche außer Frage gestellt wurde. Hinsichtlich des betreffenden Ergebnisses bei H. verweise ich auf die unter dem Kapitel „Perichondritis" gemachten Ausführungen.

Das Blutserum des Patienten Z. agglutinierte frische (24 stündige) Kulturen aus seinem eigenen Ohr und dem des Kranken Bi. bis zu einer Verdünnung von $^1/_{50}$, während Kontrolluntersuchungen mit dem Serum zweier nicht an Pyocyaneusinfektion leidender Patienten das Ergebnis hatten, daß die Kultur Z. das eine Mal bis zu $^1/_{30}$ (wenigstens andeutungsweise), das zweite Mal bei $^1/_{10}$ Verdünnung agglutiniert wurde. Letztere Ergebnisse bilden eine weitere Berechtigung für unsere Forderung, die Grenze für spezifische Agglutination bei unserem Bazillus höher, also mindestens bis zu $^1/_{50}$, heraufzurücken. Diese wurde in unserem Falle jedenfalls mit Sicherheit erreicht und damit der gewünschte Beweis für die Pathogenität des Pyocyaneus erbracht.

Im Falle Leutnant W. lag die Grenze, bei der noch eine Agglutination seiner eigenen Kulturen erzielt wurde, bei $^1/_{150}$, während eine von dem Patienten Z. stammende Kultur bis zu $^1/_{50}$ agglutiniert wurde.

Die Kontrolluntersuchungen mittelst Serum der eben genannten beiden Patienten mit einer Kultur von Leutnant W. ergaben das eine Mal eine spurweise Andeutung von Agglutination bei $^1/_{10}$, während im zweiten Falle nicht einmal bei dieser Verdünnung eine Neigung zur Häufchenbildung bemerkbar war. Im Falle A. (4) wurde aus der Tatsache, daß das Mittelohrsekret bei mikroskopischer und kultureller Untersuchung nur Pyocyaneus aufgewiesen hatte, der Schluß gezogen, daß die Gehörgangsdesquamation wahrscheinlich das Werk des gleichen Mikroorganismus gewesen sei.

In den drei verbleibenden Fällen [Gu. (28), Hg. (29), Kü. (31)], die mit chronischer Mittelohrentzündung kombiniert waren, wurde das im äußeren Gehörgang vorgefundene Sekret, das das Produkt der Entzündung aus beiden Abschnitten des Gehörorgans darstellte, der entsprechenden Untersuchung mit dem oben mitgeteilten Ergebnis unterzogen. Bei der Patientin Kü. wurde wiederum auf biologischem Wege die Pathogenität des Bazillus festgestellt, und zwar dadurch, daß ihr Serum noch bei $^1/_{100}$ Verdünnung ihre eigenen Kulturen, bei $^1/_{70}$ und bei $^1/_{50}$ zwei Pyocyaneuskulturen anderer Provenienz agglutinierte. Auf das hierbei beobachtete merkwürdige 'Gegenseitigkeitsverhältnis mit den vom Patienten H. stammenden Kulturen und die daraus ev. abzuleitenden Schlüsse wurde oben bereits hingewiesen.

Durch das obige Ergebnis erhielt die Annahme, daß der hier im Ohr allein vorgefundene als pathogen charakterisierte Mikroorganismus der Erreger auch der Gehörgangsentzündung gewesen sei, eine wesentliche Stütze.

Anders der Erfolg bei dem Patienten Hg. Dessen Blutserum vermochte in einer Verdünnung von $^1/_{10}$ kaum andeutungsweise Agglutination von Kulturen aus seinem eigenen Ohr hervorzubringen. Die Gründe hierfür können verschiedene sein. Entweder ist der Bacillus pyocyaneus im vorliegenden Falle nur der Saprophyt gewesen, als der er bis jetzt noch immer ziemlich allgemein galt. Soweit das Mittelohr dabei allein in Betracht kommt, bin ich vorliegenden Falls geneigt, mich dieser Annahme gleichfalls anzuschließen, da die hier vorhandenen pathologischen Veränderungen Saprophyten verschiedenster Herkunft erfahrungsgemäß eine willkommene Ansiedelungsstätte bieten und auch nach Beseitigung der Eiterung der Befund an der Mittelohrschleimhaut hier unverändert blieb. Fassen wir ihn aber, und die mitgeteilten Erfahrungen an anderen Patienten sowie der Verlauf seiner eigenen Erkrankung geben ein gewisses Recht hierzu, als den Erreger der Otitis ext. auf, so kann die Erklärung für den mitgeteilten negativen Ausfall der Agglutination entweder der Umstand geben, daß zur Zeit der Vornahme dieser Untersuchung die Gehörgangsentzündung unter spezifischer Behandlung schon längst abgeheilt und damit auch vielleicht die von vornherein nur sehr geringe Fähigkeit des Blutes zur Bildung von Antikörpern in wesentlichem Rückgang begriffen, bzw. schon vollständig erloschen war, oder aber die Art der zu der betreffenden Untersuchung zur Verfügung stehenden Kultur trägt die Schuld an dem mitgeteilten Ergebnis. Denn da es nach Scheller (130) bereits seit langem bekannt ist, daß verschiedene Typhusstämme eine verschiedene Agglutinabilität zeigen, und man deshalb gut daran tut, mit einem erprobten Teststamm zu arbeiten, liegt der Schluß jedenfalls sehr nahe, daß es sich beim Bacillus pyocyaneus ähnlich verhält, und nur der Mangel eines derartig erprobten

Teststamms im vorliegenden Falle das gekennzeichnete Resultat verursacht hat.

Bei dem Patienten Gu. vermag ich außer auf den einwandfreien Befund im Gehörgangssekret nur noch auf den fast typischen Verlauf der Gehörgangsentzündung unter der angewandten Behandlung zu verweisen, um meine Annahme, daß es sich auch hier um eine Folge der Pyocyaneusinfektion gehandelt hat, zu rechtfertigen.

Und damit gelangen wir zu der Frage nach Verlauf und Ausgang der durch Pyocyaneus verursachten diffusen Gehörgangsentzündung. Dieser zeigte sich einmal abhängig von der Schwere der bestehenden Symptome und zweitens von der dagegen eingeleiteten Behandlung.

In leichteren Fällen ist, wie der Verlauf unseres Falles 8 (warme Umschläge), No. 27 (Borwasserstreifen) und No. 28 (Streifen mit Burowscher Lösung) zu beweisen scheint, die übliche antiphlogistische Behandlung offenbar ausreichend, um die den Patienten hauptsächlich quälende Schmerzhaftigkeit zu beheben. In schweren Fällen pflegen die entzündlichen Erscheinungen oft längere Zeit in unverminderter Stärke anzuhalten. Das ist namentlich der Fall, wenn es, wie bei unseren Kranken W. (No. 2) und Bi. (No. 35), zu wiederholten Desquamationen des Gehörgangsepithels kommt. Derartige Fälle pflegen auch unserer Behandlung am längsten und energischsten zu trotzen.

Außer im Fall F. sahen wir uns, wie schon oben erwähnt, nur noch einmal bei dem Patienten Du. wegen der Schwere der Erscheinungen, insbesondere ihres Übergreifens auf die Ohrmuschel, genötigt zum Messer zu greifen. Unter Hinzunahme von Borpulverinsufflationen kam es zu vollständiger Heilung auch der bestehenden akuten Mittelohrentzündung. Bei Bi. (No. 35) brachte die Einlegung eines mit Alkohol getränkten Gazestreifens den Gehörgangsfurunkel anfänglich zum Rückgang. Im weiteren Verlauf machten sich noch häufige Ausspülungen mittels Paukenröhrchens und reichliche Borpulverinsufflationen nötig, durch die auch hier der ganze Prozeß einschließlich der Otitis media zum Schwinden kam.

Eine ähnliche Unterstützung der Borpulvereinstäubungen durch wiederholte tägliche Abspülung der Desquamationsprodukte im Gehörgang war auch im Falle W. zur völligen Heilung erforderlich.

Im Falle K. (3) und A. (4) führte die durch dessen Miterkrankung notwendig werdende Aufmeißelung des Warzenfortsatzes zur Heilung auch der Gehörgangsentzündung, ohne daß sich deren besondere Behandlung nötig gemacht hätte. Letzteren Falls kam es erst während der Nachbehandlung zu der oben beschriebenen Desquamation des äußeren Gehörgangs, die erst auf die bestehende stärkere Entzündung aufmerksam machte, aber keinerlei störende Nachwirkungen hinterließ.

Auch bei den Patienten We. (12), Kö. (13) und Ar. (17) wurde die Aufmeißelung (Radikaloperation) wegen bedrohlicher Symptome erforderlich. In den letzten beiden Fällen so rasch, daß zu einer speziellen Behandlung der bei der Aufnahme nachgewiesenen Pyocyaneusinfektion und der von dieser wahrscheinlich abhängigen Gehörgangsentzündung kaum Zeit geblieben wäre, selbst wenn wir damals über die überaus günstige spezifische Wirkung des Borpulvers gegen die Infektion bereits genügend Erfahrung besessen hätten. Aber auch dann wäre der Erfolg zum mindesten sehr zweifelhaft gewesen, da sich die Infektion vermutlich auf den Inhalt des Processus mastoideus ausdehnte. Ganz ähnlich lagen die Verhältnisse bei We., nur daß hier genügende Zeit zur Behandlung bis zum Operationstage zur Verfügung gestanden haben würde. Warum ich der Frage der Behandlung der Otitis externa in diesen Fällen, in denen die Miterkrankung anderer wichtigerer Teile des Gehörorgans bei weitem im Vordergrund stand, eine so eingehende Besprechung widme, hat seinen Grund darin, daß sowohl im Fall We. wie Kö. postoperativ, wie bereits oben angeführt, schwere Perichondritiden zur Entwickelung kamen, die nach dem Ergebnis der bakteriellen Untersuchung Folgen der Pyocyaneusinfektion waren. Bei dem Patienten Ar. mag sein bald nach der Operation erfolgter Tod die Entstehung des gleichen Leidens verhindert haben. Jedenfalls mahnen die erst genannten Vorkommnisse dringend, derartigen entzündlichen Gehörgangsveränderungen und ihren etwaigen Ursachen die gebührende Aufmerksamkeit, namentlich bei etwaiger Vornahme von Totalaufmeißelungen zu schenken, um, wenn nicht vor, so nach dem operativen Eingriff unser Handeln auf die möglichste Vermeidung einer Ohrmuschelentzündung einzurichten.

In allen übrigen Fällen von diffuser Gehörgangsentzündung bestand die Behandlung fast ausschließlich in anfangs täglich, später entsprechend seltener wiederholten reichlichen Borpulverinsufflationen in den Gehörgang, durch die nicht nur dessen Entzündung, sondern auch etwa gleichzeitig vorhandene von Ohrmuschel (Bi., W.) und Mittelohr (Gu., Hg., Kü., Z.) zur Heilung gelangten.

Da es sich in all den beschriebenen Fällen mit gleichzeitiger Mittelohrentzündung um solche handelte, bei denen, wie die Untersuchung ergab, letztere, ebenso wie die Otitis externa, ausschließlich durch Pyocyaneus verursacht, oder wenigstens durch ihn unterhalten wurde, so hatte ich keine Gelegenheit, Beobachtungen über einen etwaigen Antagonismus des Pyocyaneus und andersartiger Erreger und eine hierdurch beschleunigte Ausheilung der Paukeneiterung anzustellen, wie solche von Brieger (14) gemacht worden sind.

Die günstige Wirkung der Borpulverinsufflationen war bisweilen geradezu überraschend, namentlich was die prompte Beseitigung der Schmerzhaftigkeit anlangt (Hg., Z., Leutnant W., Martha Kü., letzteren Falls allerdings in Verbindung mit der Parazentese) und trug uns oft den lebhaften Dank der Patienten ein.

Wichtiger aber, als diese rein subjektive Schätzung war der auch objektiv zu kontrollierende Rückgang der Entzündung und der klinisch in 6 Fällen (Bi., Du., Gu., Z., H., Leutnant W.) zu führende Nachweis von der bakteriziden Wirkung des Borpulvers auf Pyocyaneus. Eine solche gelang es dadurch festzustellen, daß einige Zeit nach Sistierung der Eiterung und Ablauf der entzündlichen Erscheinungen in Gehörgang und Mittelohr im Gehörgang oder (bei persistentem Defekt im Trommelfell) im Mittelohr befindliche Epithelschüppchen und Borpulverreste auf Bouillon verimpft wurden. Bis auf den Fall Du., in dem Staphylokokken zur Entwickelung kamen, blieben die Kulturen sämtlich steril, nicht ein einziges Mal kam Pyocyaneus, der in sämtlichen genannten Fällen vorher mikroskopisch und kulturell nachgewiesen war, mehr zur Entwickelung. Ein Rezidiv der Erkrankung ist bei den auf diese Weise behandelten Fällen bisher niemals aufgetreten, trotzdem sich die Beobachtung überall über eine Reihe von Monaten erstreckt. Namentlich hervorheben möchte ich dieses günstige Ergebnis für den Fall H., da die (doppelseitige) Erkrankung bei ihm zur Zeit des Eintritts in unsere Behandlung schon mehrere Monate alt war. Auch die bei ihm vorher und zwar im Laufe von 6 Monaten 5 Mal beobachteten Ohrmuschelentzündungen, deren Abhängigkeit von der Anwesenheit des Bacillus pyocyaneus im äußeren Gehörgang ich oben zu erweisen versucht habe, sind seit nunmehr 6 Monaten nicht wieder aufgetreten.

Ich hoffe im weiteren Verlauf dieser Arbeit den Beweis zu erbringen, daß die von Passow empfohlene Salizylsäure die gleiche, wenn nicht eine noch energischere Wirkung auf den Bazillus ausübt wie Borsäure, daß ferner die von Körner angewandten 2 bis 5 %ige Argent. nitric.-Lösungen ebenso wie die von Heine (allerdings in Verbindung mit dem völlig unwirksamen Jodoform) gebrauchten Lösungen essigsaurer Tonerde gleichfalls den Pyocyaneus ertötende Medikamente darstellen. Wenn die Borsäure der Salizylsäure gegenüber überhaupt einen gewissen Vorteil besitzt, so besteht er höchstens in dem Mangel jeder korrodierenden Wirkung, während beide den andererseits genannten flüssigen Medikamenten gegenüber miteinander den Vorzug teilen, daß sie als pulverförmige Mittel nicht der Verdunstung unterliegen und in der einmal einverleibten Menge so lange, als sie nicht der Zersetzung durch die Eiterung unterliegen, mit den erkrankten Partieen in direktem Kontakt bleiben können.

Obwohl durch die Zaufal-Gruberschen experimentellen und durch die Briegerschen klinischen Beobachtungen die Frage, daß grüner Eiter Gehörgangsentzündungen verursachen kann, für die menschliche Pathologie bereits in bejahendem Sinne beantwortet schien, glaubte ich doch eine Lücke in der exakten Beweisführung insofern zu entdecken, als entsprechende experimentelle Untersuchungen mit Pyocyaneus-Reinkulturen noch nicht vorlagen. Einen Versuch, diese Lücke zu schließen, stellen folgende Tierexperimente dar:

11. Oktober 1904. Die rechte Ohrmuschel und der äußere Gehörgang eines großen Kaninchens werden mit Seifenspiritus und Sublimat sorgfältig desinfiziert. Darauf werden mit Hilfe eines sterilen Wattestäbchens, das in eine frische 24 stündige Pyocyaneus-Bouillonreinkultur getaucht ist, die Gehörgangswände eingerieben. Nach 24 Stunden sind die Gehörgangswände geschwollen, der Gehörgang fast vollständig verlegt, geringe eitrige Sekretion auf der Oberfläche. Augenscheinlich Schmerzen beim Ziehen an der Ohrmuschel.

Mikroskopische und bakteriologische Untersuchung. Das von dem Gehörgangseiter angelegte Ausstrichpräparat enthält neben polynukleären Leukozyten und einzelnen gequollenen Epithelien sehr zahlreiche schlanke kurze Stäbchen, keine andersartigen Mikroorganismen.

Auf Agar hat sich nach 24 Stunden ein zusammenhängender intensiv grüner Rasen von charakteristischem Geruch entwickelt. Er besteht mikroskopisch aus sehr lebhaft beweglichen schlanken Kurzstäbchen.

Verlauf: 13. Oktober 1904. Gehörgangsschwellung zurückgegangen.

15. Oktober. Schwellung der Gehörgangswände nicht mehr nachweisbar, Sekretion verschwunden.

2. Am 3. November 1904 werden einem Kaninchen nach voraufgeschickter sorgfältiger Desinfektion mit Seifenspiritus in beide äußere Gehörgänge 24 Stunden alte Pyocyaneusbouillonreinkulturen mittelst steriler Wattestäbchen eingerieben. Bei der Prozedur aber streift sich

die Watte beiderseits ab, so daß die Einreibung eine nur unvollständige ist.

Nach 24 Stunden erscheinen die Gehörgangswände leicht gerötet, aber kaum geschwollen.

Nach 3 mal 24 Stunden wird das Kaninchen mittelst Äthers getötet und die Gehörgänge reseziert. Sie zeigen makroskopisch keine sichtbaren Veränderungen.

Einlegen in Paraffin.

3. Am 29. November 1904 werden nach vorausgeschickter sorgfältiger Desinfektion mit Seifenspiritus in beide äußere Gehörgänge eines mittelgroßen kräftigen schwarzen Kaninchens Pyocyaneusbouillonreinkulturen eingerieben.

30. November. Das Kaninchen läßt beide Ohren hängen. Im Innern beider Gehörgänge links und rechts reichlich hellgelbes eitriges Sekret. In den Originalausstrichen beider Seiten polynukleäre Leukozyten, Epithelien, einzeln und in kleinen Lamellen zusammenliegend, kurze schlanke Stäbchen in ziemlicher Menge, keine andersartigen Mikroorganismen.

Tötung des Kaninchens mittels Äthers.

Bei der Obduktion mikroskopisch in beiden äußeren Gehörgängen eitriges Sekret.

Bakteriologische Untersuchung: Die vom Gehörgangsciter beider Seiten angelegten Bouillonkulturen waren nach 24 Stunden diffus getrübt, an der Oberfläche grün verfärbt mit deutlicher Kahmhäutchenbildung. Mikroskopisch sehr lebhaft bewegliche kurze Stäbchen und Diplokokken, sämtlich Gram-negativ.

Auf Agar kam es zur Entwicklung grüner, rundlicher, vielfach in einander überfließender Kolonien aus den gleichen Gram-negativen Mikroorganismen wie die Bouillonkultur bestehend.

Histologische Untersuchung: Die von No. 2 angefertigten Präparate beider Seiten zeigten mit Hämatoxylin-Eosin und nach van Gieson gefärbt mikroskopisch keinerlei krankhafte Veränderungen.

An den von No. 3 angelegten Präparaten ergab sich folgendes:

Die Haut im Bereiche des knorpligen Gehörgangs ist zum Teil sehr beträchtlich verdickt. Soweit solches vorhanden, ist auch das Unterhautbindegewebe an dieser Verdickung beteiligt. Die Gefäße, besonders die Venen, in letzterem und im Corium sind sehr stark erweitert, teilweise prall mit Blut gefüllt. In ihrem Innern, sowohl wandständig wie frei den roten Blutkörperchen beigemengt, ziemlich zahlreiche polynukleäre Leukozyten. An einzelnen Stellen Blutaustritte. Die Bindegewebszellen und zwar sowohl Protoplasma wie Kerne, vergrößert. Unterhautbindegewebe und Corium von polynukleären Leukozyten in wechselnder Menge durchsetzt. An einigen Stellen ist diese Infiltration auf die tiefer gelegenen Partien beschränkt, an anderen ist sie bis dicht an die Epidermis heran zu verfolgen. Handelt es sich dabei um die zum Teil überaus drüsenreichen Abschnitte des Gehörgangs, so betrifft die Infiltration nur das interstitielle Bindegewebe. Bei stärkerer Vergrößerung kann man häufig eine Durchwanderung der Leukozyten durch die aufgelockerte Epidermis erkennen. Mit diesen Partien vielfach direkt korrespondierend und deren Epidermis meist dicht anliegend findet sich im Lumen des äußeren Gehörgangs freier Eiter, der außer aus zahlreichen polynukleären Leukozyten aus teils einzeln, teils in kleinen Platten aneinanderliegenden gequollenen Epithelien besteht und an manchen Stellen rote Blutkörperchen enthält. An je einem Punkte der rechten und linken Seite ist die Epidermis und die angrenzenden Coriumpartien und zwar sowohl deren bindegewebige wie drüsige Elemente eitrig zerstört, im Eiter finden sich neben dem oben beschriebenen Inhalt vereinzelte Haarbälge mit Wollhaaren, eitrig infiltrierte Teile von Drüsenkanälen und Bindegewebe.

Bei Färbung mit Methylenblau sind in dem entzündeten Gewebe nur sehr spärlich vereinzelte schlanke Stäbchen auffindbar, während das eitrige Gehörgangssekret beider Seiten mit kürzeren und längeren Stäbchen sowie Diplokokken übersät ist. Nach dem kulturellen Ergebnis kann es sich dabei nur um die polymorphen Einzelglieder des Bacillus pyocyaneus handeln.

Im Falle 1 wurde 6 Wochen nach der ersten irrtümlicherweise noch eine zweite Einreibung des äußeren Gehörgangs mit einer Pyocyaneusreinkultur vorgenommen. Infolgedessen sind hier die bei der 3 Tage nach der 2. Einreibung vorgenommenen Obduktion gewonnenen Ergebnisse nicht ganz einwandfrei. Soviel aber läßt sich erkennen, daß es sich außer um die gleichen akut entzündlichen Prozesse in Haut und Unterhautbindegewebe wie oben noch um diffuse chronische Verdickungen von Perichondrium und Knorpel handelt, deren Entstehung nur auf die erste Einreibung zurückgeführt werden kann.

Fassen wir das Ergebnis der Untersuchung dieser Fälle zusammen, so ergibt sich, daß mittels der beschriebenen Manipulation eine diffuse Entzündung von Haut und Unterhautbindegewebe des knorpligen äußeren Gehörgangs beim Kaninchen auf experimentellem

Wege erzeugt werden kann. Der Erreger der Affektion war der Bacillus pyocyaneus, der in sämtlichen Fällen und zwar mikroskopisch und kulturell in Reinkultur aus dem Gehörgangssekret gezüchtet werden konnte, dessen Provenienz aus der Gehörgangshaut durch die histologische Untersuchung sichergestellt wurde.

Bei dem angewandten Verfahren der Einreibung gelangen die Erreger entweder auf dem Wege der Haarbälge der Wollhaare bzw. dem der Drüsenausführungsgänge oder infolge von Läsionen der Oberhaut ins Gewebe.

Der Austritt des eitrigen Sekrets in das freie Gehörgangslumen erfolgt, wie die histologische Untersuchung ergibt, entweder infolge Durchwanderung durch die unverletzte aufgelockerte Epidermis oder nach deren Zerstörung durch direkten Übertritt aus dem Eiterherd im Corium oder Unterhautbindegewebe.

In unseren Fällen konnte die Benutzung beider Wege festgestellt werden.

Ob der in Fall 1 konstatierte Ausgang der augenscheinlich infolge sekundärer Mitbeteiligung von Perichondrium und Knorpel entstandenen chronischen Verdickungen der gewöhnliche oder ein seltener ist, das zu entscheiden, bedarf weiterer eingehender Untersuchungen. Mit Rücksicht auf unseren hier verfolgten Zweck, der mit dem Nachweis einer durch Pyocyaneusreinkultur experimentell erzeugten Gehörgangsentzündung erfüllt war, haben wir derartige Untersuchungen unterlassen.

Jedenfalls erinnert aber dieser Befund in gewisser Weise an das Endresultat der oben besprochenen experimentell erzeugten Ohrmuschelentzündungen und scheint auch seinerseits eher für als gegen den behaupteten engen Zusammenhang von phlegmonösen und perichondritischen Prozessen in diesen Gegenden zu sprechen.

Die Ähnlichkeit im klinischen Bilde der durch Pyocyaneus verursachten menschlichen diffusen Gehörgangsentzündung mit dem, wie wir es hier experimentell beim Kaninchen erhalten haben, läßt jedenfalls die Möglichkeit, ja Wahrscheinlichkeit zu, für die entsprechenden Vorgänge beim Menschen ähnliche histologische Veränderungen als Ursache wie beim Kaninchen zu substituieren.

Die nächste Form der uns hier interessierenden Gehörgangsentzündungen ist die hämorrhagische. Wir hatten 2 Mal und zwar in unseren Fällen 5 (Hans Ki.) und 18 (Frau Se.), beide Male im Beginn akuter Mittelohrentzündungen, und zwar ersteren Falls vor, letzteren Falls sicherlich nicht lange nach eingetretener (Spontan-) Perforation Gelegenheit, sie zu beobachten und mehr oder weniger berechtigten Grund, deren Entstehung auf den Bacillus pyocyaneus zurückzuführen. Im Falle Ki. konnte durch die getrennt — allerdings nur kulturell — vorgenommene Untersuchung des Blasen- und Mittelohrinhalts die ursächliche Identität beider Affektionen durch den an beiden Stellen in Reinkultur nachgewiesenen Bacillus pyocyaneus mit großer Wahrscheinlichkeit festgestellt werden.

Bei Frau Se., bei der die Blasenbildung eine besonders exzessive, fast den ganzen Gehörgang obturierende war, erstreckte sich die mikroskopische und kulturelle Untersuchung erstens auf den Blaseninhalt, in dem lediglich kürzere und längere, bakteriologisch als Pyocyaneusbazillen rekognoszierte Stäbchen gefunden wurden, während die nur kulturell vorgenommene Untersuchung des Mittelohrsekrets ein Gemisch von Pyocyaneusbazillen, Diplokokken mit Kapseln, Diplostreptokokken und Staphylokokken ergab. Da es sich diesfalls, wie aus den intra vitam und post mortem erhobenen Befunden hervorging, mit größter Wahrscheinlichkeit um eine Pyocyaneus-Allgemeininfektion handelte, so ist eine auf hämatogenem Wege erfolgte gleichzeitige Infektion von Gehörgang und Mittelohr namentlich mit Rücksicht auf das zeitliche Nebeneinander beider Affektionen das Wahrscheinlichste, wenn auch wegen der im Mittelohr bestehenden Mischinfektion die aetiologische Rolle des Pyocyaneus für den an dieser Stelle vorgefundenen Prozeß nicht sicher erweisbar ist.

Auch im Falle Ki. dürfte es sich, nach der zeitlichen Koinzidenz der Gehörgangs- und Mittelohraffektion zu schließen, um verschieden lokalisierte, aber vollständig koordinierte Produkte des gleichen Entzündungserregers handeln.

Ihr Analogon finden diese hämorrhagischen Blasen im Gehörgang infolge Pyocyaneusinfektion in dem Auftreten dergleichen Veränderungen an anderen Körperstellen, wie solche sowohl bei der hier in Rede stehenden Frau Se. als auch, und das ist bereits oben erwähnt, bei anderen Kranken mit Pyocyaneusallgemeininfektion fast regelmäßig zur Beobachtung kamen. Der, allerdings meist nur kulturell, erhobene Nachweis des Bacillus pyocyaneus im Inhalt dieser Blasen brachte deren Auftreten in einen offensichtlichen Zusammenhang mit dem Allgemeinleiden.

Wenn auch das gleiche Leiden, allein oder kombiniert mit akuter Otitis media, besonders im Verlaufe einer Influenza kein allzu seltenes ist, so mahnen doch obige Vorkommnisse, die Körner, wie erwähnt, sogar soweit glaubt verallgemeinern zu dürfen, daß er das Auftreten derartiger subepidermoidaler Blasen als für Pyocyaneusotitis charakteristisch anspricht, jedenfalls zur Aufmerksamkeit und, wenn möglich

Anstellung entsprechender bakteriologischer Untersuchungen. Vielleicht daß es dadurch gelingt, etwaigen aus der Pyocyaneusinfektion entspringenden Komplikationen, besonders solchen an der Ohrmuschel, vorzubeugen.

Was den Verlauf der Erkrankung anlangt, so sind wir darüber mangels genügenden Materials zur Beurteilung dieser Frage lediglich auf die Erfahrungen an unseren beiden Fällen und auf Vermutungen angewiesen, die sich auf gewisse Analogien im Ablauf des gleichen Leidens aus anderen Ursachen gründen. Darnach pflegen die Blasen, sich selbst überlassen, entweder zu platzen, oder ihr Inhalt resorbiert sich. Die Dauer der Affektion beträgt meist nur einige Tage. Die Heilung erfolgt unter Abstoßung der abgehobenen Epidermis und Überhäutung des freiliegenden Koriums. Ganz ähnlich war der Vorgang, wie er sich nach Inzision der Bullae in unseren beiden Fällen vollzog. Man hat also wohl das Recht, das Leiden als ein entschieden gutartiges zu bezeichnen, dessen Ausgang stets restitutio ad integrum sein dürfte.

Ob bzw. welche subjektiven Beschwerden das Leiden verursachte, bin ich einmal mit Rücksicht auf das Alter des einen Patienten und die gleichzeitige Mittelohreiterung bei der anderen außer stande zu entscheiden.

Für die Behandlung des Leidens käme außer der Eröffnung der Blasen hauptsächlich diejenige der konkomitierenden Mittelohrentzündung in Betracht, betreffs deren ich auf den später dieser Frage gewidmeten Abschnitt meiner Arbeit verweise. Jedenfalls glaube ich auch hiergegen Borpulverinsufflationen wärmstens befürworten zu sollen.

Die im Gange unserer Besprechung nunmehr folgende Otitis externa crouposa hatten wir in den letzten Jahren nur ein einziges Mal zu beobachten Gelegenheit. Das Leiden begann bei dem kräftigen blühenden Manne Franz M. (No. 20) ohne bekannte Veranlassung mit lebhaften Schmerzen im rechten Ohr, einer diffusen Schwellung vor und einer ödematösen hinter diesem, während der Gehörgang gleichzeitig diffus verschwollen war und eine abgeschilferte Epithellamelle enthielt. Die Wegnahme der letzteren legte das Korium an umschriebener Stelle frei. Am nächsten Tage konnte ein den ganzen Gehörgang ausfüllendes, mit einer Epithellamelle in Zusammenhang stehendes gelatinöses Gerinnsel aus dem Gehörgang entfernt werden, das, zerzupft, unter dem Deckglas, bei Zusatz eines Tropfens Essigsäure aufquoll, durch Alkohol zur Gerinnung gebracht wurde, mikroskopisch aus einem Netz feiner Fasern mit eingestreuten Epithelien, weißen und roten Blutkörperchen und vereinzelten Kokken bestand.

Es hatte mithin alle Eigenschaften, wie sie Bezold als charakteristisch für dieses seltene Gebilde beschreibt.

Bei der kulturellen Untersuchung nun erlebten wir aber insofern eine Überraschung, als auf Bouillon und Agar nicht der nach Helmann dabei stets vorhandene Bacillus pyocyaneus, sondern der Pneumokokkus Fränkel wuchs. Auch das Wundsekret einer später noch notwendig werdenden Gehörgangsinzision lieferte — allerdings nur kulturell — das gleiche Ergebnis.

In Verbindung mit den Fällen von Bezold (Staphylokokken) und Löwenberg (Streptokokken) erbringt diese Beobachtung also den Beweis, daß sämtliche bisher als Eitererreger bekannte Kokkenarten an dieser besonderen Art von Gehörgangsentzündung aetiologisch beteiligt sein können, und hilft damit Helmans Annahme von der ausschließlichen ursächlichen Rolle des Bacillus pyocyaneus für dieses Leiden widerlegen. Wenn also auch der Vorschlag desselben Autors, diese Affektion zu einer Otitis ext. „pyocyanica" zu stempeln, aus der ferneren Diskussion über diese Frage ausscheiden muß, so verdient andererseits die Tatsache, daß der Pyocyaneus wiederholt als einziger Mikroorganismus dabei nachgewiesen wurde, die größte Aufmerksamkeit und macht einen aetiologischen Zusammenhang dieses Befundes mit dem geschilderten Leiden für gewisse Fälle mindestens sehr wahrscheinlich.

Akute Mittelohrentzündung.

Mit der Besprechung der akuten Mittelohrentzündung gelangen wir zu derjenigen Erkrankung, deren Entstehung durch das Eindringen von Bacillus pyocyaneus noch immer der Diskussion unterliegt. An dem Maßstabe der Preysingschen Einwände gemessen existiert, wie wir gesehen, wenigstens auf Grund der darüber vorliegenden Mitteilungen bisher überhaupt noch kein Fall, der, was Art und Zeitpunkt der bakteriellen Untersuchung anlangt, jede andersartige Deutung ausschließt. Die Mitteilung unserer eigenen einschlägigen Beobachtungen bedarf deshalb keiner besonderen Rechtfertigung.

In Betracht kommen im Ganzen 10 Fälle. Es sind dies:

No. 3, Arthur K. — No. 4, Walter A. — No. 5, Hans Ki. — No. 6, Lisbeth B. — No. 18, Frau Se. — No. 19, Luise Kl. — No. 25, Gustav Du. — No. 26, Bertha Gs. — No. 34, Otto Z. — No. 35, Otto Bi.

Bemerkenswert dabei ist zunächst einmal der Umstand, daß nur zweimal und zwar in den Fällen No. 6 (Lisbeth B.) und No. 19

(Luise Kl.) Gehörgang oder Ohrmuschel in der einen oder anderen Weise an der Erkrankung nicht mitbeteiligt waren. Auffallenderweise handelt es sich dabei um diejenigen beiden Fälle, bei denen wir auf Grund des Umstandes, daß sich einmal im Sekret der Antrumswunde, das zweite Mal in dem des Gehörganges noch andere Erreger (Streptokokken und Diplokokken) vorfanden, zu der Ansicht neigen, daß die Anwesenheit des Pyocyaneus hier einer Sekundärinfektion zuzuschreiben ist. Der Gedanke liegt nahe, einem gewissen Antagonismus im Sinne Briegers daran Schuld zu geben, daß der Pyocyaneus diesfalls anscheinend an der vollen Entfaltung seiner — im Falle Kl. durch das Agglutinationsergebnis nachgewiesenen — pathogenen Eigenschaften gehindert wurde. Natürlich erhebt sich diese Annahme nicht über den Rahmen einer Vermutung.

In allen übrigen Fällen war der Gehörgang entweder in diffuser (No. 3, 4, 25, 26, 34, 35, hier mit Furunkel kombiniert) oder in hämorrhagischer Form (No. 5, 18) an der Entzündung mitbeteiligt. Zweimal handelte es sich außerdem um eine umschriebene (No. 25, Du., No. 35, Bi.) oder allgemeine (No. 4, A.) Entzündung der Ohrmuschel.

Über den vermutlichen oder nachweisbaren gegenseitigen Zusammenhang dieser Erkrankungen, wie ein solcher namentlich durch das zeitliche Neben- oder Nacheinander derselben nahegelegt wird, ist bereits oben das Nötigste gesagt. Nur auf die Tatsache als solche möchte ich nochmals nachdrücklichst hinweisen, da uns dieselbe wiederholt in diagnostischer Hinsicht wertvolle Fingerzeige, nicht selten den Anlaß zu genauer bakteriologischer Untersuchung und damit den Hinweis auf die einzuschlagende Behandlung gegeben hat.

Da, wo, wie in der Praxis wohl meistens, nicht grundsätzlich mikroskopisch-bakteriologische Untersuchungen des Mittelohrsekrets vorgenommen werden können, erhält diese nicht seltene Kombination deshalb besondere Bedeutung, weil das Bild der akuten Otitis media durch Pyocyaneus, wenigstens soweit unsere diesbezüglichen Untersuchungen einen Schluß nach dieser Richtung gestatten, sich im übrigen in nichts von dem unterscheidet, wie es durch andere Erreger hervorgerufen wird. Jedenfalls haben wir alle Formen von einer milden Schleimhautentzündung der Mittelohrauskleidung (No. 25, Du., No. 34, Z.) bis zu einer Mitbeteiligung der häutigen (No. 6, B.) oder knöchernen (No. 18, Se.) Teile des Warzenfortsatzes an der Erkrankung beobachtet.

Das Recht nun, alle diese Fälle als eine besondere Kategorie aus der großen Gruppe der Mittelohrentzündungen abzugrenzen, ist fundiert auf den dabei erhobenen bakteriellen Befund von Bacillus pyocyaneus.

Nach dieser Richtung hin müssen wir unsere Fälle in verschiedene Gruppen einteilen:

1. solche, bei denen die Untersuchung unmittelbar im Anschluß an die Parazentese stattfand,
2. solche, bei denen die Untersuchung erst
   a) einige Zeit nach der Parazentese,
   b) nach geschehener Spontanperforation vorgenommen wurde oder werden konnte.

Gänzlich ausfallen muß infolgedessen No. 26 (Gs.), bei der weder eine artifizielle noch spontane Perforation des Trommelfells und deshalb auch keine bakteriologische Untersuchung des Mittelohrsekrets stattfand. Die Berechtigung, den Fall dennoch mit hierherzuzählen, gründet sich auf den bakterioskopisch-kulturell erhobenen Befund von Pyocyaneus-Reinkultur aus dem Gehörgangssekret und den der Gehörgangsentzündung parallel gehenden Ablauf der Mittelohraffektion.

Ad 1. Hierher gehören nur die Fälle No. 4 (A.) und No. 5 (Ki.) Im Falle 18 wurde zwar gleichfalls eine Parazentese vorgenommen, doch hatte hier, wie aus dem pulsierenden Lichtreflex in der Tiefe zu schließen war, bereits eine Spontanperforation stattgefunden.

Die beiden verbleibenden Fälle No. 4 und 5 waren insofern nicht gleichwertig, als bei Hans Ki. nur eine kulturelle Untersuchung des an der Parazentesennadel haftenden Sekrets durch deren Verimpfung auf Bouillon, aber keine direkte mikroskopische Untersuchung des Mittelohreiters Platz griff. Allerdings wird dieser Mangel dadurch einigermaßen wettgemacht, daß das Ergebnis der kulturellen Untersuchung des Blaseninhalts im äußeren Gehörgange mit dem des Mittelohrs übereinstimmte, indem nämlich aus beiden nur der Pyocyaneus in Reinkultur gezüchtet wurde.

Im Falle A. wurde der kulturellen Untersuchung des durch Parazentese gewonnenen Sekrets am nächsten Tage eine mikroskopische des Originaleiters nachgeschickt, die mit ihrem Befunde von kurzen Stäbchen der auf kulturellem Wege erzielten Züchtung von Reinkulturen des Pyocyaneus entsprach. Das Resultat einer zweiten Parazentese deckte sich mit dem der ersten.

Somit ist in diesem Falle zum ersten Male in technisch einwandfreier Weise der Beweis als geführt zu betrachten, daß die Anwesenheit des Bacillus pyocyaneus im Mittelohr allein hinreicht, um eine Entzündung hervorzurufen.

Ad 2a. Unter diese Rubrik fallen ebenfalls zwei Fälle unserer Beobachtung, der von Lisbeth B. (No. 6) und der bereits erwähnten Luise Kl.

Ersterenfalls war die doppelseitige Parazentese voraufgegangen. Bei der Aufnahme des Kindes auf die Ohrenklinik wurde eine grünblaue Verfärbung der Gazestreifen in beiden Gehörgängen konstatiert und daraufhin eine bakteriologische Untersuchung unterlassen. Eine spätere Vornahme derselben vom Wundsekret der linksseitigen Antrumswunde lieferte Reinkultur von Pyocyaneus, während rechts von der gleichen Stelle aus nur Streptokokken wuchsen. In diesem Falle wie im folgenden scheint die Annahme einer Sekundärinfektion gerechtfertigt oder ist wenigstens wegen der Unterlassung der bakteriologischen Untersuchung des Mittelohrsekrets nicht mit Sicherheit auszuschließen, ohne daß aber damit, wie der folgende Fall beweist, jede Gefahr für den Träger einer solchen ausgeschlossen ist. Auch bei diesem Kinde haben wir in den schlechten Stühlen, die mit Veranlassung zur Operation wurden, die Zeichen einer Resorption von Toxinen vermutlich vom Mittelohr aus. Allerdings sind wir mangels geeigneter Untersuchung auf Agglutinine nicht imstande, dieses Vorkommnis auf Kosten des im Mittelohrsekret vorhandenen Pyocyaneus zu setzen. Daß aber diese Möglichkeit keine allzu fern liegende ist, lehrt die nächste Beobachtung.

Die einige Zeit nach der Parazentese bei Luise Kl. vorgenommene mikroskopische Untersuchung des linksseitigen Mittelohrsekrets lieferte Gram-positive Diplokokken und Gram-negative Stäbchen, während kulturell nur Pyocyaneus in Reinkultur aufging. Lediglich der mittels der Gram-Färbung vorgenommenen Differenzierung verdanken wir es hier mithin, daß die Anwesenheit andersartiger Mikroorganismen neben dem Pyocyaneus hier zweifelsfrei festgestellt werden konnte. Gleichzeitig enthält dieses Resultat einen Hinweis darauf, die mitgeteilte Färbung überall da in Anwendung zu ziehen, wo der Polymorphismus des Pyocyaneus seiner eindeutigen Feststellung Schwierigkeiten bereitet. Das eben mitgeteilte Untersuchungsergebnis in Verbindung mit dem Umstande, daß im rechtsseitigen Mittelohrsekret nur Streptokokken gefunden wurden, war es, welches uns den Gedanken einer Sekundärinfektion durch den Pyocyaneus nahe legte.

Gerade dadurch aber erhält die Tatsache eine verdoppelte Bedeutung, daß erstens gelegentlich einer einige Zeit danach aus differenzialdiagnostischen Gründen (s. o.) bei der Kranken vorgenommenen Lumbalpunktion im Liquor cerebrospinalis Pyocyaneusbazillen in Reinkultur gefunden wurden, und daß zweitens mit ihrem Serum an einer frischen Pyocyaneusreinkultur Agglutination bis zu $^1/_{100}$ erzielt wurde, während das Serum eines Patienten mit einer im Ablauf begriffenen durch Pyocyaneus verursachten Ohrmuschelentzündung die gleiche

Kultur nur bis zu $^1/_{10}$, dasjenige eines nicht Pyocyaneus-infizierten Kranken dieselbe garnicht agglutinierte. Durch das letzte Ergebnis war also zweifelsfrei erwiesen, daß der Pyocyaneus diesfalls pathogene Eigenschaften entwickelt hatte.

Die Frage aber, die danach noch der Beantwortung harrte, war die, wie wir uns die Anwesenheit des Pyocyaneus im Liquor cerebrospinalis erklären sollten. Daß diese mit der bei der Patientin beobachteten zerebralen Affektion jedenfalls nicht in Zusammenhang stand, glaubten wir auf Grund der in der Epikrise zu diesem Fall ausführlich mitgeteilten Erwägungen als sicher annehmen zu dürfen. Das Ergebnis der Agglutination ferner ist lediglich Beweis für die pathogene Natur des Bazillus bei der Patientin, erklärt aber sein Eindringen in den Zerebrospinalkanal nicht. Meines Erachtens handelt es sich dabei um den sichtbaren Ausdruck dafür, daß die Infektion nicht auf ihren ursprünglichen Herd beschränkt geblieben, sondern zur Allgemeininfektion geworden ist. Den Beweis dafür entnehme ich aus der Tatsache, daß wir bei 3 Kranken mit septikopyämischen Allgemeininfektionen nach Sinusthrombose ganz in Übereinstimmung mit zwei von Heubner s. Z. in der Charité-Gesellschaft mitgeteilten Fällen in vivo Bakterien im Lumbalpunktat nachweisen konnten, bei denen die nachfolgende Obduktion weder am Gehirn noch an den Gehirnhäuten die geringste pathologische Veränderung feststellen konnte. Ein vierter analoger Fall kam gleich dem hier in Rede stehenden zur Heilung. Die von uns bereits an anderer Stelle (147) darüber abgegebene Erklärung hat unseres Erachtens dahin zu lauten, daß die Bakterien auf dem Wege der infizierten Blutbahn durch Vermittelung der Plexus chorioidei in den Zerebrospinalkanal gelangen. Eine Abschwächung ihrer Virulenz trägt vermutlich Schuld daran, daß es zu einer Infektion des Schädelinhalts trotzdem nicht kommt. Jedenfalls hält Pfaundlers Erklärungsversuch für die Heubnerschen Fälle, daß der Tod hier interkurrierend eingetreten sei, ehe die Bakterien ihre pathogenen Eigenschaften auf die Meningen hätten entfalten können, gegenüber der Tatsache, daß zwei derartige Fälle unserer Beobachtung zur Heilung kamen, ohne je die geringsten klinischen Erscheinungen von Meningitis geboten zu haben, nicht stand. Selbst dann, wenn wir von unserem hier vorliegenden Falle mit seinem Befunde eines nicht genügend allgemein anerkannten Eitererregers absehen wollten, bleibt noch die andere Beobachtung mit Pneumokokken-Reinkultur im Liquor ohne alle zellulären Bestandteile Beweis genug, daß Pfaundlers Deutung dieser Befunde nicht zutreffend sein kann.

Es könnte auffallend erscheinen, daß — die Richtigkeit unserer Annahme vorausgesetzt — im Blut der in Rede stehenden Patientin trotz verschiedener diesbezüglich angestellter Untersuchungen Pyocyaneus nicht nachzuweisen war. Daran kann einerseits die Technik der betreffenden Untersuchungen Schuld tragen, da die beiden ersten Male stubenwarme Bouillon als Substrat benutzt wurde, andererseits aber könnte der zeitliche Abstand, der zwischen der dritten, technisch einwandfreiesten Untersuchung mittels blutwarmen flüssigen und nach Überimpfung der Blutprobe sofort zu Platten gegossenen Agars und dem Tage der Lumbalpunktion lag, die Erklärung für dieses negative Ergebnis liefern, oder aber es mag sich derjenige Vorgang der Ausscheidung der Bakterien aus dem Blute der Patientin abgespielt haben, den von Klecki (67) nach Einspritzung geringer Kulturmengen bei Tieren beobachtet hat: daß nämlich Leber und Nieren diese Ausscheidung übernehmen, wie der Befund von Bazillen in der Galle und im Urin beweist. In letzterem erscheinen sie bereits in der ersten Viertelstunde. Das negative Resultat diesbezüglicher Urinuntersuchungen bei unserer Patientin gibt freilich auch für diese Vermutung keinen Anhalt, doch wurden diese einmal nicht methodisch genug fortgesetzt, um ganz beweiskräftig zu sein, während auf der anderen Seite die Annahme erlaubt sein dürfte, daß die nach den Tierversuchen augenscheinlich sehr rasch vor sich gehende Ausscheidung auf diesem Wege zur Zeit der Untersuchungen bereits abgeschlossen war.

Der klinisch vollständig latente Verlauf dieser Allgemeininfektion findet sein Analogon in ähnlichen Beobachtungen bei Tuberkulose, soweit wenigstens das Ergebnis der neuerdings dabei vielfach in Anwendung gezogenen Agglutinationsversuche über eine vorliegende derartige Infektion Aufschluß zu geben vermag [cfr. z. B. Salge (126)].

Es folgen nun diejenigen Fälle (2 b), bei denen die Untersuchung des Mittelohrsekrets nach der Spontanperforation stattfand. Es sind dieses K. (No. 3), Se. (No. 18), Du. (No. 25), Z. (No. 34), Bi. (No. 35). In den Fällen K., Du., Z., Bi. wurde das ausfließende, im Gehörgang befindliche Sekret, im Fall Se. der durch Parazentese entnommene Mittelohreiter der Untersuchung unterworfen. Während bei K. und Se. die Untersuchung lediglich eine kulturelle war, fand bei den drei zuletzt genannten Patienten außerdem eine mikroskopische des Mittelohreiters statt. Nur bei Frau Se., deren Mittelohrleiden im Verlauf einer wahrscheinlich durch Pyocyaneus verursachten Allgemeininfektion eintrat, ergab das kulturelle Verfahren eine Mischung von Kapseldiplokokken, Diplostreptokokken, Staphylokokken und Bacillus pyocyaneus, so daß deren Entstehung nicht mit Sicherheit dem Pyocyaneus zur Last zu legen ist.

Obwohl auf drei verschiedenen Nährböden lediglich in Reinkultur wachsend ist wegen der Unterlassung einer mikroskopischen Untersuchung des Originaleiters der Bacillus pyocyaneus auch im Falle K. nicht mit Sicherheit als der allein anwesende, geschweige denn der ursächliche Erreger des Mittelohrleidens zu betrachten.

Der bei den Patienten Du., Z. und Bi. und zwar in allen drei Fällen zu wiederholten Malen erhobene mikroskopische und kulturelle Befund ergab stets nur die Anwesenheit des Bacillus pyocyaneus als alleinigen Erregers. Wenn nun auch infolge der vorausgegangenen Spontanperforation in diesen drei Fällen die Möglichkeit, daß es sich um eine vom äußeren Gehörgang ausgehende Überwucherung ursprünglich vorhandener andersartiger Erreger durch den Pyocyaneus gehandelt haben kann, nicht von der Hand zu weisen ist, so erhält jedenfalls die Annahme, daß der Pyocyaneus hier wenigstens für die Unterhaltung der Mittelohreiterung verantwortlich zu machen ist, klinisch seine Stütze dadurch, daß mit der Beseitigung dieses Mikroorganismus, wie sie durch entsprechende Untersuchungen von kleinen Schuppen aus dem Gehörgangsinhalt konstatiert werden konnte, auch der Mittelohrprozeß (ebenso übrigens die auf gleicher Basis beruhende Gehörgangsentzündung) zu vollständiger Heilung gelangte. In den beiden letzten Fällen gesellte sich hierzu das wichtige Ergebnis der Agglutinationsversuche (s. o.), das die Pathogenität des Pyocyaneus außer Zweifel stellte.

Will man nun nicht eine durch den mikroskopisch - bakteriologischen Befund jedenfalls nicht zu rechtfertigende aetiologische Trennung von Gehörgangs- und Mittelohrentzündung, gegen die auch der klinische Verlauf spricht, etwa in dem Sinne vornehmen, daß man dieser erwiesenen Pathogenität des Pyocyaneus nur die Entstehung der einen Affektion zur Last legt, während man für die andere einen zweiten, zwar nicht nachgewiesenen, aber angenommenen Erreger substituiert, eine Annahme, die den Charakter der Willkür an der Stirn trüge, so bleibt, da sich bei beiden Patienten auch andere Eintrittspforten für den Pyocyaneus nicht nachweisen ließen, nur der Schluß, daß Gehörgangs- wie Mittelohrentzündung die gemeinsame Folgeerscheinung des in Rede stehenden Mikroorganismus darstellen, wobei die Frage, ob ursprüngliche andersartige Erreger erst von ihm verdrängt worden sind, als nebensächlich völlig außer Spiel bleiben kann.

Was nun den Verlauf der durch Pyocyaneus verursachten Mittelohrentzündung betrifft, so verweise ich auf meine oben diesbezgl.

gemachten Bemerkungen. Ähnlich wie dies bei den Gehörgangsentzündungen hervorgehoben, hängt dieser von der Schwere der ursächlichen Infektion, d. h. der Virulenz der sie verursachenden Erreger, der Widerstandskraft des befallenen Organismus und der gegen sie eingeleiteten Behandlung ab. Für die Wirksamkeit der letzteren ist selbstverständlich wie für die Mittelohrentzündungen anderer Aetiologie von Belang, daß sich der Patient während der Erkrankung aller der bekannten entzündungssteigernden oder heilungshemmenden Schädlichkeiten enthält, unter Umständen seine Tätigkeit aufgibt, Zimmer oder Bett nicht verläßt, und die Behandlung nicht willkürlich unterbricht. Im Falle Z. glaube ich bereits die Entstehung der Mittelohrentzündung im Anschluß an Otitis externa darauf zurückführen zu sollen, daß die Behandlung der letzteren infolge längeren Ausbleibens des Patienten nach nur zweimaliger Konsultation nicht zweckentsprechend fortgesetzt werden konnte.

Ob uns der Verlauf im Falle Berta Gs. berechtigt, von der Heilung einer Pyocyaneus - Otitis media durch konservative Maßnahmen zu sprechen, bleibe dahingestellt, da der Charakter dieses Leidens als einer Pyocyaneuserkrankung nicht feststeht. Jedenfalls aber werden wir bei der nicht perforativen Form der Otitis vielfach schon um deswillen keine andere Behandlung als die sonst übliche Platz greifen lassen können, weil wir, wie gesagt, in solchen Fällen höchstens bei gleichzeitiger Otitis externa und dem Nachweis von Pyocyaneus im Gehörgang einen Wahrscheinlichkeitsschluß auf den Erreger der Mittelohrentzündung machen können.

Ohne mich auf die Streitfrage: Parazentese oder nicht einzulassen, hebe ich nur hervor, daß wir die in unserer Klinik üblichen antiphlogistischen Maßnahmen für leichtere Formen der Entzündung auch hier im Prinzip für ausreichend halten, und die Parazentese für die mit Fieber, Schmerzen und Vorwölbung des Trommelfells einhergehenden Fälle, wie sie bei A. (No. 4) und Ki. (No. 5) vorlagen, reservieren.

Nach stattgehabter künstlicher oder spontaner Perforation haben wir versucht, uns die bakterizide Wirkung der Borsäure auf den Bazillus durch reichliche, täglich vorzunehmende Borpulverinsufflationen zu Nutze zu machen. Überall da, wo die Affektion auf die Mittelohrschleimhaut beschränkt blieb (Du., Z., Bi.), war der Erfolg in kurzer Zeit ein augenscheinlicher und führte zu baldiger vollständiger Heilung.

Um diese Wirkung der Borsäure möglichst rein studieren zu können, haben wir bei diesen Fällen von gleichzeitiger innerlicher

Darreichung von Salizylpräparaten Abstand genommen. Bei der nachweisbaren spezifischen Wirkung von Acid. salicylic. auf Pyocyaneus dürfte deren gleichzeitige Verabreichung neben einer spezifischen Lokalbehandlung entschieden empfehlenswert sein.

Ob im Falle K. ein Übergreifen der Entzündung auf den Warzenfortsatz durch rechtzeitige entsprechende Behandlung des Mittelohrleidens hätte verhütet werden können, steht nach den gegenteiligen Erfahrungen im Falle A. dahin, zumal wir infolge des negativen Ergebnisses der bakteriologischen Untersuchungen des Warzenfortsatzsekrets in beiden Fällen außer stande sind, zu beweisen, daß wirklich der Pyocyaneus die Mastoiditis verschuldet hat. Beide Fälle kamen zu vollständiger Heilung, nachdem bei A. nach Heilung seiner Operationswunde noch ein Rezidiv seiner Mittelohrentzündung aufgetreten war, das eine erneute Parazentese nötig machte.

Im Falle B. glaubten wir bei den bedrohlichen Allgemeinsymptomen die Operation nicht länger herausschieben zu dürfen und verzichteten deshalb auf eine spezifische Behandlung des Mittelohrleidens vom äußeren Gehörgang aus. An der charakteristischen Verfärbung der Verbandstoffe nach der doppelseitigen Antrumseröffnung konnte die Anwesenheit des Pyocyaneus im Wundsekret beider Seiten mit Sicherheit festgestellt werden. Hier wurde die differente Behandlung der Affektion auf beiden Seiten zum glänzenden Beweis für die spezifische Wirkung der Borsäure. Die Nachbehandlung lag in den Händen zweier Volontärassistenten, von denen der eine auf der von ihm zu behandelnden rechten Seite die empfohlene Borsäurebehandlung aufs strengste durchführte, während der andere sie links schon früher abbrechen zu dürfen glaubte. Die Folge war, daß fast drei Wochen nach der Operation die bakteriologische Untersuchung rechts nur Streptokokken, keine Pyocyaneusbazillen mehr aufgehen ließ, während von der linken Seite letztere ausschließlich zur Entwicklung kamen. Nach Wiederaufnahme der Borpulverbehandlung auch auf dieser Seite endete der Fall in Heilung unter vollständigem Stillstand der Mittelohraffektion.

Der letzte Fall endlich, in dem die rechtzeitig ausgeführte Parazentese ein Übergreifen der Entzündung auf den Warzenfortsatz gleichfalls nicht zu hindern vermochte, war No. 18 (Frau Se.). Da sich im Warzenfortsatzeiter mikroskopisch keinerlei bakterielle Beimengungen und kulturell nur Pyocyaneus nachweisen ließ, lag es, zumal im Hinblick auf die bei der Patientin vorliegende, vermutlich dem gleichen Organismus zur Last zu legende Allgemeininfektion nahe, diesen für die Warzenfortsatzerkrankung aetiologisch verantwortlich zu machen.

Unentschieden muß freilich bleiben, ob der Organismus seinen Weg vom Mittelohr oder durch die Blutbahn in die Warzenfortsatzzellen gefunden hat. Interessant für unsere Frage bleibt dabei die Beobachtung, daß es sich um hochgradige kariöse Knocheneinschmelzungen dabei handelte, die mit großer Wahrscheinlichkeit von unserem Bazillus hervorgerufen waren.

Die Patientin überlebte die Operation nur $^1/_4$ Stunde. Sie erlag einer offenbar durch ihre Allgemeininfektion verursachten Herzschwäche.

Im Falle der Luise Kl. kam die Mittelohreiterung trotz der Borpulvertherapie und einer wegen Verdachts einer intrakraniellen Komplikation ausgeführten Antrumseröffnung lange Zeit nicht zum Stillstand. Vielleicht ist auch das Beweis für die mikroskopisch hier nachgewiesene Mischinfektion. Eine vor kurzem bei ihr ausgeführte Nachuntersuchung ergab einen Epidermispfropf im äußeren Gehörgang, während das dahinter gelegene Trommelfell keine Perforation mehr zeigte.

Zur Komplettierung des auf diese Weise klinisch gewonnenen Bildes der durch Pyocyaneus verursachten Otitis media beschloß ich auch hier die Heranziehung von Tierversuchen.

Nachdem mir solche mit Kaninchen und Mäusen mißglückt waren, ging ich zu entsprechenden Versuchen beim Hunde über. Nach anfänglichem Mißlingen auch hier führte folgendes Verfahren zum gewünschten Ziele:

9. Dezember 1904: Einem Hund wird in Äthernarkose der knorpelige rechte äußere Gehörgang von hinten her durchschnitten, so daß nur entsprechend seiner vorderen Wand die Kontinuität erhalten bleibt. Nach sorgfältiger Blutstillung, durch die es gelingt, Einlaufen von Blut in den äußeren Gehörgang zu verhindern, läßt sich nach Vorklappen der Ohrmuschel das Trommelfell mit Hilfe eines entsprechenden Trichters sehr gut übersehen. Es sieht grauweiß aus, Manubrium und Processus brevis mallei deutlich erkennbar. Mit Hilfe einer Pravazschen Spritze wird etwa 0,25 ccm einer 24stündigen Pyocyaneusbouillon-Reinkultur durch den unteren Abschnitt des Trommelfells, bei dessen Durchstoßung ein charakteristisches, leicht krachendes Geräusch hörbar wird, ins Mittelohr eingespritzt. Nach aseptischem Verschluß des Gehörgangs, Verschluß der Hautwunde, trockener Pulververband.

10. Dezember. Hund hat sich gut erholt, frißt.

11. Dezember. Der Hund frißt, erscheint im ganzen etwas unlustig.

12. Dezember. Im klinischen Verhalten seit gestern keine Änderung. Tötung des Hundes mittels Chloroform.

Obduktionsbefund: In der Tiefe des an der Nahtstelle wieder eröffneten äußeren Gehörgangs etwas schmierige Massen, anscheinend mazeriertes Epithel, kein Eiter. Herausnahme des Schläfenbeins. Freilegung des Trommelfells durch Wegnahme der vorderen unteren Gehörgangswand. Das Trommelfell erscheint im Ganzen von blaßgrau-rötlicher Farbe, leicht geschwollen, Konturen vom Hammergriff erkennbar, Perforation nicht vorhanden. Parazentese mit steriler Nadel, wobei die Verdickung besonders auffällt. Durch die Parazentesenöffnung werden mittels steriler Öse aus dem Mittelohr, das voll von einem leicht blutig-serösen Sekret ist, mehrere Ösen entnommen und davon angelegt

1. 3 Originalausstriche,
2. 3 Bouillonkulturen,
3. 3 Agarkulturen.

Erstere enthalten zahlreichere polynukleäre Leukozyten mit dazwischen gelegenen ziemlich zahlreichen schlanken, dünnen tuberkelbazillenähnlichen und einigen dickeren Stäbchen, sowie vereinzelten Diplokokken. Sämtlich Gram-negativ.

Die Bouillonkulturen waren nach 24 Stunden schwach, in den oberen Schichten stark grün gefärbt, enthielten Kahmhäutchen und weißlichen Bodensatz und bestanden mikroskopisch aus sehr lebhaft beweglichen kurzen, zumeist dünnen, schlanken, aber auch vereinzelten dickeren Stäbchen sowie Diplokokken.

Nach 48 Stunden hatte sich die starke Grünfärbung der ganzen Kultur mitgeteilt. Typischer Pyocyaneusgeruch. Beim Ausschütteln mit Chloroform fiel ein schöner hellblauer Farbstoff (Pyocyanin) aus.

Auf Agar entwickelten sich ausschließlich schmutzig graugelbe, rundliche, allmählich ineinander fließende Kolonien, die nach 48 Stunden intensiv grün gefärbt waren und auch dem umgebenden Nährboden ihre grüne Farbe mitteilten. Mikroskopisch bestanden sie aus den gleichen Stäbchen wie die Bouillonkulturen und der Originalausstrich, Diplokokken weniger zahlreich vorhanden. Grampräparate der Bouillon und Agarkultur geben ausschließlich Gram-negative Mikroorganismen.

Das Schläfenbein wird nach entsprechender Vorbereitung nach dem von Panse angegebenen Verfahren zunächst auf 48 Stunden in 4%ige Formalinlösung, hernach zur Entkalkung in 5%ige Salpetersäure-Formalinlösung eingelegt, die anfangs täglich gewechselt wird. Nach Auswässerung und Nachhärtung in Alkohol Einlegen in Zelloidin. Anlegung von Serienschnitten.

Histologische Untersuchung: Die Schleimhaut der Paukenhöhle einschließlich der die Bulla ossea auskleidenden Partien derselben ist geschwollen, zum Teil bis auf das $1^1/_2$—2fache der Norm verdickt. Ihre Zellen und zwar sowohl deren protoplasmatischer wie Kernanteil sind vergrößert, die Gefäße in der Submukosa sehr erweitert, prall mit Blut gefüllt, in der Schleimhaut der Labyrinthwand (Promontorium) mehrfache Blutaustritte ins Gewebe. Letztere sind auch nach der freien Oberfläche zu zu beobachten, die roten Blutkörperchen an einzelnen Stellen in reichlicher Menge dem Mittelohrsekret beigemengt. In großer Ausdehnung ist die Schleimhaut in ihrer ganzen Dicke von polynukleären Leukozyten durchsetzt, deren Durchtritt ins Mittelohrlumen mehrfach zu beobachten ist. Das Schleimhautepithel ist aufgelockert, an verschiedenen Stellen stoßen sich gequollene Epithelien ab, um sich dem Sekret beizumengen. Letzteres der freien Schleimhautoberfläche teils anliegend, teils frei im Lumen schwimmend, besteht in der Hauptsache aus serösem Exsudat mit zahlreichen polynukleären Leukozyten und roten Blutkörperchen. Das Trommelfell, im ganzen verdickt, zeigt mehrfach herdweise Infiltrationen in der Kutisschicht. Schnecke, Vestibulum und Bogengänge frei von krankhaften Veränderungen.

Epikrise: Wir haben es also mit einer ausgesprochenen akuten Mittelohrentzündung zu tun, die zur Abscheidung von serös-eitrigem, blutigen Sekret ins Lumen des Mittelohrs geführt hat. Daß es sich dabei um die Wirkung des injizierten Bacillus pyocyaneus handelt, geht aus dem übereinstimmenden Ergebnis der mikroskopisch-kulturellen Untersuchung des Mittelohrexsudats hervor. Die verschiedenen Formen, in denen der Mikroorganismus hier auftrat, sind, nach dem kulturellen Ergebnis und ihrem Verhalten gegenüber der Gram-Färbung zu schließen, wieder, wie meist, nur der Ausdruck des dem Bazillus eigenen Polymorphismus.

Damit schließt sich die experimentelle Beweiskette dafür, daß durch geeignete Manipulationen sowohl an der Ohrmuschel, im äußeren Gehörgang und im Mittelohr von Kaninchen und Hund durch Reinkulturen des Bacillus pyocyaneus entzündliche Prozesse hervorgerufen werden können, die den betr. Erkrankungen beim Menschen auf der gleichen Basis vollständig analog sind.

Chronische Mittelohreiterungen.

Es könnte hiernach beinahe überflüssig scheinen und einer besonderen Erklärung bedürfen, wenn wir neben den akuten auch noch die Fälle chronischer Mittelohreiterungen ins Bereich unserer Besprechung ziehen, da wir selbst für den Fall, daß der Pyocyaneus in deren Sekret in Reinkultur gefunden wird, nie in der Lage sind zu entscheiden, ob es sich dabei in der Tat um den ursprünglichen Erreger handelt, oder ob nicht vielmehr letzterer durch ihn nur verdrängt wurde. Würde die Frage freilich so gestellt, wie dies für die vorausgegangenen Fälle seine vollste Berechtigung hatte, dann dürften wir für die Fälle chronischer Eiterung auch eine befriedigende Antwort kaum erwarten. Gemäß dem anderen, d. h. chronischen Charakter der hier vorliegenden Fälle aber „la recherche des microorganismes originaux est interdite.“ Das Suchen nach dem „ursprünglichen Erreger“ ist, weil zwecklos, völlig zu unterlassen. Was wir wissen wollen, ist nicht, ob der zur Zeit der Untersuchung vorgefundene Erreger auch der ursprüngliche ist, sondern ob er die Eiterung, wenn nicht verursacht, so doch wenigstens bis zum Zeitpunkt der Untersuchung unterhalten hat. Auch für diese Rolle, die Eiterung zu unterhalten und sie dadurch zur chronischen zu machen, hat man sich bisher, hauptsächlich seit Lermoyez und Helme (86) an anerkannte Eitererreger, besonders den Staphylokokkus, gehalten. Damit war freilich die Tatsache von jeher nicht recht in Einklang zu bringen, daß sich im Sekret chronischer Eiterungen Staphylokoken unter Umständen überhaupt nicht vorfanden (cfr. z. B. Martha a. a. O.). Wollte man ihre Vermittlerrolle für derartige Fälle nicht von vornherein gänzlich fallen lassen, so blieb nichts anderes übrig, als auch deren Überwucherung durch andersartige Mikroorganismen wieder anzunehmen, um damit freilich die Schwierigkeiten nur zu vermehren. Denn statt eines müßte man jetzt die Überwucherung zweier sich zeitlich folgender Erreger annehmen, bis der vorgefundene Zustand, in dem das Fehlen jedes pyogenen Erregers durch die vorgenommene Untersuchung einwandfrei d. h. mikroskopisch und bakteriell festgestellt war, erreicht war. Aber auch dann noch fehlte es an einer Erklärung für die trotz des angeblichen Mangels von Eitererregern fortdauernde Eiterung. Wollte oder konnte man die vorgefundenen Mikroorganismen für die Unterhaltung der Eiterung nicht verantwortlich machen, so bliebe nur übrig, mit Gradenigo (36), Pes und Nadoleczny (107) ungünstige lokale oder allgemeine Bedingungen für das Fortbestehen der Eiterung anzuschuldigen. Ich muß gestehen, daß ich den letzteren Standpunkt nicht zu teilen vermag. Mit Leutert (l. c.) bin ich vielmehr der Ansicht, daß das Chronischwerden und -bleiben einer Mittelohreiterung durch eine sekundäre Infektion mit Mikroorganismen bedingt wird, und die von den oben erwähnten Autoren dafür herangezogenen ungünstigen lokalen oder allgemeinen Ursachen lediglich die Rolle prädisponierender Momente dabei spielen. Der Unterschied meiner Auffassung zu der des letztgenannten Autors besteht nur darin, daß ich unter diesen Mikroorganismen nicht wie Leutert nur „Staphylokokken und Saprophyten" einbegreife, sondern daß ich daneben noch einen Platz für den Bacillus pyocyaneus und zwar als einen pathogenen eiterunterhaltenden Mikroorganismus beanspruche. Die Berechtigung meiner Forderung sollen die folgenden Ausführungen erbringen.

Leutert ist es selbst, der durch seine bakteriologischen Befunde von Pyocyaneus im Ohrmuschelsekret bei postoperativer Perichondritis gewissermaßen den Weg für diese Untersuchungen gewiesen hat. Einen Weg freilich, den bis jetzt eigentlich nur Körner und seine Schule, wenn auch nicht bis zu Ende gegangen ist, indem dieser Autor in Fällen postoperativer Perichondritis seine Aufmerksamkeit der Radikaloperationswundhöhle schenkte und dort entweder aus der Farbe und dem Geruch des Sekrets auf die Anwesenheit des Bacillus pyocyaneus schloß oder ihn durch entsprechende bakteriologische Untersuchungen dort direkt nachwies. Daß trotzdem die Anschauung von den durch diesen Mikroorganismus unter Umständen drohenden Gefahren noch keineswegs ohrenärztliches Allgemeingut geworden ist, erhellt aus Preysings (l. c.) kürzlich publizierter Äußerung, nach der der Bazillus zu Unrecht mit einer solchen Schuld, nämlich pathogene Eigenschaften entfalten zu können, belastet wird. Aus den im Vorausgehenden mitgeteilten Resultaten unserer diesbezüglichen Untersuchungen ergibt sich bereits, daß dieser Standpunkt Preysings unhaltbar geworden ist. Im folgenden hoffe ich einige weitere Stützen für unsere gegenteilige Auffassung an der Hand chronischer Mittelohreiterungen erbringen zu können.

Meine Bemerkung, daß auch Körner den von Leutert in der Frage der Pyocyaneusperichondritis gewiesenen Weg nicht bis zu Ende gegangen sei, bezieht sich auf unsere oben gemachte Mitteilung, auf Grund deren wir in drei Fällen postoperativer Ohrmuschelentzündung, die teils sicher, teils wahrscheinlich auf Pyocyaneusinfektion zurückzuführen waren, den in Rede stehenden Mikroorganismus bereits bei der Aufnahme im Mittelohrsekret nachweisen konnten. Nur die stiefmütterliche Behandlung, die man der Bakteriologie der chronischen Mittelohreiterung bisher fast allgemein hat zu teil werden lassen, kann es verschuldet haben, daß die allgemeine Aufmerksamkeit nicht schon früher auf ähnliche Beobachtungen und damit auf rechtzeitige Mittel zur Abwehr gegen diesen verhaßten Begleiter unserer operativen Maßnahmen hingelenkt worden ist.

Wie mit meiner Forderung nach Anerkennung für den Bacillus pyocyaneus als einen pathogenen eiterunterhaltenden Mikroorganismus bei chronischen Mittelohreiterungen, so greife ich auch damit dem folgenden bereits vor, wenn ich außer auf die bereits oben besprochene Ohrmuschelentzündung noch auf einen weiteren drohenden Schaden seiner Anwesenheit im Sekret chronischer Mittelohreiterungen, die der Operation unterworfen werden, hinweise. Wir haben nämlich zweimal die den Chirurgen bekannte (s. o.) Beobachtung bestätigen können, daß Transplantationsversuche bei seiner Anwesenheit teils mißlangen, teils mit schweren Schädigungen für den betr. Kranken verbunden waren. Die betreffenden Fälle sollen später ihre eingehende Mitteilung finden.

So haben wir nach mehreren Seiten hin Zeichen, die die Beachtung des Vorkommens von Bacillus pyocyaneus im Eiter chronischer Mittelohrentzündungen zur gebieterischen Pflicht machen. Daß nicht selten Fälle vorzukommen scheinen, bei denen keine der geschilderten Schädigungen zu beobachten sind, berechtigt gewiß nicht zu geringerer Vorsicht, die der nächste Kranke bitter zu beklagen haben könnte.

Aber lassen wir nunmehr unsere Fälle zunächst einmal selbst sprechen.

Es sind dies:

No. 1 (Else F.) — No. 7 (Frieda R.) — No. 8 (August G.) — No. 9 (Walter D.) — No. 11 (Frau Ra.) — No. 12 (Hans We.) — No. 13 (Julius Kö.) — No. 17 (Ernst Ar.) — No. 21 (Alma Je.) — No. 22 (Frau Sch.) — No. 23 (Georg Be.) — No. 24 (Wilhelm Kn.) — No. 27 (Berthold E.) — No. 28 (Hermann Gu.) — No. 29 (August Hg.) — No. 31 (Martha Kü.) — No. 33 (Hans P.) — also im ganzen 17.

Daß mehrere dieser Fälle mit zirkumskripter oder diffuser Gehörgangsentzündung kombiniert, einige von Ohrmuschelentzündung gefolgt waren, ist bereits oben in den entsprechenden Kapiteln erwähnt. Hier sei nur noch einmal im Zusammenhang wiederholt, daß sich fand

1 mal Furunkel (Abszeß): F.

5 mal Otit. ext. diffusa: We., Kö., Gu., Hg., Kü.

1 mal Otit. ext. diffusa und diffuse Ohrmuschelentzündung: Ar.

(Auch der Momente, warum die vermutlich ebenfalls hierher gehörigen Fälle G. und E. keine Erwähnung finden, ist bereits oben gedacht.)

3 mal entstand postoperativ eine Ohrmuschelentzündung und zwar bei Frau Sch., Hans We., Julius Kö., ersteren Falls ohne, in den letzten beiden Fällen infolge Ausführung der Gehörgangsplastik.

Daß eine solche ebenso häufig, nämlich bei Frieda R., Walter D., Alma Je. ausblieb, sei gleichfalls registriert.

Von dem vermutlichen Grunde hierfür bei den erstgenannten beiden Patienten soll später nochmals die Rede sein.

Bei Alma Je. sind wir geneigt, die Behandlung (Unterlassen der Gehörgangsplastik und Borpulverinsufflationen) dafür mindestens mitverantwortlich zu machen.

Hinsichtlich der Art nun, wie bei den einzelnen Fällen die Feststellung der Anwesenheit des Bacillus pyocyaneus im Mittelohrsekret vorgenommen wurde, herrschen die größten Verschiedenheiten. 1mal (Georg Be.) wurde seine Anwesenheit nur aus der charakteristischen blaugrünen Verfärbung des Gazestreifens im äußeren Gehörgang geschlossen. 7 mal erfolgte der Nachweis nur auf kulturellem Wege, und zwar wurde er dabei 6 mal in Reinkultur (F., G., D., We., Kö., Ar.) und 1 mal in Verbindung mit dicken unbeweglichen Stäbchen, die auf Agar schleimige Rasen bildeten, gefunden (R.). Das Sekret wurde dabei 3 mal dem äußeren Gehörgang entnommen, weil infolge der gleichzeitig bestehenden diffusen Otitis externa Trommelfell und Mittelohr nicht zu übersehen waren (We., Kö., Ar.) — es handelte sich dabei also zweifellos um ein gemeinsames Produkt aus dem entzündeten äußeren Gehörgang und Mittelohr. 9 mal geschah der Nachweis auf mikroskopischem (durch Originalausstrich) und kulturellem Wege und ergab 7 mal übereinstimmend Reinkulturen von Pyocyaneus (Ra., Kn., E., Gu., Hg., Kü., P.) und 2 mal Mischinfektionen, das eine Mal (Je.) mit unbeweglichen plumpen Stäbchen und Streptokokken, das zweite Mal (Sch.) mit unbeweglichen Gram-negativen Stäbchen und Diplokokken. Im Falle Kn. wurde, gleichfalls auf mikroskopischem und kulturellem Wege, bei einem späteren Rezidiv der Befund von Pyocyaneus-Reinkultur wiederholt. Da, wo sich, wie meist, im mikroskopischen Präparat neben Stäbchen Kokken fanden, wurden diese als Zeichen der an dem Bazillus bekannten Formverschiedenheit aufgefaßt, sobald sie einerseits gleich den Stäbchen Gram-negativ waren und andererseits auf den Nährböden nur Pyocyaneus-Reinkulturen aufgingen, an deren Einzelgliedern dieser Polymorphismus gleichfalls beobachtet und durch die Gram-Färbung nachgewiesen werden konnte. In den mit diffuser Entzündung des äußeren Gehörgangs verlaufenden Fällen Gu. und Hg. wurde Gehörgangs- und Mittelohrsekret einer getrennten Untersuchung unterworfen mit dem mitgeteilten übereinstimmenden Ergebnis. Bei der Patientin Kü., bei der es sich um eine akute Exazerbation einer chronischen Entzündung handelte, wurde die Untersuchung an dem durch Parazentese gewonnenen Mittelohrsekret vorgenommen. In den verbleibenden Fällen Ra., Je., Sch., Kn., E., P. wurde das benötigte Sekret dem Mittelohr durch die hier vorhandenen Defekte entnommen. Bei der ständigen nahen Kommunikation, die durch eine — in diesen Fällen ausnahmslos vorhandene — größere Trommelfellperforation und den sich durch diese nach außen ergießenden kontinuierlichen Eiterstrom zwischen Mittelohr und äußerem Gehörgang besteht, ist es meines Erachtens, namentlich bei längerer Dauer der Eiterung, zwar so gut wie ausgeschlossen, daß wir an den beiden Stellen einer verschiedenen Bakterienflora begegnen, dennoch glaubte ich durch die Art der Entnahme des Sekrets auch dieser entfernten Möglichkeit nach Kräften begegnen zu sollen.

Zur Entscheidung der Frage nun, in welchem dieser Fälle der Pyocyaneus lediglich eine saprophytische, in welchem er eine pathogene Rolle spielte, gibt es streng genommen nur ein absolut sicheres Mittel: die Agglutination. Werden Reinkulturen von Bacillus pyocyaneus vom Blutserum der betreffenden Patienten spezifisch, d. h. nach unseren Erfahrungen mindestens bei $^1/_{50}$ Verdünnung vollkommen agglutiniert, so ist seine Pathogenität für diesen Fall erwiesen, anderenfalls ist er als Saprophyt anzusehen, wenn nicht, wie in dem bereits oben ausführlich besprochenen Fall Hg., gewisse andere Umstände noch die Möglichkeit des Gegenteils zulassen.

Unter dem eben entwickelten Gesichtspunkte haben wir einwandfrei 2 mal den Nachweis seiner Pathogenität fürs Mittelohr führen können: bei Martha Kü. und Hans P. Bezüglich des bei der ersteren erhaltenen Ergebnisses verweise ich auf das oben darüber Mitgeteilte. P. agglutinierte eine von ihm selbst stammende Kultur bis zu $^1/_{100}$, 2 weitere anderer Provenienz bis zu $^1/_{50}$ Verdünnung, so daß an der Pathogenität des bei ihm vorgefundenen Pyocyaneus ebenfalls kein Zweifel bestehen kann.

Betr. der Tatsache, daß eine von dem Patienten Hg. stammende Kultur von seinem Serum nicht agglutiniert wurde, verweise ich auf das oben an anderer Stelle darüber Ausgeführte.

Das Nebeneinander von Mittelohr- und Gehörgangs- bzw. Ohrmuschelentzündung oder endlich sämtlicher drei Prozesse, deren letztere wir im Vorausgehenden als durch den Pyocyaneus nicht allzu selten hervorgerufene Infektionen kennen gelernt haben, macht eine pathogene Rolle des Pyocyaneus auch dann bis zu einem gewissen Grade wahrscheinlich, wenn, wie in den Fällen F., We., Kö. und Ar. die Untersuchung des Gehörgangseiters nur auf kulturellem Wege stattfand und Agglutinationsversuche mit dem Serum des betreffenden Patienten nicht vorgenommen wurden.

In den Fällen R., G., D. und Be. fehlten derartige komplizierende Affektionen von seiten der Ohrmuschel und des Gehösganges, so daß die hier gleichfalls an gewissen Mängeln leidende Feststellung der Anwesenheit des Pyocyaneus zunächst keinerlei klinisches Korrelat findet, um die Pathogenität des Pyocyaneus glaubhaft zu machen. Die in den Fällen R., D. und Be. ausbleibende postoperative Ohrmuschelentzündung könnte gleichfalls als Beweis seines saprophytischen Charakters herangezogen werden, wenn nicht bei R. und Be. das Mißlingen der Transplantation der Warzenfortsatzwunde in anderer unliebsamer Richtung daran erinnert hätte, daß diese Art Saprophytentum sich jedenfalls in recht bedenklichem Maße der Pathogenität nähert, wenn nicht überhaupt als solche anzusprechen ist.

In den Fällen Je. und Sch. ist es nicht die Technik, wohl aber das Ergebnis der Untersuchung mit der im Mittelohrsekret festgestellten Mischinfektion neben den auch hier unterlassenen Agglutinationsversuchen, die eine einwandfreie Beantwortung der Frage: saprophytischer oder pathogener Organismus? nicht gestattet.

Die bei Frau Sch. späterhin auftretende Ohrmuschelentzündung ist als solche durch Pyocyaneus nicht rekognosziert worden, so daß auch diese für den Nachweis einer etwaigen Pathogenität nicht verwertbar ist, wenn auch diesfalls manche Momente für eine solche Rolle des Mikroorganismus sprechen. Außerdem glaube ich in diesem wie in den voraufgegangenen Fällen jedenfalls einmal auf die Möglichkeit hinweisen zu sollen, daß sich der im Mittelohrsekret befindliche saprophytische Pyocyaneus unter dem Einflusse besonders günstiger Lebensbedingungen, wie es beispielsweise die Eröffnung des Ohrmuschelbindegewebes für ihn zu sein scheint, in seine zweite, pathogene Daseinsform umzuwandeln vermag, eine Annahme, die sich mit der wohl ziemlich allgemein geteilten über andere Eitererreger z. B. den Staphylococcus außerdem vollkommen deckt. Auch werden wir dafür, daß die Infektion unter den anscheinend völlig gleichen äußeren Bedingungen das eine Mal eintritt, während sie ein zweites Mal ausbleibt, nicht ohne das Bindeglied einer vorhandenen oder fehlenden Disposition auskommen. Wenigstens erklären sich so am einfachsten beispielsweise die oben mitgeteilten Fälle von Auftreten oder Ausbleiben postoperativer Ohrmuschelentzündungen.

Einen letzten Beweis für die pathogene Rolle des Pyocyaneus im Einzelfalle schöpfen wir aus dem Verlauf mancher derselben, der damit einschließlich der von uns dagegen eingeleiteten Behandlung zur Besprechung gelangen soll. Der Erfolg der letzteren in solchen Fällen chronischer Mittelohreiterung, bei denen nur die Schleimhautauskleidung des Cavum tympani befallen, stärkere Granulationsbildung und Karies also nicht vorhanden und eine Mitbeteiligung von Warzenfortsatz und Schädelinnerem ausgeschlossen war, war uns gleichzeitig eine stets neue Ermunterung, das gleiche Verfahren auf alle durch Pyocyaneus hervorgerufenen Prozesse auszudehnen.

Fälle der letztgeschilderten Art werden am deutlichsten illustriert durch 3 unserer Beobachtungen: Kn., E. und Gu. Technisch einwandsfrei war hier zunächst einmal die Art der vorgenommenen Untersuchung, indem sie sowohl mikroskopisch wie kulturell erfolgt war, eindeutig der erhaltene Befund, indem sämtliche 3 mal der Bacillus pyocyaneus in Reinkultur — bei Kn. auch gelegentlich eines Rezidivs — vorgefunden wurde, und völlig konform der Verlauf, indem alle 3 mal der Eiterungsprozeß endgiltig zum Stillstand gelangte. Nachdem vorausgeschickte Borwasserausspülungen (Kn.) oder Einführung von mit Borwasser (E.) oder Burowscher Lösung (Gu.) getränkten Gazestreifen zwar eine zum Teil erhebliche Besserung, besonders der Gehörgangsprozesse, aber keine Heilung des Mittelohrleidens herbeigeführt hatten, schwand letzteres binnen kurzem unter dem Einfluß von Borpulverinsufflationen. Die Zeit, die bei Kn. das erste Mal vom Beginn der Behandlung bis zur Sistierung der Eiterung (immer nur auf dem linken Ohr, das der betreffenden Untersuchung lediglich unterworfen worden war), verging, war etwa 18 Tage, das zweite Mal etwa 3 Wochen, bei E. 10 und bei Gu. etwa 14 Tage. Bei letzteren beiden wurde der Erfolg durch entsprechende bakteriologische Untersuchungen des Gehörgangsinhaltes dahin ergänzt, daß der anfänglich vorhandene Bazillus nach Ablauf der Eiterung nicht mehr auffindbar war.

Die teilweise recht lange Dauer der Behandlung bis zum definitiven Stillstand der Eiterung erklärt sich dadurch, daß eine Heilung der betreffenden Prozesse erst dann als sicher angenommen wurde, wenn mehrere Tage lang ein vollständiges Verschwinden der Absonderung feststellbar war. Die mitgeteilten Zahlen sind deshalb sehr weit gegriffen.

Ausreichend zur Sistierung der Eiterungsprozesse war die mitgeteilte Behandlung auch in den Fällen Hg. und P., während natürlich die in beiden Fällen vorhandenen chronischen Gewebsveränderungen dadurch nicht beseitigt werden konnten. Letzterenfalls konnte die günstige Wirkung der Borinsufflationen ähnlich wie bei der Gehörgangsaffektion von Martha Kü. fast in Form eines Experiments daran nachgewiesen werden, daß unter der anfänglichen Trockenbehandlung der Eiterungsprozeß nicht nur nicht stillstand, sondern sogar Allgemeinerscheinungen dazu traten, während sämtliche geklagten Beschwerden bereits nach einmaliger Borpulverinsufflation geschwunden waren, und die Eiterung binnen kurzem zur Heilung gelangte.

Im Falle Kü. fanden Borpulverinsufflationen neben einer gleichzeitigen Parazentese, im Falle Ra. nach Extraktion der Gehörknöchelchen gleichfalls mit anscheinend günstigstem Erfolge Anwendung. Ersterenfalls kam wenigstens die offensichtlich auf Pyocyaneusinfektion zu beziehende akute Exazerbation zur Ausheilung. Einen sehr protrahierten, schließlich aber gleichfalls in Heilung endenden Verlauf zeigte das Mittelohr- (und Gehörgangs-) leiden bei Else F. trotz der hier gleichfalls nach Parazentese und Furunkelinzision angewandten Borpulvertherapie. Letztere war allerdings infolge des unregelmäßigen Erscheinens des Kindes zur Nachbehandlung nicht ordnungsgemäß durchführbar.

Im Fall G. scheinen Parazentese und die üblichen antiphlogistischen Maßnahmen zur Bekämpfung des akuten Wiederaufflackerns der Entzündung ausgereicht zu haben.

In allen übrigen Fällen, d. h.

Frieda R. — Walter D. — Hans We. — Julius Kö. — Ernst Ar. — Alma Je. — Frau Sch. — Georg Be.

ging zur Zeit des Beginns der Behandlung die Erkrankung bereits über die Schleimhaut des Mittelohrs hinaus und hatte meist entweder dessen knöcherne Wände oder den Warzenfortsatz in der einen oder anderen Form mitergriffen.

Infolgedessen machte sich bei ihnen die Totalaufmeißelung notwendig.

Eine Entscheidung darüber, ob die nachgewiesene Infektion des Mittelohrs mit Pyocyaneus an diesem Übergreifen der Eiterung auf die Nachbarorgane schuld trägt, ist fast unmöglich. Im Falle Ar. gewinnt eine derartige Annahme dadurch eine gewisse Wahrscheinlichkeit, daß sich im Eiter eines gleichzeitig vorhandenen subperiostal-retropharyngealen Abszesses der Bazillus in Reinkultur, wenn auch nur auf kulturellem Wege, nachweisen ließ.

Mastoiditis.

Der einzige Fall, — und damit treten wir in die Besprechung des Vorkommens von Bacillus pyocyaneus im Warzenfortsatz ein, — einer chronischen Mittelohreiterung, bei dem sofort bei der Operation seine Anwesenheit in einer Granulation des Antrums festgestellt wurde, ist der der Frau Sch. Hier wurde er neben Gram-positiven Diplokokken nachgewiesen.

Bei We., Kr. und Be. handelte es sich um seine Feststellung im Sekret der Radikaloperationswunde und zwar in sämtlichen 3 Fällen erst einige Zeit nach der Operation. Eine Sekundärinfektion im Verlaufe der Nachbehandlung ließ sich bei We. dadurch, daß er bei der Aufnahme kulturell im Gehörgangseiter gefunden wurde, bei Be. dadurch, daß sich die Watte beim Abtupfen des Gehörgangseiters zur Zeit der Aufnahme in charakteristischer Weise grünblau verfärbte, sicher ausschließen, während im Falle Kr. die Unterlassung einer Untersuchung des Mittelohrsekrets bei der Aufnahme die Möglichkeit einer nachträglichen Einschleppung des Bazillus in die Wundhöhle von außen jedenfalls offen läßt.

In keinem der genannten Fälle aber findet sich ein Anhalt für die Annahme eines aetiologischen Zusammenhanges der Warzenfortsatzerkrankung mit dem mitgeteilten Bakterienbefund.

Trotzdem haben wir allen Grund, der Anwesenheit des Pyocyaneus im Warzenfortsatzinhalt chronischer Mittelohreiterungen oder im Sekret von Radikaloperationen unsere ernsteste Aufmerksamkeit zu schenken, wenn wir uns vergegenwärtigen, daß es in drei der eben genannten 4 Fälle und zwar bei We., Kr. und Sch. zu nachträglichen Ohrmuschelentzündungen kam, die bei Sch. und Kr. mit Wahrscheinlichkeit, bei We. mit Sicherheit auf den Pyocyaneus zurückzuführen waren, während es in dem verbleibenden vierten Fall (Be.) vermutlich ebenfalls durch Pyocyaneus zum Scheitern der vorgenommenen Transplantation und einer nachträglichen Tiefeninfektion kam.

Mit Rücksicht auf derartige Verhältnisse halte ich es für geboten, an dieser Stelle auf die Notwendigkeit peinlichster Asepsis bei der Behandlung aller entzündlichen Ohrenerkrankungen, insbesondere bei der so langwierigen Nachbehandlung von Radikaloperationswunden nachdrücklichst hinzuweisen. Wenngleich ich aus wiederholt erwähnten Gründen durchaus nicht den Standpunkt derer teile, die im Auftreten des Pyocyaneus in jedem Falle eine Schuld des behandelnden Arztes oder seines Personals sehen wollen — dagegen spricht schon der Nachweis des Bazillus vor Beginn jeder Behandlung in vielen daraufhin untersuchten Fällen — so ist doch die Möglichkeit eines derartigen Infektionsmodus nicht gänzlich in Abrede zu stellen. Da für die Vermittlung der Infektion fast ausschließlich die Haut unserer Hände und die des Kranken in Betracht kommt, so ist in erster Linie deren subtilster Desinfektion die größte Aufmerksamkeit zu schenken. Das gilt hinsichtlich der Hände insbesondere für den Zeitpunkt der Pause zwischen der Abfertigung zweier Kranker, hauptsächlich solcher mit Operationswunden, da erfahrungsgemäß gerade dann am leichtesten und häufigsten gegen diese Grundregel der Aseptik verstossen wird. Um den durch Vornahme der Desinfektion entstehenden unvermeidlichen Zeitverlust im Betriebe einer großen Klinik bezw. Krankenhauses einigermassen auszugleichen, erscheint die Einrichtung der Charité-Ohrenklinik besonders zweckmässig, bei der sich an der Seite jedes Arbeitsplatzes und zwar in direkter Verbindung mit dem Instrumenten- und Verbandtisch eine Schale mit der betr. Desinfektionsflüssigkeit — wir benutzen als solche fast ausschließlich Seifenspiritus — nebst einem sterilen Handtuch befindet.

In zweiter Linie ist, besonders mit Rücksicht auf die oben erwähnte, so häufige Unwirksamkeit unserer üblichen Desinfektionsmaßregeln gegenüber dem Pyocyaneus, soweit möglich, Sorge zu tragen, daß ein direkter Kontakt der Hände mit Verbandstoffen, etwaigen Wunden oder der Umgebung der zu behandelnden kranken Teile (z. B. Ohrmuschel) vermieden wird. Ersterem Erfordernis läßt sich durch entspr. Anwendung steriler Instrumente einwandfrei genügen. Besonderer Aufmerksamkeit bedürfen die viel benutzten „Watteträger". Der Verwendung steriler gebrauchsfertiger derartiger (Metall- oder Holz-) Stäbchen entweder in der einfachen Form, wie sie von Gomperz kürzlich empfohlen wurde, oder nach Vornahme der zwar etwas umständlicheren, dafür aber auch zuverlässigeren Prozedur mittels Dampfsterilisation, wie sie Körner in Vorschlag gebracht — wir selbst bedienen uns ausschließlich nur noch der letzteren — sollte sich m. E. kein moderner Ohrenarzt mehr entziehen.

Ist eine Berührung des Kranken z. B. behufs Haltens der Ohrmuschel unvermeidlich, so kann durch Benutzung steriler Tupfer oder ebensolcher Handschuhe vielleicht mancher, andernfalls möglichen Sekundärinfektion vorgebeugt werden.

Die Innehaltung der gleichen Desinfektionsmaßregeln wie für die Hände des behandelnden Arztes gilt auch für die Haut des Patienten. Und zwar darf sich auch hier die Desinfektion nicht nur auf die Zeit vor einer etwaigen Operation beschränken, sondern muß möglichst vor jeder Behandlung, speziell jedem Verbandwechsel, Platz greifen. Die ausgedehnteste Verwendung für letzteren Zweck finden bei uns mit Benzin getränkte Mullkompressen. Besteht Verdacht auf die Anwesenheit von Pyocyaneus, so sind Alkohol und essigsaure Tonerdelösungen vorzuziehen, auch von der Aufstreuung von Borpulver (im Falle einer Operation natürlich erst nach derselben) auf die betr. Hautpartien pflegen wir diesfalls ausgiebigsten und erfolgreichsten Gebrauch zu machen.

Einer Berührung der äußeren Haut durch Gazestreifen etc., die in das Ohr oder mit demselben zusammenhängende Operationswunden eingeführt werden sollen, sucht man zweckmäßigerweise dadurch vorzubeugen, daß die Umgebung mit sterilen Tüchern oder Mullkompressen bedeckt wird. Ferner sind die betr. Streifen auf einen Tupfer zu legen und direkt von diesem aus an den Ort ihrer Bestimmung zu übertragen. Bei der Einführung von Verbandstücken in den äußeren Gehörgang erweist sich außerdem die Verwendung steriler Ohrtrichter für den vorbenannten Zweck besonders geeignet. Haben wir es aber erst einmal mit einer Pyocyaneusinfektion zu tun, dann suchen wir neben der energischen Anwendung der beschriebenen Lokalmaßnahmen einer Weiterverbreitung auch dadurch nach Möglichkeit vorzubeugen, daß wir die betr. Behandlung nie ohne Zuhilfenahme von sterilen Handschuhen und möglichst erst nach Abfertigung aller übrigen Kranken vornehmen. —

Von den Fällen mit akuter Mastoiditis im Anschluß an Mittelohrentzündungen, deren Sekret den Pyocyaneus beherbergte, blieben bakteriologische Untersuchungen des Warzenfortsatzeiters bei K. und A. ergebnislos.

Im Falle B., in dem die doppelseitige Mastoiditis gleichfalls akuten Charakter trug, war deren Entstehung, wie bereits oben hervorgehoben, durch den auch im Mittelohrsekret vorgefundenen Pyocyaneus mit einwandfreier Sicherheit deshalb nicht erweisbar, weil seine Anwesenheit im Warzenfortsatzeiter erst gelegentlich des ersten Verbandwechsels und zwar nur aus der Verfärbung der Verbandgaze erschlossen wurde. Eine bakteriologische Untersuchung fand erst später und zwar lediglich in Rücksicht auf das Ergebnis der gegen die Pyocyaneusinfektion eingeleiteten Behandlung statt.

Über Art und Ergebnis der bakteriologischen Untersuchung des Warzenfortsatzeiters im Falle Se. und die Beziehungen der Mastoiditis zu dem bei der Patientin bestehenden Mittelohrleiden bzw. der Pyocyaneusallgemeininfektion habe ich mich bereits oben des Näheren verbreitet und verweise auf den bezügl. Abschnitt meiner Arbeit.

Daß im letztgenannten Falle eine gewisse Wahrscheinlichkeit dafür besteht, daß die Warzenfortsatzerkrankung eine Folge von Pyocyaneusinfektion ist, kann zwar kaum geleugnet werden, zu erweisen ist es aber ebensowenig wie in allen vorausgeschilderten Fällen von Mastoiditis.

Da die bakteriologische Untersuchung des Warzenfortsatzinhalts und damit die Einreihung der betr. Fälle in die uns hier ausschließlich interessierende Kategorie von Erkrankungen überhaupt erst nach der operativen Freilegung des Warzenfortsatzes (einfachen oder totalen

Aufmeißelung) möglich ist, lassen sich für die Behandlung derartiger Entzündungen mit Pyocyaneusgehalt auch erst für die Zeit nach der Operation gewisse Regeln aufstellen. Diese bestehen in dem Rate ausgiebigster Anwendung der im Vorausgegangenen schon mehrfach empfohlenen Borpulverinsufflationen in die Wundhöhle und zwar unterschiedslos für einfache und totale Aufmeißelungen. Bei ersteren erreichen wir dadurch einen Nachlaß der Sekretion sowie ein Schwinden der häufig vorhandenen diphtherischen Beläge und damit einen schnelleren Wundverschluß, bei letzteren üben wir dadurch neben der Erzielung des gleichen Effekts und einer dadurch beschleunigten Epidermisierung auch noch eine sehr notwendige Prophylaxe hinsichtlich der Vermeidung von Ohrmuschelentzündungen und bereiten die Wundfläche für etwa beabsichtigte Transplantationsversuche zweckentsprechend vor. In Bestätigung der von anderer Seite gemachten Erfahrungen [Lermoyez (85)] können wir sogar hinzufügen, daß die Heilung derart ohne jede Tamponade behandelter Radikaloperationswunden oft eine geradezu überraschend schnelle gewesen ist.

Gelegentlich des Falles R. und Be. habe ich bereits auf das Vergebliche von Transplantationsversuchen hingewiesen, ehe das Verschwinden des Pyocyaneus aus der Wundhöhle einwandfrei festgestellt war. An der Hand des Falles Be. sei aber auch auf das unter Umständen direkt Gefahrdrohende derartiger Versuche aufmerksam gemacht. Bei dem Knaben handelte es sich nach der Operation um eine ausgezeichnet aussehende Wundhöhle, deren Beschaffenheit uns zur Vornahme der primären Transplantation nach Thiersch verleitete. Dem Vorhandensein des Pyocyaneus, wie es sich durch die Verfärbung der Gazestreifen im äußeren Gehörgang dokumentiert hatte, glaubten wir damals noch keine ausschlaggebende Bedeutung nach der Hinsicht beilegen zu sollen. Der Verlauf sollte uns aber bald eines anderen belehren. Denn nicht nur, daß es zu einer nachträglichen Unterminierung und Abstoßung der Hautläppchen kam — der eitrige Prozeß griff zunächst fast unmerklich unter dem Schutze der Läppchen auf den Fazialis und die von Epidermis bedeckten, anfangs nachweislich gesunden und unversehrten Knochenteile über, ohne daß es bis zum Moment der unfreiwilligen Entlassung des Kindes aus der Behandlung gelungen wäre, die definitive Heilung des Prozesses herbeizuführen.

Der gleichzeitige — allerdings nur mikroskopisch erhobene — Befund von Streptokokken in der Wundhöhle macht die Annahme, daß es sich bei dem geschilderten Verlauf um die Folgen einer Pyocyaneusinfektion gehandelt hat, zwar nicht über allen Zweifel erhaben, die hinsichtlich des Mißlingens der Transplantationsversuche ähnlich lautenden Erfahrungen von chirurgischer Seite aber legen eine derartige Vermutung jedenfalls außerordentlich nahe und schließen zum mindesten die Möglichkeit einer Begünstigung dieses bedauerlichen Verlaufs durch den Pyocyaneus nicht sicher aus.

Der geeignetste Zeitpunkt zur Vornahme der vorgeschlagenen Borpulvereinstäubungen dürfte unmittelbar im Anschluß an die Operation gegeben sein. Denn einmal werden hierdurch infizierte und solche Gewebsteile, die ihrerseits den Bakterien günstige Nährböden und Schlupfwinkel bieten, mechanisch entfernt und andererseits die stehen gelassenen Teile und die an ihnen etwa haftenden Krankheitserreger für einen direkten Kontakt mit dem Medikament am besten zugänglich gemacht. Unser Fall B. lehrt, wie diese Abtötung auf dem angegebenen Wege einerseits sicher gelingt, wie notwendig aber andererseits eine genügend lange Fortsetzung dieser Behandlung ist, um dieses Resultat zu erzielen.

Bei Frau Se. war eine entsprechende Lokalbehandlung wegen ihres bald nach der Operation eingetretenen Todes unausführbar. Ob eine solche im Hinblick auf das bei ihr höchstwahrscheinliche Vorhandensein einer Allgemeininfektion überhaupt Erfolg gehabt haben würde, muß freilich als mindestens sehr fraglich gelten.

Subperiostaler, retropharyngealer und Hirnabszeß.

Damit wäre die Gruppe der Mastoiditiden abgetan, und wir gelangen zu dem einzigen Repräsentanten der nunmehr folgenden Kategorie von Erkrankungen, dem schon gelegentlich anderer Affektionen seines Gehörorgans mehrfach erwähnten Ar. Bei ihm wurde nämlich im Eiter eines subperiostalen, retropharyngealen und Hirnabszesses der Pyocyaneus nachgewiesen. An den erstgenannten beiden Stellen wurde er in Reinkultur, an letzterer Stelle in Symbiose mit Diplokokken festgestellt. Da die betr. Untersuchungen sich aber lediglich auf das Kulturverfahren beschränkten, auch Agglutinationsversuche nicht vorgenommen wurden, lassen die betr. Befunde aetiologische Schlüsse nicht zu. Nur der Vollständigkeit halber soll deshalb dieser Beobachtung Erwähnung geschehen.

Allgemeinerkrankung mit sekundärer Mitbeteiligung des Gehörorgans.

Auch hinsichtlich des folgenden und soeben schon erwähnten Falles (Frau Se.) sei nur der Tatsache gedacht, daß es im Verlauf einer Allgemeinerkrankung, die von dem betr. Autor de la Camp als eine durch den Pyocyaneus verursachte angesprochen wurde, zu einer Ohrerkrankung kam, welche den äußeren Gehörgang, das Mittelohr und den Warzenfortsatz betraf. Ich verweise hinsichtlich der dabei erhobenen bakteriologischen Befunde und deren Würdigung bezgl. der Möglichkeit oder Wahrscheinlichkeit eines einheitlichen Zusammenhanges mit dem Allgemeinleiden auf die betr. früheren Kapitel, in denen der Fall ausführlich besprochen wurde.

Pyocyaneusallgemeininfektion infolge Ohrerkrankung.

Auch bezüglich des Gegenstücks zu dieser Beobachtung, des Falles Kl., in dem eine durch das Ergebnis der Agglutination und den Befund des Bazillus im Liquor cerebrospinalis meines Erachtens erwiesene Pyocyaneusallgemeininfektion vom Ohr ihren Ausgang genommen haben muß, habe ich mich oben ausführlich geäußert und darf dieserhalb gleichfalls auf den betreffenden Passus verweisen.

Art der Ausführung der angestellten Agglutinationsuntersuchungen.

Damit sind wir am Schluß der Besprechung unserer Fälle angelangt, und es erübrigen nur noch einige allgemeine Bemerkungen über die Art, in der die zum Beweise der Pathogenität des Bacillus pyocyaneus mehrfach vorgenommenen Agglutinationsversuche ausgeführt wurden, deren Ausfall meines Erachtens eine entscheidende Bedeutung zur Beurteilung der jeweiligen Rolle des Pyocyaneus zukommt.

Die diesbezgl. Untersuchungen wurden an den zu der betr. Zeit vorhandenen Pyocyaneusreinkulturen und zwar möglichst an einem 24 Stunden alten frischen Ausstrich derselben auf Agar vorgenommen. In den Fällen, in denen dies nicht geschah, findet sich eine entsprechende Bemerkung. Die verwandten Kulturen sind hinsichtlich ihrer Genese namentlich betr. des Umstandes, ob sie von dem Individuum, dessen Blutserum zur Untersuchung diente, selbst oder von einem anderen stammten, meist deutlich gemerkt. Sehr wünschenswert wäre es gewesen, stets mit der gleichen Stammkultur, deren Agglutinationsfähigkeit durch entsprechende Untersuchungen zweifelsfrei feststand, arbeiten zu können. Daß das nicht geschah, liegt teils an den großen Zeitabständen, innerhalb deren diese Untersuchungen stattfanden, teils daran, daß das betr. Material wider Erwarten immer größer wurde, nachdem wir einmal unsere Aufmerksamkeit auf diesen Gegenstand gerichtet hatten. Jeder neu hinzutretende Fall fand uns mithin nach dieser Richtung hin einigermaßen unvorbereitet; trotzdem glaubte ich geeigneten Falls deshalb auf entsprechende Agglutinationsversuche nicht verzichten zu sollen. Das Ergebnis entspr. Kontrolluntersuchungen im Einzelfalle gibt meist ein wertvolles Kriterium für den Ausfall der vorgenommenen Versuche ab.

Das zur Untersuchung dienende Serum wurde durch Zentrifugieren von durch Venaepunktion der Mediana cubiti entnommenem Blute gewonnen. Es bedarf wohl keiner besonderen Erwähnung, daß der Punktion eine peinliche Desinfektion der betr. Gegend vorausging. Die benötigten Zentrifugengläschen waren, mit Watte verschlossen, der dafür üblichen Sterilisation unterworfen worden.

War das Blut vor der Vornahme dieser Prozedur bereits geronnen, so wurde es mit einer sterilen Platinnadel vorsichtig von den Wänden des Reagenzglases gelöst und danach zentrifugiert. Fand die Untersuchung nicht sofort im Anschluß an die Zentrifugation statt, so wurden die betr. Röhrchen bis zu deren Vornahme auf Eis aufbewahrt.

Die Entnahme des Serums aus dem Zentrifugierglas geschah mittels steriler Kapillarpipette unter peinlichster Vermeidung von Beimengung roter Blutkörperchen. Die entsprechenden Verdünnungsgrade wurden durch tropfenweisen Zusatz entsprechender steriler physiologischer Kochsalzlösung gleichfalls mittels Kapillarpipetten in Kolbenschälchen vorgenommen und durch Umrühren mit steriler Platinöse eine möglichst gleichmäßige Verteilung des Serums in der Flüssigkeit erzielt. Die Schälchen wurden luftdicht zugedeckt und die verschiedenen Verdünnungsgrade an einer ihrer Seitenwände mit Fettstift vermerkt (z. B. $^1/_{10}$, $^1/_{30}$, $^1/_{50}$, $^1/_{100}$ usw.).

Nunmehr wurde eine Öse der stärksten Konzentration, meist $^1/_{10}$, auf ein Deckgläschen gebracht, und dieser eine eben mikroskopisch sichtbare mittels Platinnadel entnommene Menge der Pyocyaneusreinkultur beigemengt und durch andauerndes Umrühren so lange darin verteilt, bis das Ganze eine möglichst gleichmäßig opake Flüssigkeit ohne erkennbare Beimengung kleiner Bröckelchen bildete. Darauf folgte stets erst eine mikroskopische Untersuchung im hängenden Tropfen, um Täuschungen hinsichtlich der Agglutination, wie sie Folge mangelhafter Verreibung sein können, vorzubeugen. Fand sich bereits hierbei Agglutination, so wurde stets noch ein Kontrollpräparat angelegt. Erst wenn auch dieses die gleiche Erscheinung erkennen ließ, und somit die Annahme an Berechtigung gewann, daß es sich dabei nicht um die Folge mangelhafter Zerteilung handelte, wurden die betr. Präparate, mit ihrem Verdünnungsgrade signiert, $^1/_4$ bis $^1/_2$ Stunde in den Brutschrank gebracht und danach aufs neue der mikroskopischen Untersuchung unterworfen. Agglutination wurde dann als einwandfrei vorliegend angenommen, wenn die vorher beweglichen, einzeln liegenden Stäbchen sämtlich ihre Beweglichkeit eingebüßt und sich zu größeren und kleineren Häufchen zusammengeballt hatten. Auch dann glaubte ich eine Agglutination noch als erwiesen annehmen zu dürfen, wenn der weitaus überwiegende Teil der Stäbchen sich zu Häufchen zusammengeschlossen hatte, und die dazwischen liegenden Einzelindividuen entweder eine deutliche Neigung zeigten, sich dieser Häufchenbildung gleichfalls anzugliedern oder wenigstens ihre Beweglichkeit vollständig eingebüßt hatten. Von einer „Neigung zur Agglutinationsbildung", „angedeuteten oder spurweisen Agglutination" ist dann die Rede, wenn zwar gleichfalls eine Häufchenbildung unterm Mikroskop festzustellen war, diese aber nur einen größeren oder geringeren Bruchteil, nicht die überwiegende Mehrzahl der Bakterien betraf, die freiliegenden andererseits aber gleichfalls bewegungslos waren.

Soweit möglich, wurden mit der gleichen Kultur Kontrolluntersuchungen am Serum nicht pyocyaneusinfizierter Individuen angestellt, und dabei, wie bereits im Verlauf der Arbeit erwähnt, die Beobachtung gemacht, daß derartige Sera noch bei $^1/_{30}$ Verdünnung deutliche Agglutinationserscheinungen aufweisen können. Diese Erscheinung deckt sich mit dem, was bei Typhusbazillen gleichfalls konstatiert worden ist, und bildet die Unterlage zu meinem Vorschlage, die spezifische Agglutinationsgrenze für den Pyocyaneus erst bei $^1/_{50}$ Verdünnung beginnen zu lassen.

Dieses Vorkommnis echter Agglutination darf jedoch nicht mit den Erscheinungen von Pseudoagglutination verwechselt werden, wie ich sie anläßlich eines besonderen Falles durch Verreibung der Kultur in destilliertem Wasser oder reiner physiologischer Kochsalzlösung beobachten konnte. Vor derartigen Verwechselungen schützt einmal die Untersuchung der betreffenden Präparate vor und nach Einlegen in den Brutschrank, da echte Agglutination nach einem gewissen Aufenthalt im Brutschrank entweder überhaupt erst oder jedenfalls in stärkerem Maße als vorher zu beobachten ist, und zweitens in gewissen Zeitabschnitten an demselben Individuum vorgenommene Untersuchungen (cfr. z. B. Fall H.). Zeigt die Agglutinationsfähigkeit des Blutes, wie es in dem erwähnten Falle tatsächlich zu beobachten war, mit dem Ablauf der lokalen Erkrankung eine entschiedene Abnahme oder umgekehrt mit deren Zunahme eine ausgesprochene Steigerung, so läßt dieses Vorkommnis eine andere Deutung als die einer damit erwiesenen spezifischen Reaktion des Organismus auf den betreffenden Schädling schlechterdings nicht zu.

Experimentelle Untersuchungen über die Wirkung verschiedener Arzneimittel auf Pyocyaneus.

Die im vorausgehenden wiederholt empfohlene Borsäure ist ja für den Ohrenarzt seit ihrer Einführung durch Bezold in die Otiatrie speziell gegen Mittelohrentzündungen ein wohlbekanntes Mittel. Für denjenigen, der sie, wie der genannte Autor und seine Schule, unterschiedslos gegen jede derartige Entzündung, gleichviel welcher bakterieller Provenienz, verwendet, heißt darum ihre Empfehlung gegen Pyocyaneusinfektionen Eulen nach Athen tragen. Wohl aber möchte ich sie, wenigstens dieser Erkrankung gegenüber, in den Arzneischatz auch derjenigen aufgenommen wissen, die sich gegen ihre Allgemeinwirkung bisher skeptisch verhielten, oder sie sogar wegen ihrer Eigenschaft zusammenzubacken und dadurch unter Umständen bei kleinen Trommelfellperforationen zum Eiterabflußhindernis zu werden, gänzlich aus ihrem therapeutischen Armamentarium verbannt hatten.

Wir sind zu ihrer Verwendung nicht im Verfolg des Bezoldschen Vorschlages, sondern auf Grund früherer günstiger Erfahrungen bei mit Pyocyaneus infizierten chirurgischen Leiden gelangt und somit hoffentlich auch dem ärgsten Skeptiker gegenüber vor dem Verdacht geschützt, als ob wir etwa auf Umwegen versuchen wollten, dem vielbefehdeten Mittel aufs neue da Eingang zu verschaffen, wo ihm die Tür bisher verschlossen blieb. Inzwischen haben wir uns überzeugt, daß wir keineswegs die ersten gewesen sind, die das Mittel Pyocyaneusinfektionen im Ohr gegenüber in Anwendung gezogen haben. Dieses Verdienst darf Gruber (a. a. O.) für sich in Anspruch nehmen, der es jedoch im Verfolg der Bezoldschen Empfehlung von ihren günstigen antibakteriellen Allgemeinwirkungen tat. Die Tatsache allerdings, daß Borsäure Pyocyaneusinfektionen gegenüber direkt spezifische Wirkung ausübt, haben wir, wie dies auch ein erst jüngst wieder laut gewordener Verzweiflungsseufzer von chirurgischer Seite (Schmieden) beweist, noch nirgends erwähnt gefunden und dürfen darum hoffentlich für diese Mitteilung allgemeines Interesse erwarten. Gerade durch die von ihr vorgenommene unterschiedlose Verwendung der Borsäure gegen jedwede Infektion scheint der Bezoldschen Schule diese spezifische Wirkung auf Pyocyaneus entgangen zu sein oder ist wenigstens von ihr, soweit ich sehe, nirgends mitgeteilt worden.

Nachdem wir uns klinisch in zahlreichen Fällen von dieser bakteriziden Wirkung Pyocyaneus gegenüber überzeugt hatten, lag uns daran, auch auf experimentellem Wege diese ihre spezifische Wirkung auf die Probe zu stellen. Diese Versuche wurden, teils der Kontrolle wegen, teils um zu erfahren, ob eines unserer sonst gebräuchlichen Antiseptika, insbesondere die von anderer (Passow, Körner, Heine) Seite gegen die gleiche Infektion vorgeschlagenen Mittel eine ähnliche oder bessere Wirkung besäßen wie Borsäure, mit solchen folgender Mittel kombiniert:

Salizylsäure }
Jodoform } in Pulverform
Vioform }
3 %ige Borwasser- }
3 %ige Burowsche } Lösung
2 %ige Argent. nitr. }
60 %iger Alkohol

Der Gang der Untersuchung war der, daß zunächst je 1,0 ccm der 4 pulverförmigen Mittel (die 3 obigen einschließlich Borsäure) zu je der gleichen Menge einer 24 stündigen Pyocyaneusbouillonreinkultur von derselben Herkunft mit außerordentlich lebhaft beweglichen Einzelindividuen zugesetzt und die Kulturen in den Brutschrank gestellt wurden.

Nach 24 Stunden ergab die Untersuchung folgendes:

1. In der Borsäurekultur haben die Bakterien ihre Beweglichkeit vollständig eingebüßt und zeigen deutliche Häufchenbildung.

2. In der Salizylsäurekultur haben die Bakterien die Beweglichkeit gleichfalls vollständig verloren und zeigen eine noch stärkere Agglutination wie bei 1.

3. In der Jodoformkultur haben die Stäbchen ihr vollkommen normales Aussehen und ihre Beweglichkeit behalten und zeigen keine Agglutination.

4. In der Vioformkultur haben die Stäbchen ihre Beweglichkeit gleichfalls behalten und sind nicht agglutiniert.

Am gleichen Tage wurde nunmehr eine frische Bouillonkultur durch Überimpfung von je 2 Ösen der eben erwähnten Originalkulturen angelegt. Diese blieb dauernd steril von

1. der Borsäurekultur,
2. der Salizylsäurekultur.

Hingegen entwickelten sich nach 24 Stunden Reinkulturen sehr beweglicher Pyocyaneusbazillen von

3. der Jodoformkultur,
4. der Vioformkultur.

Die II. Versuchsreihe war folgende:

Je ein mit 1,0 ccm der vorbenannten Pulver beschicktes Bouillonröhrchen wird nach kräftigem Umschütteln auf 24 Stunden in den Brutschrank gestellt und, nachdem es sich hierbei steril erwiesen, mit je 5 Ösen der gleichen 24stündigen Pyocyaneusreinkultur geimpft. Nach 24 stündigem Aufenthalt im Brutschrank waren das

1. Borsäure- und } Röhrchen
2. Salizylsäure- }

vollkommen klar und blieben auch in der Folge steril. Im dritten Jodoformröhrchen fand sich eine starke diffuse Trübung mit intensiv hellgrüner Verfärbung an der Oberfläche. Mikroskopisch fanden sich sehr bewegliche schlanke Stäbchen.

Das 4. Vioformröhrchen war stark diffus getrübt und enthielt gleichfalls sehr lebhaft bewegliche schlanke Stäbchen.

Die von der

1. Borsäure- } kultur
und 2. Salizylsäure- }

erneut angelegte Bouillonkultur blieb steril.

Von der

3. Jodoform- und } kultur
4. Vioform- }.

entwickelten sich durch Verimpfung auf Bouillon wiederum Reinkulturen von Pyocyaneus mit sehr starker Grünfärbung der Kultur.

Die III. und IV. Versuchsreihe umfaßte die flüssigen Medikamente und wurde vollständig entsprechend den beiden ersten Reihen durchgeführt.

Es wurden also 4 24stündige Pyocyaneusbouillonreinkulturen der gleichen Herkunft versetzt mit

1. 2,0 ccm einer 3 %igen Borwasserlösung,
2. 2,0 „ „ 3 %igen Burowschen Lösung,
3. 2,0 „ „ 2 %igen Argent. nitric.-Lösung,
4. 2,0 „ „ 60 %igen Alkohollösung.

Bei 1 senkte sich der grüne Farbstoff, z. T. in großen Flocken, zu Boden. Durch Umschütteln entstand eine diffus hellgrün aussehende Kolonie.

Bei 2 bildeten sich sofort weißliche Flocken. Durch Umschütteln entstand eine diffus weißliche Flüssigkeit.

Bei 3 bildeten sich weiße Niederschläge. Nach dem Umschütteln milchige Flüssigkeit.

Bei 4 schwamm der Alkohol zunächst oben auf und vermischte sich erst durch Umschütteln mit der Kultur.

Nach 24stündigem Aufenthalte im Brutschrank war 1 von diffus opak-grünlicher Farbe. Keine Häutchenbildung, kein Bodensatz. Mikroskopisch enthielt sie einzeln liegende unbewegliche neben einzelnen Stäbchen von großer Beweglichkeit.

Bei 2 hatte sich am Boden ein dicker weißlicher Niederschlag gebildet, die darüberstehende Flüssigkeit war diffus grünlich gefärbt ohne Häutchenbildung.

Mikroskopisch enthielt sie teils einzeln liegende unbewegliche Stäbchen, teils Häufchen von solchen.

Bei 3 ist die Kultur schmutzig grün-braun gefärbt mit ziemlich dickem bräunlichen Bodensatz ohne Häutchenbildung. Mikroskopisch fanden sich einzeln liegende, zum Teil schwarzbraune Stäbchen, sowie vielfach oszillierende kokken- und diplokokkenähnliche Gebilde.

Die Kultur von 4 ist ziemlich stark diffus grün gefärbt mit weißlichem Bodensatz. Keine Häutchenbildung. Mikroskopisch: einzeln liegende unbewegliche Stäbchen, keine Häufchenbildung.

Durch Ueberimpfen von je 5 Ösen der Originalkultur Anlegen entsprechend frischer Bouillonkulturen.

Nach 24 Stunden sind klar und erweisen sich steril:

2. Burowsche Lösung,
3. Argent. nitric.-Lösung,
4. Alkohollösung.

Die von 1 angelegte Kultur war diffus grünlich verfärbt mit Häutchenbildung und weißlichem Bodensatz. Mikroskopisch: Reinkultur sehr beweglicher kurzer dünner Stäbchen.

IV. 4 Bouillonröhrchen werden versetzt mit

1. 2 ccm 3 %iger Borwasserlösung,
2. 2 „ 3 %iger Burowscher Lösung,
3. 2 „ 2 %iger Argent. nitric.-Lösung,
4. 2 „ 60 %iger Alkohollösung.

1 bleibt auch nach dem Umschütteln völlig klar.

2 bildet flockige Niederschläge, die beim Schütteln verschwanden, bei ruhigem Stehen aber bald wieder auftraten.

3 gibt starke milchige Niederschläge. Durch Schütteln diffus milchige Trübung.

4 bildet eine weißliche schwimmende Schicht auf der Bouillon, die sich erst durch energisches Schütteln mit der Bouillon vermengt und dann ein klares farbloses Gemisch bildet.

Nach dem Umschütteln werden in jede Kultur 5 Ösen der gleichen 24stündigen Pyocyaneusreinkultur gebracht. Brutschrank.

Nach 24 Stunden ist 1 vollständig klar.

In 2 hat sich ein dicker weißlicher Niederschlag gebildet. Die darüberstehende Flüssigkeit gleichmäßig diffus getrübt.

In 3 findet sich am Boden ein dicker gelblicher Niederschlag, an den Wänden einzelne gelbliche Flocken. Flüssigkeit andeutungsweise getrübt.

4 ist kaum sichtbar getrübt, enthält an den Wänden und am Boden des Glases kleine weißliche Flocken.

Mikroskopisch erweisen sich vollständig steril: 3 und 4.

In 2 finden sich unbewegliche stäbchenähnliche Gebilde, zum Teil in Haufen liegend.

In 1 finden sich mikroskopisch ganz vereinzelt kurze dünne bewegliche Stäbchen.

1 blieb mikroskopisch auch die nächsten Tage noch vollständig klar. Erst vom 7. Tage ab sah man eine leichte wolkige Oberflächentrübung. Allmählich bildete sich ein Kahmhäutchen und die ganze Kultur begann sich schwach grünlich zu färben. Mikroskopisch: Reinkultur dünner schlanker beweglicher Stäbchen.

Am Tage der ersten Untersuchung wurden von jeder der oben genannten 4 Kulturen durch Überimpfen von 5 Ösen der Originalkultur frische Bouillonkulturen angelegt. Brutschrank.

Nach 24 Stunden sind klar und steril und bleiben es auch in der Folge:

2 (Burow)
3 (Argent. nitric.)
4 (Alkohol)

Die von 1 (Borwasser) angelegte Kultur ist schwach grünlich gefärbt mit Kahmhäutchen und Bodensatz. Sie besteht mikroskopisch aus kurzen schlanken sehr beweglichen Stäbchen. Eine zweite Kontrollimpfung vom Original hatte das gleiche Resultat.

Endlich wurde noch die bei uns gegen chronische Mittelohreiterungen viel mit Erfolg gebrauchte 5 %ige Resorzinlösung der gleichen Untersuchung unterworfen.

Die mit 2 ccm der betr. Lösung versetzte Bouillonreinkultur sah sofort nach dem Zusetzen schwach diffus grünlich aus und enthielt einzelne gelbe Flocken. Nach 24stündigem Stehen im Brutschrank war das Aussehen makroskopisch unverändert, mikroskopisch fanden sich unbewegliche Stäbchen. Eine davon angelegte Bouillonkultur war nach 24 Stunden makroskopisch noch ziemlich klar. Nach 30 Stunden deutliche Grünfärbung, besonders in den oberen Schichten, Kahmhäutchen. Mikroskopisch ziemlich lange, schlanke, sehr bewegliche Stäbchen.

2. Eine mit 2,0 ccm einer 5 %igen Resorzinlösung versetzte Bouillonkultur wird mit 5 Ösen einer Pyocyaneusreinkultur geimpft. Brutschrank. Nach 24 Stunden noch vollkommen klar. Mikroskopisch nihil.

Eine hiervon angelegte Bouillonkultur war nach 30 Stunden noch klar, mikroskopisch enthielt sie einzelne stäbchenförmige Elemente, von denen einige beweglich waren.

Nach 3 Tagen deutliche Grünfärbung und Kahmhäutchenbildung, mikroskopisch zahlreiche bewegliche Stäbchen.

Aus diesen Untersuchungen ergibt sich also in voller Bestätigung der von Geheimrat Passow vertretenen Anschauung, daß Salizylsäure von den pulverförmigen Medikamenten (nach der Stärke der Agglutination zu schließen) das wirksamste ist. An zweiter Stelle kommt Borsäure, während Jodoform und Vioform in Übereinstimmung mit den bisher darüber gesammelten klinischen und experimentellen Erfahrungen keinen entwicklungshemmenden oder gar tötenden Einfluß auf Pyocyaneus besitzen.

Von den flüssigen Medikamenten scheinen sich Burowsche Lösung, Alkohol und Argent. nitric.-Lösung nur wenig von einander in Bezug auf ihre bakterizide Kraft zu unterscheiden.

Entwickelungshemmend, aber nicht tötend wirkt Borwasserlösung, ähnlich, nur anscheinend in noch geringerem Maße Resorzinlösung, die demnach im Kampfe gegen den Pyocyaneus ebenso wenig eine Rolle zu spielen berufen sind, wie Jodoform und Vioform.

Wegen ihrer Anwendbarkeit auf unverletzte Haut wie auf Wunden dürfte von den flüssigen Mitteln Burowsche (essigsaure Tonerde-) Lösung den Vorzug verdienen, während Alkohol wegen der dadurch verursachten Schmerzen nicht auf Wunden und Argent. nitric.-Lösung wegen der Schwarzfärbung nicht auf die äußere Haut zu applizieren sind.

Für alle Wundflächen aber und für Anwendung im äußeren Gehörgang verdient Borpulver aus den oben bereits erörterten Gründen unbedingt den Vorzug vor den flüssigen Heilmitteln, der ihr höchstens für gewisse Fälle durch die Salizylsäure streitig zu machen wäre.

Schlußsätze.

Die Ergebnisse unserer Untersuchungen lauten also, kurz zusammengefaßt, folgendermaßen:

1. Der Bacillus pyocyaneus findet sich nicht selten, teils allein, teils mit anderen Mikroorganismen gemischt, bei einer größeren Reihe von Ohrenkrankheiten.

2. Er kann bei diesen Erkrankungen die Rolle eines Saprophyten, aber auch die eines pathogenen, den Erkrankungsprozeß verursachenden oder unterhaltenden Organismus spielen.

3. Der Beweis seiner Pathogenität ist erbracht worden dadurch, daß er

a) in einwandfreier Weise, d. h. auf mikroskopischem und bakteriologischem Wege im Sekret oder den Gewebssäften bei derartigen Prozessen in Reinkultur nachgewiesen wurde,

b) dadurch, daß der Erkrankungsprozeß zur Heilung gelangte, sobald durch entsprechende Mittel der Bazillus abgetötet und die Erreichung dieses Zieles durch bakteriologische Untersuchungen einwandfrei sichergestellt war,

c) dadurch, daß es gelang, auf tierexperimentellem Wege den betr. Erkrankungen beim Menschen analoge Prozesse mittels Pyocyaneusreinkulturen hervorzurufen, endlich

d) dadurch, daß das Blutserum der betr. Patienten Reinkulturen des Bacillus pyocyaneus in spezifischer Weise, d. h. also bei mindestens $^1/_{50}$ Verdünnung vollkommen agglutinierte.

4. Die durch ihn verursachten Ohrenerkrankungen betreffen

a) die Ohrmuschel,

b) den äußeren Gehörgang,

c) das Mittelohr,

d) den Warzenfortsatz.

5. Die Erkrankung kann an den betr. Teilen isoliert auftreten und es dauernd bleiben, nicht selten betrifft sie neben oder hintereinander mehrere oder sämtliche der genannten Ohrabschnitte.

Der Beweis, daß außerdem noch andere vom Ohr ausgehende mehr lokale (subperiostale und retropharyngeale Abszesse) oder zerebrale (Hirnabszeß, Sinusthrombose) Prozesse durch ihn verursacht oder unterhalten werden, steht noch aus, da in den bisher bekannten Fällen dieser Art nicht nach den unter 3 benannten Momenten verfahren worden ist.

6. Mit Hilfe des Ergebnisses von Agglutinationsversuchen und der Auffindung des Bacillus pyocyaneus im Liquor cerebrospinalis

konnte in einem Falle eine vom Ohr ausgehende Pyocyaneusallgemeinerkrankung nachgewiesen werden.

7. Im Verlaufe einer mit Wahrscheinlichkeit auf den Pyocyaneus zurückzuführenden Allgemeininfektion wurde eine anscheinend auf diese Infektion zurückzuführende Miterkrankung des Gehörorgans in verschiedenen seiner Abschnitte beobachtet.

8. Das klinische Bild der durch Pyocyaneus verursachten Ohrerkrankungen unterscheidet sich, wenn wir von dem oben genannten, dabei beobachteten nicht seltenen Ergriffensein mehrerer Ohrabschnitte absehen, anfänglich nirgends von demjenigen, wie wir es auch als Folge andersartiger Erreger kennen.

Nur in den fortgeschrittenen Stadien schwerer Ohrmuschelentzündung, wie sie hauptsächlich im Anschluß an Gehörgangsplastik bei Radikaloperationen zur Beobachtung gelangen, scheinen gewisse Eigentümlichkeiten des Verlaufs auf Kosten des Pyocyaneus zu setzen zu sein.

9. Der Beweis, daß es sich um eine Erkrankung durch Pyocyaneusinfektion handelt, ist erst auf einem der unter 3 bezeichneten Wege bzw. auf ihnen allen zu erbringen.

10. Eine Bekämpfung des eingedrungenen Schädlings ist aus prophylaktischen und therapeutischen Gründen dringend geboten.

11. Für die genannten Zwecke kommt als eines der für den Gesamtorganismus unschädlichsten und gegen den Pyocyaneus wirksamsten Mittel nach unseren Erfahrungen und den Ergebnissen unserer experimentellen Untersuchungen reine Borsäure in Betracht.

12. Handelt es sich bereits um schwerere, durch den Pyocyaneus und seine Toxine verursachte Gewebsalterationen, so sind unter Umständen daneben gewisse operative Maßnahmen unentbehrlich.

Literaturverzeichnis.

1. Alt, Monatsschr. f. Ohrenheilk. XXXV. 9. S. 387. 1901.
2. Achard, Loeper, Grénet, Séroréaction dans l'infection pyocyanique chez l'homme. Compt. rend. de la société de biol. T. LIV. 1902. 15. Nov. p. 1274.
3. Babes, A., Note sur quelques matières colorantes et aromatiques produites par le bacille pyocyanique. Compt. rend. de l'Acad. des sciences de Paris. Tome 51. 1892.
4. Baginsky, Verhandl. d. XVI. Gesellschaft f. Kinderheilk. S. 331ff.
5. Benns, Perich. auriculae. Baseler Kongreßbericht. Arch. f. Ohrenheilk. Bd. 22. S. 117. 1885.
6. v. Bergmann, Zur Lehre von der putriden Intoxikation. Zeitschr. f. Chir. Bd. I.
7. Berka, Pyocyaneusbefund bei Meningitis. Wiener klin. Wochenschr. 1903. No. 11.
8. Bezold, Fibrinöses Exsudat auf dem Trommelfell und im Gehörgang. Virch. Archiv. 1877. S. 70.
9. Bezold, Überschau über den gegenwärtigen Stand der Ohrenheilkunde. Wiesbaden. J. F. Bergmann. 1895.
10. Biehl, Die idiopathische Perichondritis der Ohrmuschel und das spontane Othämatom. Archiv f. Ohrenheilk. Bd. 43. S. 245.
11. v. Birch-Hirschfeld, Lehrbuch der allgemeinen pathologischen Anatomie. 1886. S. 434.
12. Blaxall, Ref. Baumgartens Jahresbericht. Bd. 10. S. 44.
13. Blum, Pyocyaneus und Septikämie mit komplizierender Pyocyaneus-Endokarditis im Kindesalter. Zentralbl. f. Bakteriologie. XXV. 1899. No. 4.
14. Brieger, Klinische Beiträge zur Ohrenheilkunde. 1896.
15. Brill-Libmann, Pyocyaneus-bacillaemia. American journal of the med. sciences. 1899. August.
16. Bürkner, Lehrbuch der Ohrenheilkunde. Stuttgart 1892. S. 80.
17. Cadet de Gassicourt, Dictionnaire des sciences médicales (1813).
18. de la Camp, Zur Kenntnis der Pyocyaneussepsis. Charité-Annalen. XXVIII. Jahrgang. 1904. S. 92.
19. Chambers, Bacteriological examinations of otit. med. purul. and suppurative mastoiditis. The journal of the American Med. Association. 1900. No. 22. Ref. bei Hasslauer (47). S. 183.

20. Charrin, La maladie pyocyanique. Paris. G. Steinheil. 1889.
21. Chimani, Entzündung des Perichondriums mit Abszeßbildung an der linken Ohrmuschel. Archiv f. Ohrenheilk. Bd. II. S. 169.
22. Coyne u. Hobbs, Compt. rend. de la Soc. de biol. 1900. No. 24.
23. Czerny u. Moser, Jahrb. f. Kinderheilk. Bd. XXXVIII.
24. Lionel de Crévoisier, Contribution à l'étude du rôle des microorganismes dans les otites moyennes purulentes et leurs complications mastoidiennes. Paris 1892. Ref. Zeitschr. f. Ohrenheilk. Bd. 23. S. 298.
25. Davidsohn, Fibröse Membranen im äußeren Gehörgang nach Influenza-Otitis. Deutsche med. Wochenschr. 1892. No. 41.
26. Ehlers, Hospital Tidende de Copenhagne. Mai 1890.
27. Eisenberg, Über die Anpassung der Bakterien an die Abwehrkräfte des infizierten Organismus. Zentralblatt f. Bakteriologie, Parasitenkunde etc. XXXIV. Bd. No. 8. S. 739. 1903.
28. Ernst, Über einen neuen Bazillus des blauen Eiters (Bac. pyocyan. β) usw. Zeitschr. f. Hygiene u. Infektionskrankh. 1887. Bd. II.
29. Escherich, Pyocyaneusinfektion bei Säuglingen. Zentralbl. f. Bakteriologie. XXV. 1899. No. 4.
30. Ferrer, H., Ein Fall von idiopathischer Perichondritis der linken Ohrmuschel. Zeitschr. f. Ohrenheilk. Bd. 22. S. 30. 1892.
31. Finkelstein, Bacillus pyocyaneus und hämorrhagische Diathese. Charité-Annalen. XXI. Jahrg. 1896.
32. Fischenich, Über das Hämatom und die primäre Perichondritis der Nasenscheidewand. Archiv f. Laryngologie. Bd. II.
33. Gessard, Sur la coloration bleue et verte de linges à pansements. Compt. rend. 1882. F. XCIV. No. 8. p. 677 u. Thèse de Paris. No. 248.
34. Gradenigo u. Pes, Über die rationelle Therapie der akuten Mittelohrentzündung. Archiv f. Ohrenheilk. Bd. 38. S. 43.
35. Gradenigo, Ein Fall von symmetrischer Perichondritis serosa der Ohrmuschel. Arch. ital. di Otologia. Bd. I. Ref. Zeitschr. f. Ohrenheilkunde. Bd. 24. S. 207.
36. Gradenigo u. Pes, Annalen. 1895. No. 7, 18.
37. Greene, Bakter. der Mittelohreiterungen und Mastoiditis. Journal of the Boston society of med. science. p. 93 u. 96. January. Ref. bei Haßlauer (47) S. 181.
38. Gruber, Über das Vorkommen grünen Eiters im Ohr. Monatsschr. f. Ohrenheilk. 1887. S. 145.
39. Gruber, Lehrbuch der Ohrenheilkunde. 2. Aufl. 1888.
40. Grüning, E., Über die chirurgische Behandlung der diffusen phlegmonösen Entzündung der Ohrmuschel. Zeitschr. f. Ohrenheilk. Bd. 22. S. 34. 1892.
41. Guranowski, Ein Fall von primärer kruppöser Entzündung des äußeren Gehörgangs und des Trommelfells. Monatsschr. f. Ohrenheilk. 1888. No. 7.
42. Habermann, Pathologische Anatomie. Ohrmuschel. Schwartzes Handbuch. Bd. I. S. 219.
43. Hartmann, Die Krankheiten des Ohres und deren Behandlung. S. 94. Berlin 1902.
44. Hartmann, Über Zystenbildung in der Ohrmuschel. Zeitschr. f. Ohrenheilk. Bd. 15. S. 156. 1886.
45. Hartmann, Über Ohrzysten. Archiv f. Ohrenheilk. Bd. 25. S. 298. 1887.

46. Hartmann, Über Zystenbildung in der Ohrmuschel. Zeitschr. f. Ohrenheilk. Bd. 18. S. 42. 1888.
47. Haßlauer, Zur Bakteriologie der akuten Mittelohrentzündung. Haugs klinische Vorträge.
48. Haßlauer, Die Bakteriologie der akuten primären (genuinen) und sekundären Mittelohrentzündungen. Sammelref. Zentralbl. f. Ohrenheilk. Bd. II. Heft 7. S. 293.
49. Haug, Die Perichondritis tuberculosa auriculae. Archiv f. Ohrenheilkunde. Bd. 34. S. 154.
50. Haug, Allerlei Kasuistisches aus der Ohrenabt. d. chir. Polikl. zu München. Münch. med. Wochenschr. No. 33. 1894.
51. Hayo, Bruno, Über die Fähigkeit des Pneumokokkus Fränkel, lokale Eiterungen zu erzeugen. Berl. klin. Wochenschr. S. 357. 1897.
52. Heine, Operationen am Ohr. Berlin 1904.
53. Heine, Verhandl. d. deutschen otol. Gesellschaft. 1903.
54. Helman, Über die Bedeutung des Bacillus pyocyaneus bei der Entstehung der primären kruppösen Entzündung des äußeren Gehörgangs, zugleich ein Beitrag zur Kenntnis der pathogenetischen Wirkung dieses Mikroorganismus. Monatsschr. f. Ohrenheilk. 1901. Bd. 35. No. 3. S. 101.
55. Heubner, Bericht über die Verhandlungen der Charité-Gesellschaft. Berl. klin. Wochenschr. 1897. No. 44.
56. Hinterberger und Reitmann, Zentralbl. f. Bakteriologie. Bd. 37. H. 2.
57. Jadkewitsch, Zur Lehre von der Pathogenität des Bacillus pyocyaneus. Medicinskoe Obosrenie. Bd. XXXII. p. 392.
58. Jakobson, Lehrbuch der Ohrenheilk. 3. Aufl. 1902.
59. Jakowski, Beiträge zur Lehre von den Bakterien des blauen Eiters. Zeitschr. für Hygiene und Infektionskrankheiten. Bd. XV. 1893.
60. Kamen, Bakteriologische Untersuchungen, 1903. (Cit. n. Kühne a. a. O.)
61. Kanthack, Bakteriologische Untersuchungen der Entzündungsprozesse in der Paukenhöhle und dem Warzenfortsatz. Zeitschr. f. Ohrenheilk. Bd. 21. S. 46. 1899.
62. Karlinsky, Zur Kenntnis der pyoseptikämischen Allgemeininfektion. Prag. med. Wochenschr. 1891. No. 20. S. 231.
63. Kessel, Die Histologie der Ohrmuschel. Schwartzes Handbuch. Bd. I. S. 430 ff.
64. Kirchner, Die Krankheiten der Ohrmuschel und des äußeren Gehörganges. Schwartzes Handbuch der Ohrenheilkunde. 1893. Bd. II. S. 10. Leipzig.
65. Kirchner, Handbuch der Ohrenheilkunde. Leipzig 1904.
66. Kirchner, Staphylokokken im Ohrfurunkel. Archiv f. Ohrenheilk. 22, 312. 1885.
67. v. Klecki, Über die Ausscheidung der Bakterien durch die Niere. Zentralbl. für Bakteriologie. Bd. 24. S. 426.
68. Knapp, Perichondrit. auriculae. Zeitschr. f. Ohrenheilk. B. X. S. 42. 1881.
69. Knapp, Demonstration eines Falles von Perichondritis der Ohrmuschel. Verhandl. der Sektion für Ophthalmologie und Otologie der medizinischen Akademie zu New York. Ref. Zeitschr. f. Ohrenheilk, Bd. XXXIV. 1899. S. 87.
70. Knapp, Verknöcherung der Ohrmuschel infolge serös-eitriger Perichondritis. Zeitschr. f. Ohrenheilk. Bd. 22. S. 67. 1892.

71. Kobrak, Zur Pathologie der otogenen Pyämie. Arch. f. Ohrenheilk. Bd. 60. 1. u. 2. Heft. S. 2.
72. Körner, Die in der Ohren- Kehlkopfklinik zu Rostock üblichen Behandlungs- und Operationsmethoden. Zeitschr. f. Ohrenheilk. XLII. Bd. 1. Heft.
73. Kolle und Wassermann, Handbuch der pathogenen Mikroorganismen. Bd. III. Januar 1903. Bacillus pyocyaneus. S. 471.
74. Kossel, Über disseminierte Tuberkulose. Charité-Annalen. Bd. XVII. 1892. S. 835.
75. Kossel, Über Mittelohreiterungen bei Säuglingen. Charité-Annalen. Bd. XVIII. 1893.
76. Kossel, Zur Frage der Pathogenität des Bacillus pyocyaneus für den Menschen. 1894. Zeitschr. f. Hygiene. Bd. 16. S. 368.
77. Krannhals, Über Pyocyaneusinfektionen. Deutsche Zeitschr. für Chir. 1893. Bd. 37. S. 181.
78. Krembs, Zit. nach Schimmelbusch. Über grünen Eiter. Volkmanns klin. Vortr. 1893. No. 62.
79. Kretschmann, Arch. f. Ohrenheilk. Bd. 50. 1900. S. 52. Klin. Bericht.
80. Kühn, Zur Kenntnis der Pyocyaneussepsis. Zentralbl. f. innere Medizin. No 24. 1903.
81. Lanz und Luscher, Eine Beobachtung von Pyocyaneus-Strumitis. Korrespondenzblatt f. Schweizer Ärzte. 1898. No. 5. S. 137.
82. Laubinger, Beiträge zur Kasuistik der Othämatome und der Perichondritis. Arch. f. Ohrenheilk. Bd. 47. S. 135.
83. Ledderhose, Über den blauen Eiter. Deutsche Zeitschr. f. Chir. Bd. 28. 1888.
84. Lenhartz, Die septischen Erkrankungen. Spezielle Pathologie und Therapie von Nothnagel. Bd. III. 4. Teil. S. 317.
85. Lermoyez, Diskussion zum Vortrag v. Botey: Prophylaxe der Gehörgangsstenose nach Rad.-Op. Bericht über den VII. internat. otol. Kongreß zu Bordeaux. Zentralbl. f. Ohrenheilk. Bd. III. No. 1. S. 46.
86. Lermoyez und Helme, Annalen No. 1, 35 und No. 7, 44.
87. Leutert, Bakter. klin. Studien über Komplikationen akuter und chronischer Mittelohreiterungen. Arch. f. Ohrenheilk. Bd. 46 und 47.
88. Levy und Klemperer, Klinische Bakteriologie.
89. Lexer, Lehrbuch der allgemeinen Chirurgie. Bd. I. Stuttgart, Ferdinand Enke. 1904. S. 154.
90. Longuet, Mémoire pour servir à l'histoire de la coloration bleu des linges à pansement. Archives générales de médecine. p. 656. Bd. XII.
91. Löwenberg, Natur und Behandlung des Furunkels. Deutsche med. Wochenschrift. 1888. 559.
92. Lucae, Bearbeitung der Krankheiten des Gehörorgans in Bardelebens Lehrbuch der Chirurgie. 8. Aufl. 1881.
93. Lücke, Die sogenannte blaue Eiterung und ihre Ursachen. Arch. f. Chir. Bd. III. 1862.
94. Maggiora et Gradenigo, Observ. bactér. sur le furoncle du conduit aud. ext. Annales de l'Instit. Pasteur V.
95. Mahon, J. B. Mc., Zwei Fälle von Perichondritis der Ohrmuschel behandelt mit dem scharfen Löffel und Drainage. Zeitschr. f. Ohrenheilk. Bd. 22. S. 28. 1892.

96. Manicatide, Beiträge zur Frage der Pyocyaneusinfektion im Kindesalter. Jahrb. f. Kinderheilk. Bd. XLV. S. 68. 1897.
97. Martha, Note sur deux cas d'Otit. med. purulente contenants le bacille pyocyaniquc à l'état de pureté. Arch. de méd. expérim. et d'anatomie pathologique. 1892. p. 130.
98. Marthen, Über blauen Eiter und den Bacillus pyocyan. I.-D. Berlin 1890.
99. Merkens, Über intrakranielle Komplikationen der Mittelohreiterung. Deutsche Zeitschr. f. Chir. LIX.
100. Mery, zit. nach Schimmelbusch, Über grünen Eiter etc. Volkmanns klin. Vortr. 1893. No. 62.
101. Möller, Jörgen, Einige Bemerkungen über die Perichondritis serosa auriculae. Hospitalstidende. No. 8. 1899.
102. Monnier, Des infections bronchiques chez le vieillard: Bronchopneumonies et pyohémies à streptocoques et à bacilles pyocyaniques. Gaz. méd. de Nantes. No. 5—6 (XII). 1894.
103. Müller, R., Bakterienbefunde im Mittelohreiter. Zeitschr. f. Ohrenheilk. XLIX. Bd. 2. Heft. S. 137.
104. Mühsam, Über den Fundort des Bacill. pyocyan. und seine Farbenproduktion bei der Symbiose mit anderen Mikroorganismen. Inaug.-Diss. Berlin 1893.
105. Mühsam u. Schimmelbusch, Über die Farbenproduktion des Bac. pyoc. bei Symbiose mit anderen Mikroorganismen. Arch. f. klin. Chir. Bd. 46.
106. Mac Nab, Über Infektion der Cornea durch den Bacillus pyocyaneus. Klin. Monatsbl. f. Augenheilk. XLII. Jahrg. Bd. I. 1904. Januarheft.
107. Nadoleczny, Bakteriolog. und klin. Untersuchungen über die genuine akute exsudative Mittelohrentzündung. Arch. f. Ohrenheilk. 48, 206. 1899.
108. Neumann, 1. Fall von Melaena neonatorum mit Bemerkungen über die hämorrhagische Diathese Neugeborener. Arch. f. Kinderheilk. XII. 1891. S. 54.
109. Neumann, 2. Weitere Beiträge zur Kenntnis der hämorrhagischen Diathese. Arch. f. Kinderheilk. XIII. 1891. S. 211.
110. Neumann, Bakteriol. Beiträge zur Aetiologie d. Pneumonie im Kindesalter. Jahrb. f. Kinderheilk. S. 244. 1890.
111. Nicholson, Melaena neonatorum. American Journal of the med. sciences. 1901. Oktober.
112. Oettinger, Un cas de maladie pyocyanique chez l'homme. La semaine médicale. No. 46. p. 385.
113. Passow, Die Verletzungen des Gehörorgans. Wiesbaden 1905.
114. Perkins, Report of 9 cases of infection with bac. pyocyaneus. Journ. of med. research. 1901. No. 1.
115. Pes u. Gradenigo, Beiträge zur Lehre der akuten Mittelohrentzündung infolge des Bac. pyocyaneus. Zeitschr. f. Ohrenheilk. Bd. 26. S. 137.
116. Pfaundler, zit. nach D. Gerhardt, Über die diagnostische und therapeutische Bedeutung der Lumbalpunktion. Mittheilungen aus den Grenzgebieten der Medizin und Chirurgie. Bd. 13. Heft 4 u. 5. 1904.
117. Politzer, Lehrbuch der Ohrenheilkunde. 4. Aufl. Stuttgart. Ferd. Enke. 1901.
118. Pomeroy, Perichondritis auriculae. Arch. f. Ohrenheilk. Bd. 11. S. 188. 1875.
119. Pooley, New York med. record. March 19. 1880. New York. med. rec. XLI. 6. p. 148. Febr. 6. 1892.

120. Preysing, Otitis media der Säuglinge. Wiesbaden. I. F. Bergmann. 1904.
121. Robertson, The medic. Press. August 1896.
122. Rohrer, Über Pigmentbildung des Bacillus pyocyaneus. Zentralbl. f. Bakteriologie. XI. 1892. S. 327.
123. Rohrer, Zur Morphologie der Bakterien des Ohres. Zürich 1889.
124. Roller, Perichondritis der Ohrmuschel. Blaus Enzyklopädie d. Ohrenheilk. 1900. S. 279.
125. Ruprecht, Otitis externa crouposa durch Bacillus pyocyaneus hervorgerufen. Monatsschr. f. Ohrenheilk. 1902. Bd. 36. S. 512.
126. Salge, Verhandl. der Charité-Gesellschaft. Berl. klin. Wochenschr. 1905.
127. Sanitätsbericht über die Kgl. Preußische Armee usw. 1898—1899. Vorkommen des Bacillus pyocyaneus.
128. Schäfer, Beitrag zur Lehre von den pathogenen Eigenschaften des Bacillus pyocyaneus. Inaug.-Dissert. Berlin 1891.
129. Scheibe, Verhandlungen der Deutschen otologischen Gesellschaft. 1903.
130. Scheller, Experimentelle Beiträge zur Theorie und Praxis der Gruber-Widalschen Agglutinationsprobe. Zentralbl. f. Bakteriologie etc. I. Abt. Bd. XXXVIII. Heft 1. S. 100 ff.
131. Schimmelbusch, Über grünen Eiter und die pathogene Bedeutung des Bac. pyocyaneus. Sammlung klinischer Vorträge. 1893. No. 62.
132. Schimmelbusch, Die Ursachen der Furunkel. Arch. f. Ohrenheilk. Bd. 27. 1889.
133. Schmieden, Klinische Erfahrungen über Vioform. Deutsche Zeitschr. f. Chirurgie. Bd. LXI. S. 558.
134. Schwabach, Zur Pathologie des Ohrenknorpels. Deutsche med. Wochenschrift. 1885. S. 425.
135. Schwalbe, Das äußere Ohr. 1897. Bei Fischer, Jena. S. 185.
136. Schwartze, Die chirurgischen Krankheiten des Ohres. Stuttgart, Ferd. Enke. 1885.
137. Soltmann, Zur Lehre von der Pathogenität des Bacillus pyocyaneus. Arch. f. klin. Medizin. Bd. 73. 1902. S. 650.
138. Stahr, Über den Lymphapparat des äußeren Ohres. Anatomischer Anzeiger. 1899. Bd. XV. No. 21. S. 381—387.
139. Steinbrügge, Die pathologische Anatomie des Gehörorgans. Orths Lehrbuch der speziellen patholog. Anatomie. Bd. II. 1889. S. 23. Perichondritis.
140. Roosa, Lehrbuch. 1. Aufl. 1873. S. 113.
141. Steinhoff, Beobachtungen über Otit. ext. crouposa. I.-D. München 1886.
142. Symmes, zit. nach Schimmelbusch, Über grünen Eiter etc. S. 311.
143. Tangl, Baumgartens Jahresbericht. 1890.
144. Tatsusaburo Sarai, Zur Kenntnis der postoperativen Pyocyaneus-Perichondritis der Ohrmuschel. Zeitschr. f. Ohrenheilk. Bd. XLV. 4. H. S. 371.
145. v. Tröltsch, Lehrbuch der Ohrenheilkunde. 7. Aufl. Leipzig 1881.
146. Urbantschitsch, Lehrbuch der Ohrenheilkunde. Wien 1884. S. 65.
147. Voss, O., Die Heilbarkeit der otogenen eitrigen Meningitis unter besonderer Berücksichtigung der diagnostischen und therapeutischen Bedeutung der Lumbalpunktion. Charité-Annalen. XXIX. Jahrg. 1905.
148. Wakefield, Alice, Ein Fall von latentem Temporosphenoidalabszess mit multiplen sekundären Hirnabszessen. Archives of Otology New York. August 1904. Ref. Zentralbl. f. Ohrenheilk. Bd. III. No. 3. S. 107.

149. Wassermann, A., Experimentelle Untersuchungen über einige wichtige Punkte der Immunitätslehre. Zeitschr. f. Hygiene. Bd. 22. 1896.

150. Wassermann, A., Bacillus pyocyaneus. In Kolle-Wassermanns Handbuch d. pathol. Mikroorg. 1903.

151. Wassermann, M., Über eine epidemieartig aufgetretene septische Nabelinfektion Neugeborener; ein Beweis für die pathog. Wirksamkeit des Bacillus pyocyaneus beim Menschen. Virchows Arch. Bd. 165. S. 342.

152. Wenigeroff, Zur Kenntnis der Hämolysine des Bac. pyocyaneus. Zentralbl. f. Bakt. 1901. Bd. XXIX. 20.

153. Wilde, William, Praktische Bemerkungen über Ohrenheilkunde, aus dem Englischen von Haselberg. Göttingen 1855.

154. Williams and Kenneth-Cammeron, Upon general Infection by the bacillus pyocyaneus in children. Journ. of Path. and Bacteriol. Vol. third. No. 4. Jan. 1896.

155. Wolf, Die Nebenhöhlen der Nase bei der Diphtherie, Scharlach, Masern. Zeitschr. f. Hygiene. Bd. 19. S. 225.

156. Zaufal, Über das Vorkommen blauer Otorrhoen. Arch. f. Ohrenheilk. Bd. VI.

Erklärung der Figuren auf Tafel I—V.

Figur 1.

Pyocyaneusinjektion in die Ohrmuschel eines Kaninchens (48 Stunden nach der Impfung). Injektionsstelle. Hämatoxylin-Eosin.

ep = Epidermis.
c = Corium.
bi = Infiltration im Unterhautbindegewebe.
p = Perichondrium.
k = Knorpel.
b = Unterhautbindegewebe.

Figur 2.

Das gleiche Präparat. Stärkere Vergrößerung. Hämatoxylin-Eosin.

i = Infiltration im Unterhautbindegewebe.
p = Perichondrium (links vom Knorpel mit durchgängig vergrößerten Zellen und Kernen).
k = Knorpel.

Figur 3.

Präparat der gleichen Muschel, mit Methylenblau gefärbt (Ölimmersion). Gegend der äußeren Haut.

ep = Epidermis.
h = zum Teil abgelöste Hornschicht.
ba = Bakterien.

Figur 4.

Das gleiche Präparat, mit Methylenblau gefärbt (Ölimmersion). Gegend des Knorpels.

i = Leukozyten-Infiltration in den tieferen Schichten des Unterhautbindegewebes und den angrenzenden Teilen des Perichondriums.
p = Perichondrium. Links vom Knorpel zum Teil infiltriert, rechts mit Bakterien durchsetzt.
k = Knorpel.
ba = Bakterien.

Figur 5.

Pyocyaneusinjektion in die Ohrmuschel eines Kaninchens. 24 Stunden nach der Impfung. Nähe der Injektionsstelle. Hämatoxylin-Eosin.

p = Perichondrium.
k = Knorpel.
ep = Epidermis.
chä = Ausgedehnte Hämorrhagien im Corium der lateralen Muschelseite.
ö = Ödem.
bl = Blutgefäße, sehr stark gefüllt.

Figur 6.

Dasselbe Präparat. Stärkere Vergrößerung.

ep = Epidermis.
hä = Hämorrhagien im Corium.

Figur 7.

Präparat von der gleichen Ohrmuschel. Schwellung entfernt von der Injektionsstelle. Ödematöse Durchtränkung von Haut, Unterhautbindegewebe und Perichondrium. Hämatoxylin-Eosinfärbung.

ep = Epidermis.
hi = herdweise Infiltration im Unterhautbindegewebe.
b = Unterhautbindegewebe.
k = Knorpel.
c = Corium.

Figur 8.

Präparat von der gleichen Gegend wie in Fig. 7. Löfflers Methylenblau. Ölimmersion. Stelle medianwärts vom Knorpel.

ep = Epidermis.
ba = Bakterien.
hä = Hämorrhagien im Unterhautbindegewebe.
k = Knorpel.

Figur 9.

Das gleiche Präparat wie in Fig. 8. Lateral vom Knorpel.

bl = stark erweitertes und prall gefülltes Blutgefäß.
ep = Epidermis.

Figur 10.

Pyocyaneus-Injektion in Kaninchen-Ohrmuschel. 11 Tage nach der Injektion. Nähe des Knorpels. Hämatoxylin-Eosin-Färbung.

ei = eitrige Einschmelzung von Unterhautbindegewebe, Perichondrium und Knorpel.
k = Knorpel.
p = Perichondrium (infiltriert und verdickt).
ep = Epidermis.

Figur 11.

Das gleiche Präparat wie in Fig. 10. Nähe der äußeren Haut.

ep = Epidermis.
g = Geschwür.
ei = Eiter.

Figur 12.

Pyocyaneus-Injektion in die Ohrmuschel eines Kaninchens. Injektionsstelle. 45 Tage nach der Injektion. van Gieson.

ka = Knorpel (alter).
kn = Knorpel (neugebildeter).
b = Bindegewebe.
n = nekrotische Partie.

Figur 13.

Präparat von der gleichen Ohrmuschel wie in Fig. 12. 2. Injektionsstelle. Gegend der äußeren Haut. van Gieson.

ka = Knorpel (alter).
kn = Knorpel (neugebildeter).
p = Perichondrium (verdickt).
ep = Epidermis.

Figur 14.

Das gleiche Präparat wie in Fig. 13. Gegend des Knorpels.

ka = Knorpel (alter).
kn = Knorpel (neugebildeter).
p = Perichondrium (links vom Knorpel narbig verdickt).

Figur 15.

Pneumokokkeninjektion in die Ohrmuschel eines Kaninchens. 48 Stunden nach der Injektion. Hämatoxylin-Eosin.

k = Knorpel.
p = Perichondrium.
hi = umschriebene Infiltration im Unterhautbindegewebe.
ep = Epidermis.

Figur 16.

Pyocyaneus-Einreibung in den äußeren Gehörgang eines Kaninchens. 24 Stunden nach der Einreibung. Hämatoxylin-Eosin.

p = Perichondrium.
k = Knorpel.
bl = erweiterte Blutgefäße im Subkutangewebe.
hi = subepidermoidale herdweise Infiltration.
ep = Epidermis (verdickt und aufgelockert).
ei = freier Eiter im Gehörgangslumen.

Figur 17.

Pyocyaneus-Einreibung in den äußeren Gehörgang eines Kaninchens. 24 Stunden nach der Einreibung. Färbung mit Löfflers Methylenblau. Ölimmersion.

ep = Epidermis.
ei = freier Eiter im Gehörgangslumen.
ba = Bakterien.

Figur 18.

Pyocyaneus-Einreibung in den äußeren Gehörgang eines Kaninchens. 24 Stunden nach der Einreibung. Geschwürsstelle. Hämatoxylin-Eosin.

ep = Epidermis.
ci = Corium, infiltriert.
d = Drüsenkanäle, eitrig infiltriert.
eie = Stelle der eitrigen Einschmelzung.
ei = freier Eiter im Gehörgangslumen.

Figur 19.

Das gleiche Präparat wie in Fig. 18, angrenzende Partie.

ep = Epidermis.
d = Drüsenkanäle.
ci = Corium infiltriert.
eie = Stelle der eitrigen Einschmelzung.
ei = freier Eiter im Gehörgangslumen.

Figur 20.

Pyocyaneus-Injektion ins Mittelohr eines Hundes. 3 × 24 Stunden nach der Injektion.

h = Hornschicht
ep = Epidermis
tr = Subst. propr.
sch = Schleimhautschicht
} des Trommelfells.
m = Mittelohr.
se = seröses Sekret.
kn = Knochen.
ei = eitriges Sekret.
schi = Schleimhaut infiltriert.

Figur 21.

Pyocyaneus-Injektion ins Mittelohr eines Hundes. 3 × 24 Stunden nach der Injektion. Hämatoxylin-Eosin.

m = Mittelohr.
ei = freier Eiter im Mittelohr.
se = seröses Sekret.
ha = Hammer.
hä = Hämorrhagie.
p = Promontorium.

Figur 22.

Das gleiche Präparat wie in Fig. 21. Stärkere Vergrößerung der Promontorialschleimhaut.

eid = Eiterdurchbruchsstellen.
ep = Epithel, verdickt (einzelne gequollene Epithelien abgestoßen).
hä = Hämorrhagien in der Schleimhaut.
schi = Schleimhaut in ganzer Dicke infiltriert.
p = Promontorium.

Figur 23.

Pyocyaneus-Injektion ins Mittelohr eines Hundes. 3 × 24 Stunden nach der Injektion. Mittelohrsekret. Löfflers Methylenblau. Ölimmersion.

l = polynukleäre Leukozyten.
se = seröses Sekret.
ba = Bakterien.

Figur 24 und 25.

Röntgenphotogramme der Ohrmuscheln des Patienten H. zu S. 81 und 127.

Druck von L. Schumacher in Berlin N. 24.

Fig. 1.

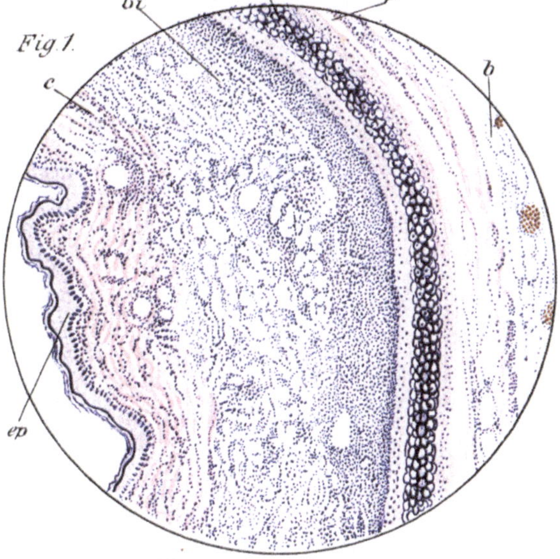

bi k p c b ep

Fig. 2.

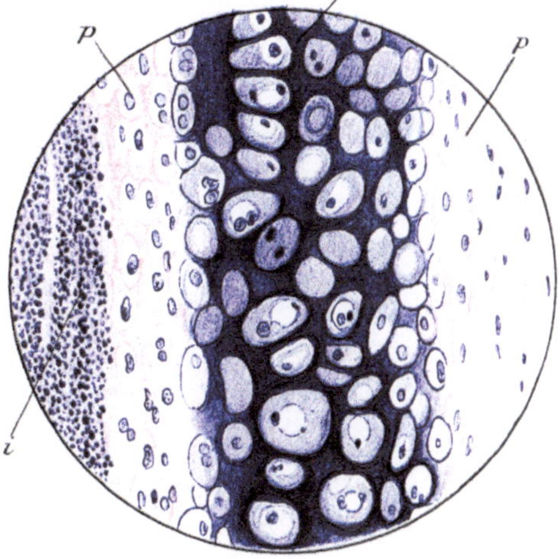

p k p i

Fig. 3.

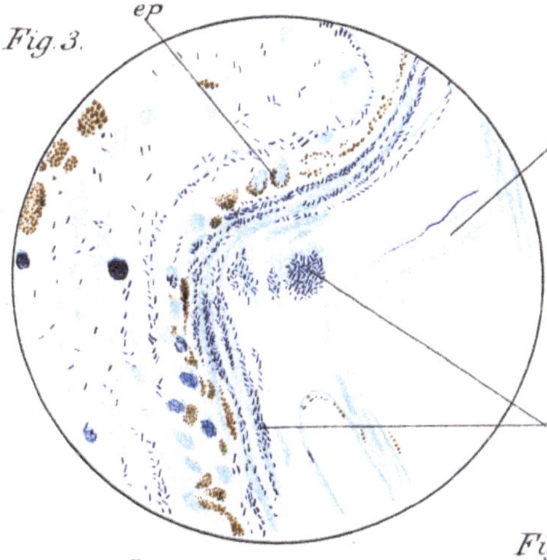

ep h ba

Fig. 4.

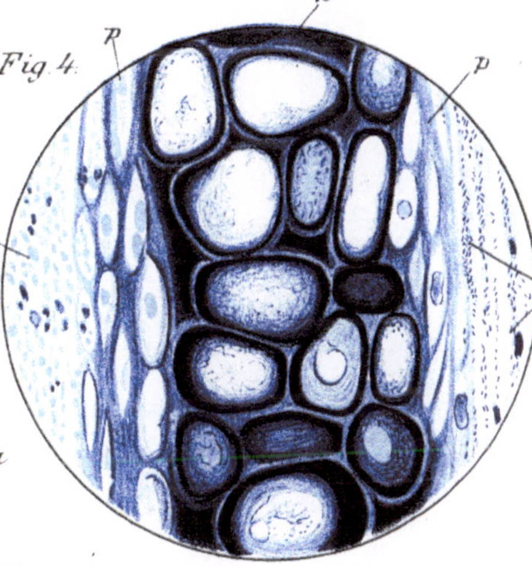

p k p i ba

Fig. 5.

p k p ep bl ö chä

G. Helbig del.

L. J. Thomas, Lith. Inst. Berlin S. 53

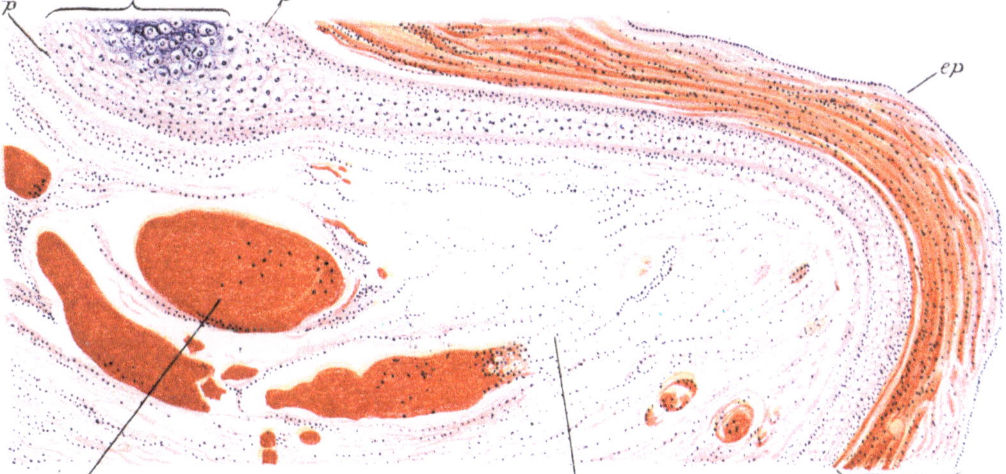

Fig. 6.

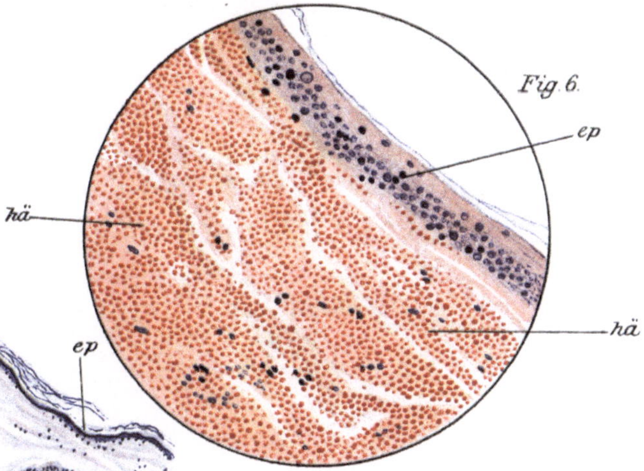

ep

hä

hä

Fig. 7.

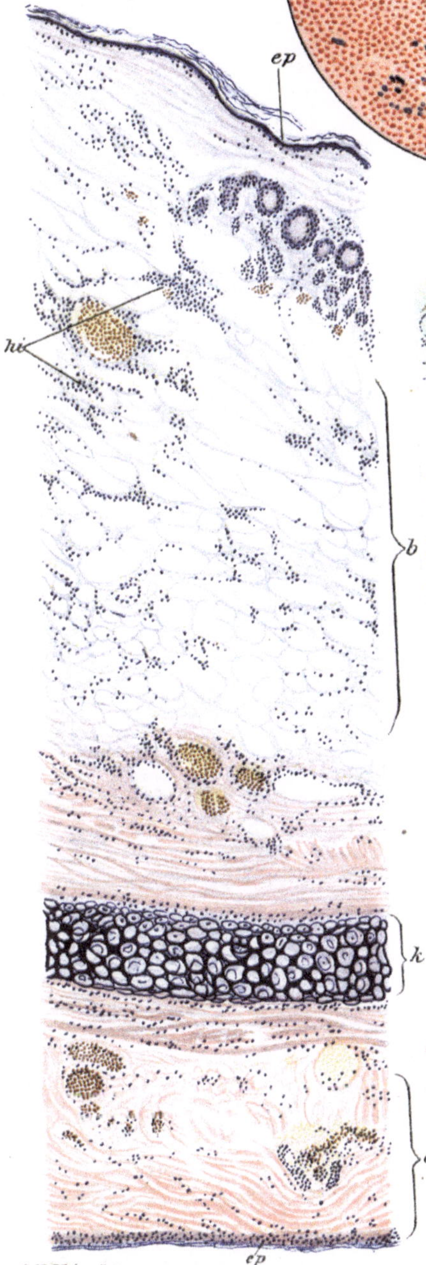

ep

hi

b

k

c

ep

Fig. 8.

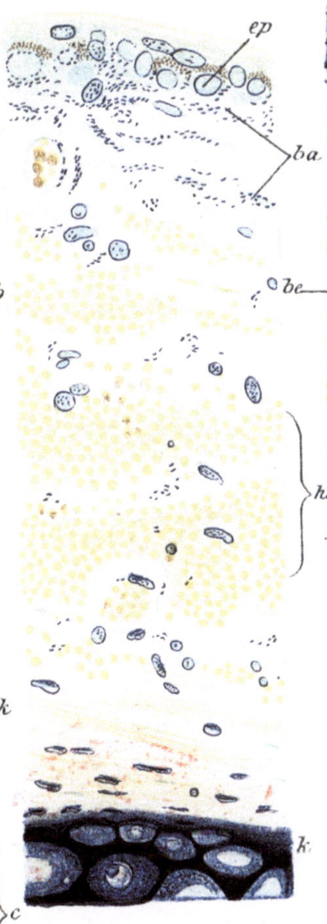

ep

ba

be

hä

k

Fig. 9.

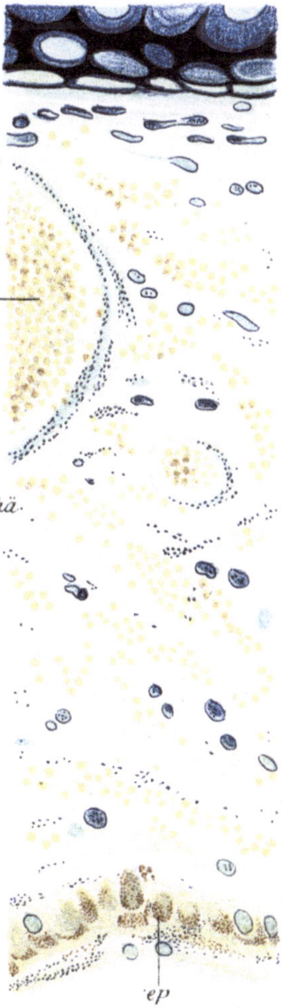

ep

C. Helbig del.

L. J. Thomas, lith. Inst. Berlin S. 53

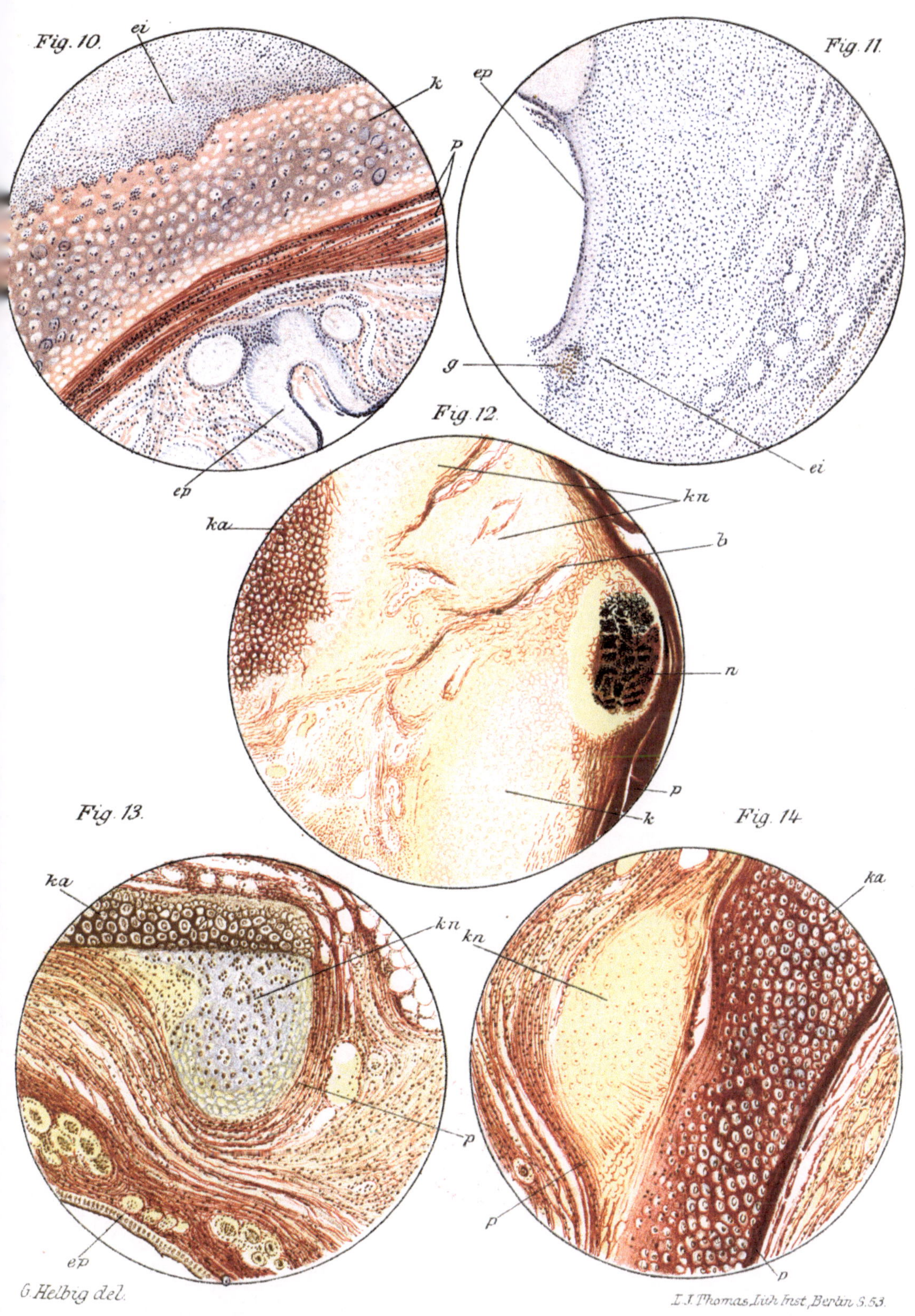

G. Helbig del.

L. J. Thomas, Lith. Inst., Berlin S. 53.

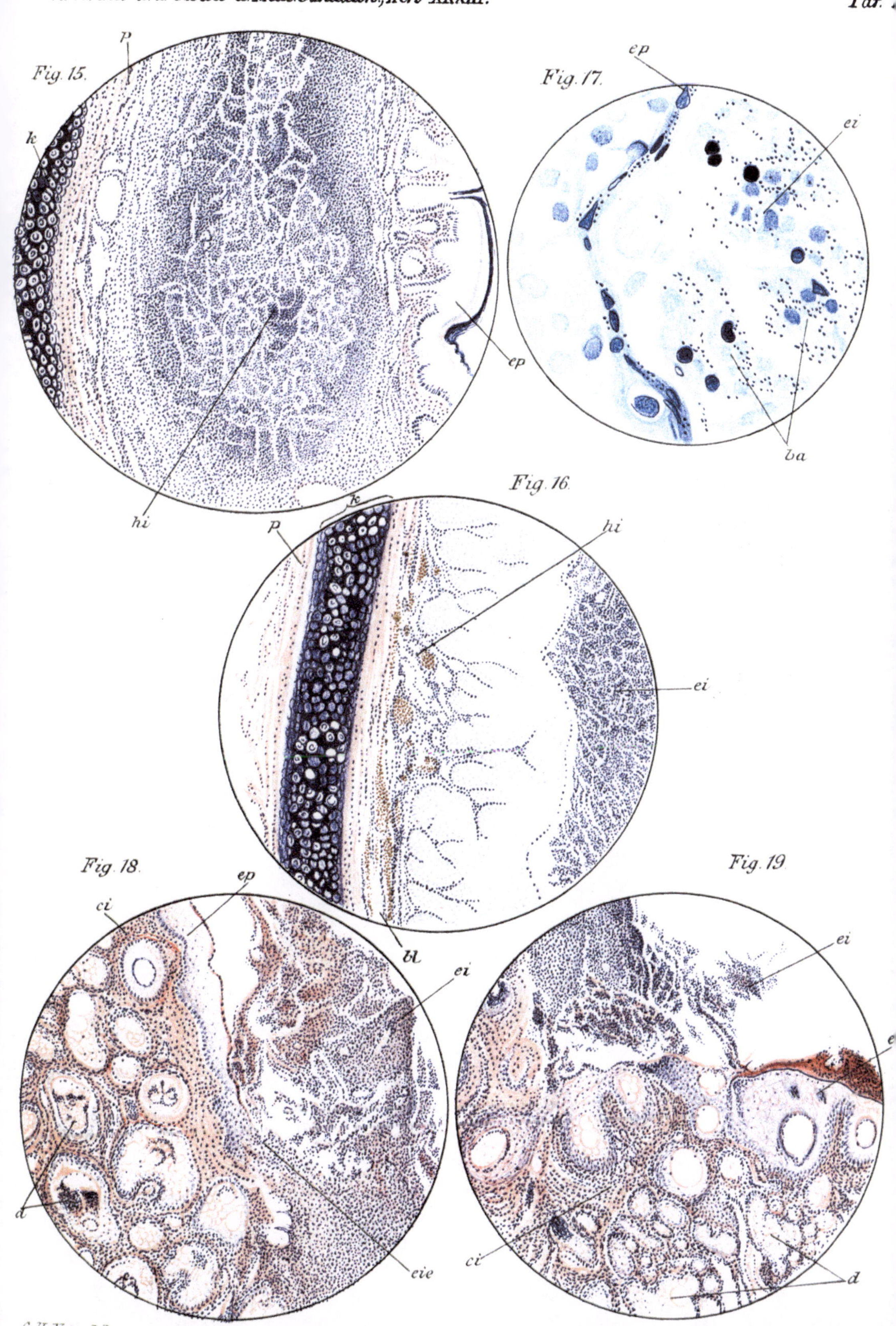

G. Helbig del.

L. J. Thomas, lith. Inst., Berlin S. 53

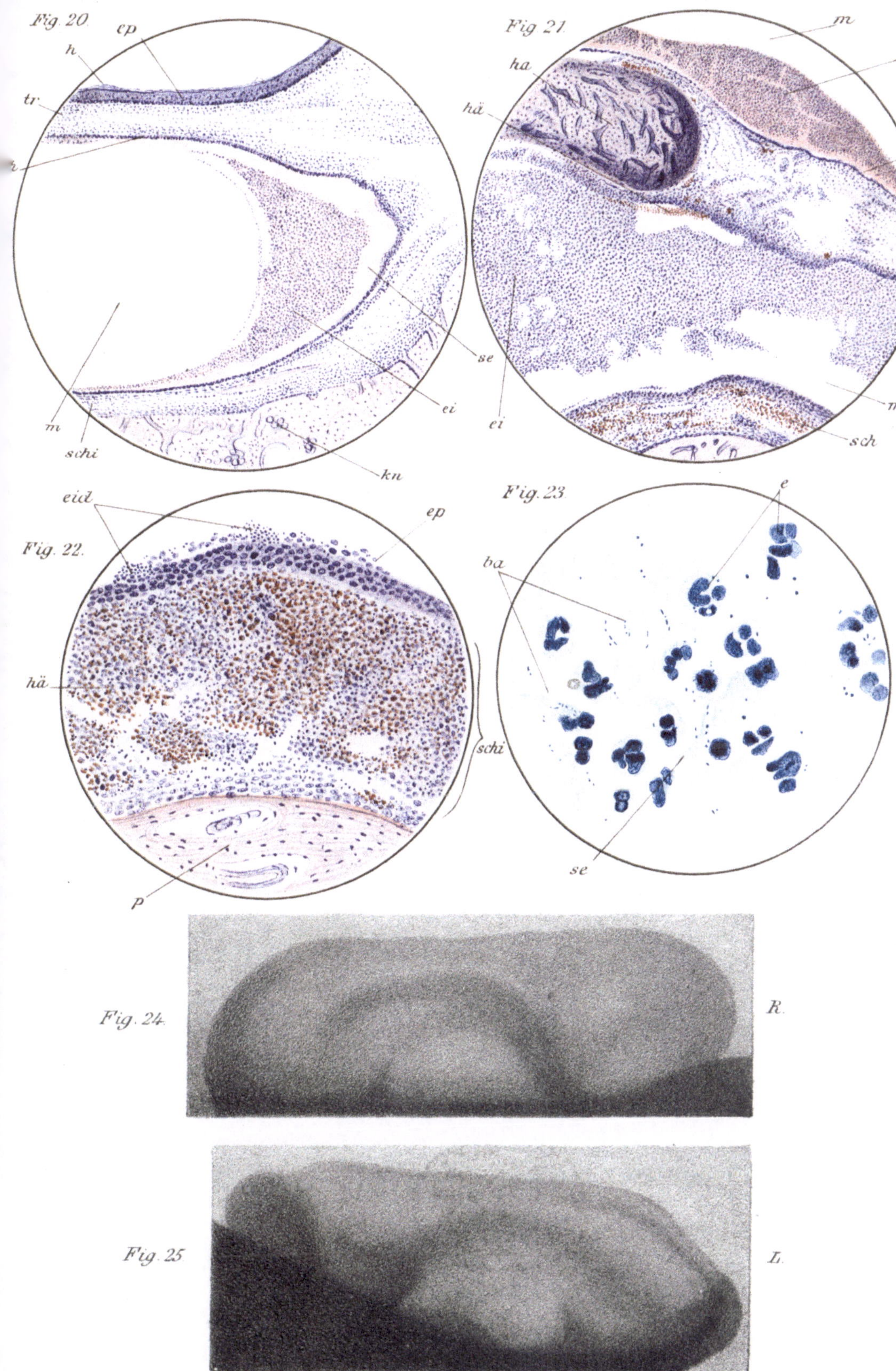

G. Helbig del.

L. J. Thomas, Lith. Inst., Berlin S. 53.

Druck von L. Schumacher, Berlin N. 24.